普通高等教育“十三五”规划教材

精细化工实验

王　捷　主编

中国石化出版社

内容提要

本书以精细化工中常用的领域为内容，精选了难易程度不同的实验，较为详细地介绍了精细化学品的性质、用途、制备及表征。包括分离提纯操作实验，定性检测试验，中间体的制备实验，表面活性剂、化妆品、涂料、胶黏剂、染料、助剂、香精香料、食品添加剂等的制备及配制实验等，共有实验76个。

本书实验内容丰富，可作为普通高校精细化工专业的相关课程的实验指导书，也可作为化学工程与工艺、应用化学等相近专业的选修或必修实验教材，还可供从事化学、化工、精细化工的生产、科研人员学习参考。

图书在版编目(CIP)数据

精细化工实验/王捷主编. —北京：中国石化出版社，2016.3
普通高等教育“十三五”规划教材
ISBN 978-7-5114-3903-1

Ⅰ.①精… Ⅱ.①王… Ⅲ.①精细化工-化学实验-高等学校-教材 Ⅳ.①TQ062-33

中国版本图书馆CIP数据核字(2016)第055561号

中国石化出版社出版发行
地址:北京市东城区安定门外大街58号
邮编:100011　电话:(010)84271850
读者服务部电话:(010)84289974
http://www.sinopec-press.com
E-mail:press@sinopec.com
北京富泰印刷有限责任公司印刷
全国各地新华书店经销
*
787×1092毫米16开本12.5印张306千字
2016年3月第1版　2016年3月第1次印刷
定价:28.00元

前　言

精细化工是当今化学工业中最具活力的新兴领域之一，是新材料的重要组成部分。精细化工产品种类多、附加值高、用途广、产业关联度大，直接服务于国民经济的诸多行业和高新技术产业的各个领域。大力发展精细化工已成为世界各国调整化学工业结构、提升化学工业产业能级和扩大经济效益的战略重点。精细化工率(精细化工产值占化工总产值的比例)的高低已经成为衡量一个国家或地区化学工业发达程度和化工科技水平高低的重要标志。

适应当今发展需要，越来越多的高校增加了精细化工专业方向。根据教学计划的规定，《精细化工实验》是独立设置的精细化工专业的必修课之一，是教学过程中的一个重要的实践环节。《精细化工实验》是在学习完《精细化学品化学》的基础上开设的。通过本课程的学习，可使学生的实验操作技能和解决实际问题的能力有较大程度的提高和增强，并能掌握较多的精细化学品制备技术，为将来从事精细化学品的研究、开发和生产打下坚实的实验基础。为此我们总结了多年的教学经验，在自编精细化工专业实验讲义的基础上加进了专业课老师的科研成果，参考了部分文献资料，编写了这本《精细化工实验》教材。

本书实验内容丰富，可作为普通高校精细化工专业的“精细有机合成反应”、“精细化学品化学”、“精细化工工艺学”等课程的实验指导书，也可作为化学工程与工艺、应用化学等相近专业的选修或必修实验教材，还可供从事化学、化工、精细化工的生产、科研人员学习参考。

本书共分七章，包括分离提纯操作实验，定性检测试验，中间体的制备实验，表面活性剂、化妆品、涂料、胶黏剂、染料、助剂、香精香料、食品添加剂等的制备及配制实验；本书共有实验76个。全书由王捷主编；赵剑英编写第一、二章；王捷编写第三、四、五、六、七章；仇明祥、丁慎德参与了部分章节的编写，全书由王捷负责筹划和统稿。

由于编者水平所限，书中难免还有错误和不当之处，敬请专家和读者批评指正。

目 录

第一章　分离提纯及鉴定实验……（1）

实验一　熔点的测定……（1）

实验二　蒸馏和沸点的测定……（5）

实验三　简单分馏……（7）

实验四　水蒸气蒸馏……（9）

实验五　减压蒸馏……（12）

实验六　液体化合物折光率的测定……（16）

实验七　重结晶及过滤……（20）

实验八　萃取和升华……（25）

实验九　聚氧乙烯型非离子表面活性剂浊点的测定……（29）

实验十　临界溶解温度的测定……（30）

实验十一　润湿性测试……（31）

实验十二　分散性能测试……（32）

实验十三　乳化性能测试……（33）

实验十四　液体黏度的测定……（34）

实验十五　表面张力的测定……（35）

实验十六　涂料性能检测方法……（37）

实验十七　乳状液的稳定性实验……（38）

实验十八　酸值的测定……（40）

实验十九　皂化值的测定……（41）

第二章　天然活性物的提取……（42）

实验二十　芦丁的提取与鉴定……（42）

实验二十一　甘草酸的提取……（43）

实验二十二　向日葵盘中果胶的提取及性能测定……（45）

实验二十三　茶叶中咖啡因的提取……（47）

实验二十四　绿叶中色素的提取分离……（52）

实验二十五　红辣椒中红色素的提取……（56）

实验二十六　黄连中黄连素的提取……（57）
实验二十七　槐米中芸香苷的提取、分离与鉴定……（59）
实验二十八　八角茴香中挥发油的提取、分离与鉴定……（61）
第三章　药物合成……（63）
实验二十九　对溴苯胺的制备……（63）
实验三十　扑炎痛的合成……（65）
实验三十一　二苯丙酸的合成……（66）
实验三十二　甲基硫氧嘧啶的合成……（68）
实验三十三　巴比妥的合成……（70）
实验三十四　地巴唑的合成……（71）
实验三十五　亚胺－154 的合成……（73）
实验三十六　乙酰水杨酸的合成……（74）
实验三十七　对乙酰氨基酚的合成……（76）
实验三十八　盐酸普鲁卡因的合成……（78）
实验三十九　乙酰苯胺的合成……（80）
实验四十　氯霉素的合成……（83）
实验四十一　2，6－二氯－4－硝基苯胺的合成……（89）
实验四十二　肉桂酸合成……（91）
第四章　日用化学品……（93）
实验四十三　洗洁精的配制……（93）
实验四十四　液体洗衣剂的配制……（95）
实验四十五　洗发香波的配制……（97）
实验四十六　润肤膏霜的配制……（101）
实验四十七　沐浴露的配制……（104）
第五章　胶黏剂及涂料……（106）
实验四十八　标签胶的制备和贴标试验……（106）
实验四十九　丙交酯的制备及聚乳酸的合成……（108）
实验五十　聚醋酸乙烯乳胶涂料的配制……（110）
实验五十一　聚丙烯酸酯乳胶涂料的配制……（114）
实验五十二　酚醛树脂胶黏剂的合成及粘接性能的测试……（117）
实验五十三　聚乙烯醇缩甲醛胶水的制备及性能……（120）
实验五十四　甲基丙烯酸甲酯的本体聚合……（121）
实验五十五　环氧树脂的制备及性能测试……（123）

第六章　染料及香料 ……………………………………………………………… (125)
实验五十六　Ⅱ号橙染料的合成及染色……………………………………………… (125)
实验五十七　染料甲基橙的制备……………………………………………………… (127)
实验五十八　硝基芳烃的制备………………………………………………………… (129)
实验五十九　水杨酸甲酯的合成……………………………………………………… (131)
实验六十　香豆素的合成……………………………………………………………… (133)
实验六十一　乙酸乙酯的制备………………………………………………………… (134)
实验六十二　乙酸正丁酯的制备……………………………………………………… (137)
实验六十三　己二酸的制备…………………………………………………………… (138)
第七章　表面活性剂及助剂 ……………………………………………………… (140)
实验六十四　十二烷基硫酸钠的合成………………………………………………… (140)
实验六十五　*N*，*N*－双羟乙基十二烷基酰胺的合成 ……………………………… (142)
实验六十六　十二烷基二甲基氧化胺的合成………………………………………… (143)
实验六十七　十二烷基苯磺酸钠的合成……………………………………………… (145)
实验六十八　溶胶的制备及性质研究………………………………………………… (147)
第八章　化工助剂 ………………………………………………………………… (152)
实验六十九　甲基叔丁基醚的合成…………………………………………………… (152)
实验七十　邻苯二甲酸二丁酯的合成………………………………………………… (153)
实验七十一　苯甲酸的制备…………………………………………………………… (155)
实验七十二　2，4－二氯苯氧乙酸的合成…………………………………………… (158)
实验七十三　乙酰乙酸乙酯的制备…………………………………………………… (160)
实验七十四　尼泊金甲酯的合成……………………………………………………… (162)
实验七十五　羧甲基纤维素的合成…………………………………………………… (163)
实验七十六　二茂铁、乙酰二茂铁的合成…………………………………………… (165)
附录1　溶剂的回收及精制方法 ………………………………………………… (168)
附录2　常用干燥剂性能 ………………………………………………………… (172)
附录3　有机光谱分析的样品准备 ……………………………………………… (175)
附录4　有机色谱分离技术 ……………………………………………………… (178)
附录5　气相色谱 ………………………………………………………………… (183)
附录6　高效液相色谱法的主要类型及其分离原理 …………………………… (186)
附录7　多因素试验常用正交表 ………………………………………………… (190)
参考文献 ………………………………………………………………………… (194)

第一章　分离提纯及鉴定实验

实验一　熔点的测定

【实验目的】

1. 了解熔点测定的意义和应用；
2. 掌握熔点测定的操作方法；
3. 了解温度计校正的方法。

【实验原理】

每一个晶体有机化合物都具有一定的熔点。通常当结晶物质加热到一定的温度时，即从固态转变为液态，此时的温度可视为该物质的熔点。其严格定义为固液两态在大气压下成平衡的温度。一个纯化合物从开始熔化（始熔）至完全熔化（全熔）的温度范围叫做熔程，也叫熔点范围或熔点距，一般不超过0.5～1℃。如果含有杂质时，其熔点会下降，且熔程也会延长。因此可利用测定熔点，鉴定有机化合物或判断出有机化合物的纯度，这就是测定熔点的意义。

如果在一定温度和压力下，将某物质的固液两相置于同一容器中，可能发生三种情况：固相迅速转化为液相（固体熔化）；液相迅速转化为固相（液体固化）；固相液相同时并存。为了决定在某一温度时哪一种情况占优势，我们可以从物质的蒸气压与温度的曲线图来判断。即通过测定熔点来鉴定有机物并判断有机物的纯度，可从分析物质的蒸气压和温度关系曲线图来理解。图1-1（a）中曲线 *SM* 表示物质固相的蒸气压随温度升高而增大，图1-1（b）中曲线 *ML* 表示物质液相的蒸气压随温度升高而增大，由于固相蒸气压随温度变化的速度大于液相，使两条曲线交于 *M* 点，如图1-1（c）所示。在 *M* 点处，固液两相蒸气压相同，固液两相并存，这时的温度（T_M）即为该物质的熔点。

当温度高于 T_M 时，这时固相的蒸气压已较液相的蒸气压大，因而就可使所有的固相全部转变为液相；若低于 T_M 时，则由液相转变为固相，只有当温度为 T_M 时，固液两相的蒸气压才是一致的，此时固液两相方可同时并存。这就说明纯粹晶体物质具有固定和敏锐的熔点。一旦温度超过 T_M 时，甚至只有几分之一摄氏度时，如有足够的时间，固体就可全部转变为液体，所以要精确测定熔点 T_M，在接近熔点时升温速度一定要慢，温度的升高每分钟不能超过1～2℃。只有这样，才能使整个熔化过程尽可能接近于两相平衡的状态。当有杂质存在时

（假定两者不成固溶体），根据拉乌尔（Raoult）定律可知，在一定的压力和温度下，在溶剂中增加溶质的物质的量，导致溶剂蒸气分压降低［图 1-1（d）中 M_1L_1］，因此该化合物的熔点必较纯粹者为低。

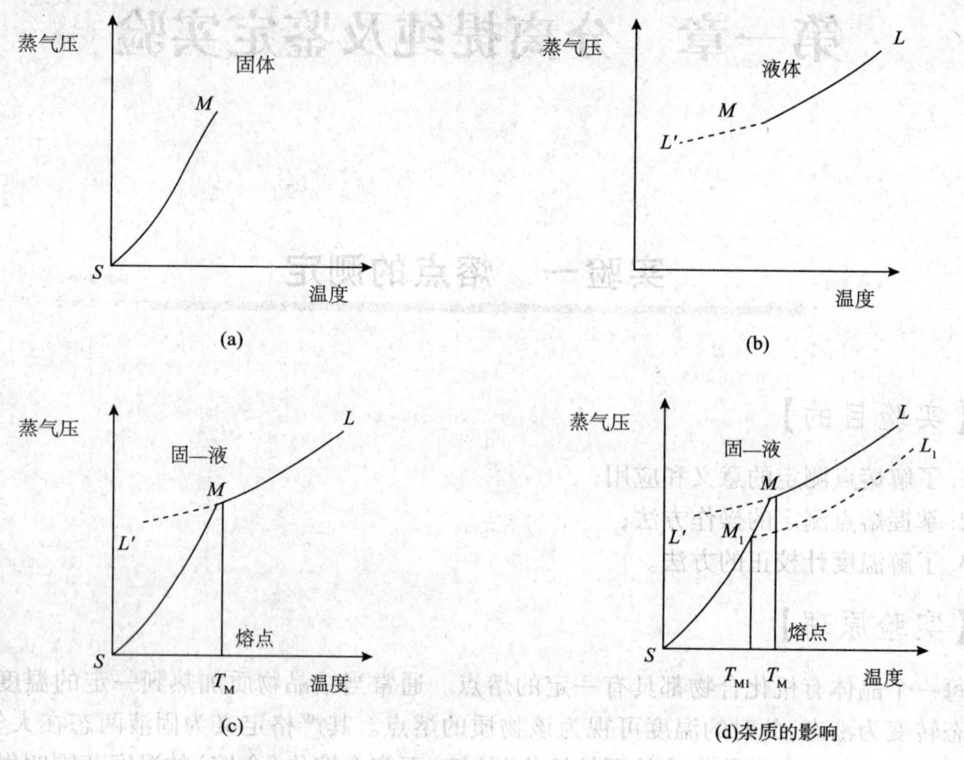

图 1-1　物质的蒸气压－温度曲线图

在实际工作中得到一个未知化合物，测得其熔点与某一已知化合物的熔点相同或者十分相近时，将未知样品与已知样品等量混合后测定其混合熔点。若熔点没有变化，且熔点范围不超过 1℃时，一般可以认为二者是同一物质，如果混合熔点发生变化，熔点范围大，则可判定它们不是同一物质，这种鉴定方法叫做混合熔点法。

【仪器试剂】

仪器：提勒管、温度计（200℃）、表面皿、玻璃管（0.5cm×40cm）、酒精灯、铁架台、毛细管、橡皮圈、开口软木塞、显微熔点仪、载玻片。

试剂：未知物 1 尿素、未知物 2 水杨酸、浓硫酸。

【实验步骤】

（一）毛细管法

1. 熔点管的制备

取内径约 1mm，长 75mm 的毛细管（可自制或用市售毛细管），将其一端在酒精灯上封口，即制得熔点管。

2. 样品的填装

取少量干燥样品(约0.1g)放在干净的表面皿上,用玻璃棒或不锈钢刮刀研细,堆成一小堆,将熔点管的开口端插入样品堆中,使样品挤入管内。然后把熔点管开口一端向上,轻轻在桌子上敲几下,使样品掉入管底。以同样方式重复取样几次。再取一支长约40cm的玻璃管垂直于表面皿上,将熔点管从玻璃管上端自由落下,重复多次,使样品装填紧密,直至高度约为2~3mm时为止。填装时操作要迅速,防止样品吸潮,装入的样品要结实,沾于管外的粉末须拭去,以免玷污加热浴液。

3. 熔点浴

熔点浴的设计最重要的一点是要使受热均匀,便于控制和观察温度。以下为两种在实验室中最常用的熔点浴。

(1)提勒(Thiele)管

又称b形管,如图1-2(a)所示。管口装有开口软木塞,温度计插入其中,刻度应面向木塞开口,其水银球位于b形管上下两叉管口之间,装好样品的毛细管,用橡皮圈套在温度计下端(橡皮圈不能浸入导热液中),使样品的部分置于水银球侧面中部,见图1-2(b)。b形管中装入加热液体(浴液),高度达上叉管之上约0.5cm处即可,将附有样品管的温度计插入b形管中,调整温度计位置,使其水银球恰好在Thiele管两侧管的中部。在图示部位加热,受热的浴液沿管作上升运动,从而促成了整个b形管内浴液呈对流循环,使得温度较为均匀。

(2)双浴式

如图1-2(c)所示。将试管经开口软木塞插入250mL平底(或圆底)烧瓶内,直至离瓶底约1cm处,试管口也配一个开口橡皮塞或软木塞,插入温度计,其水银球应距试管底0.5cm。瓶内装入约占烧瓶2/3体积的加热液体,试管内也放入一些加热液体,使在插入温度计后,其液面高度与瓶内相同。熔点管粘附于温度计水银球旁,和在b形管中相同。

在测定熔点时凡是样品熔点在220℃以下的,可采用浓硫酸作为浴液。因高温时,浓硫酸将分解放出三氧化硫及水。长期不用的熔点浴应先渐渐加热去掉吸入的水分,如加热过快,有冲出的危险。当有机物和其它杂质触及硫酸时,会使硫酸变黑,有碍熔点的观察,此时可加入少许硝酸钾晶体共热后使之脱色。

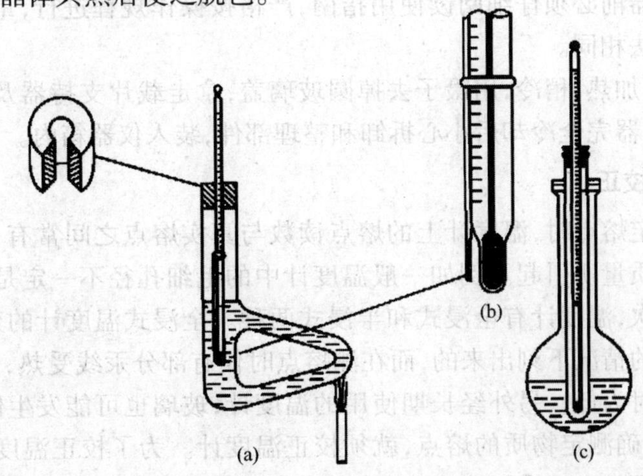

图1-2　提勒管熔点测定装置

4. 熔点测定

测定时，先加热 Thiele 管，若测定已知样品的熔点，可先以较快速度加热，在距离熔点15～20℃时，应控制加热速度，使温度每分钟上升1～2℃，当接近熔点时（约相差2℃），加热要更慢，每分钟约上升0.2～0.3℃，这一方面是为了保证有充分的时间让热量从管外传至管内，以使固体熔化，另一方面因观察者不能同时观察温度计所示读数和样品的变化情况。只有缓慢加热，才能使此项误差减小。此时应特别注意温度和毛细管中样品的情况。当毛细管中的样品开始踢落，并有小液滴出现时，表明样品已开始融化即初熔（或始熔），记下此温度。继续观察，待固体样品恰好完全溶解成透明液体即全熔时再迅速记下温度。这个温度范围即为样品化合物的熔程。在测定过程中，还要观察和记录是否有萎缩、变色、发泡、升华及碳化等现象。例如某物质在112℃开始萎缩，在113℃时有液滴出现，在114℃时全部液化，应记录如下：熔点113～114℃，112℃萎缩。

若测定未知样品要先粗测熔点范围，再用上述方法细测。熔点测定至少要有两次重复数据，每一次测定都必须用新的熔点管新装样品，不能使用已测过的熔点管，测定易升华物质的熔点时，应将熔点管的开口端烧熔封闭，以免升华。同时必须待导热液温度冷至熔点以下约30℃左右才能再进行测定。

测定完成后，必须将导热液冷至室温，方可倒回试剂瓶里。刚用完的温度计不能立即用水冲洗，待其冷却后用纸擦去导热液，再用水冲洗，以避免温度计炸裂。

（二）显微熔点测定法

显微熔点测定法是用显微熔点测定仪或精密显微熔点测定仪测定熔点，其实质是显微镜下观察熔化过程。这类仪器型号较多，其共同的优点是：①可测微量样品的熔点；②可测高熔点（熔点可达350℃）的样品；③通过放大镜可以观察样品在加热过程中变化的全过程，如失去结晶水，多晶体的变化及分解等。

具体操作如下：在干净且干燥的盖玻片上放微量晶体（过大的晶体应研细后取2～3小粒，否则熔程增长）并盖一盖玻片，放在加热台上。调节反光镜、物镜和目镜，使显微镜焦点对准样品，开启加热器，先快速后慢速加热，温度快升至熔点时，控制温度上升的速度为每分钟1～2℃，当样品结晶棱角开始变圆时，表示熔化已开始，结晶形状完全消失表示熔化已完成。在使用这种仪器前必须仔细阅读使用指南，严格按操作规程进行，重复测定两次，操作注意事项与毛细管法相同。

测定完毕，停止加热，稍冷，用镊子去掉圆玻璃盖，拿走载片支持器及载玻片，放上水冷铁块加快冷却，待仪器完全冷却后小心拆卸和整理部件，装入仪器箱内。

（三）温度计的校正

用以上方法测定熔点时，温度计上的熔点读数与真实熔点之间常有一定的偏差。这可能是由于温度计的质量所引起。例如一般温度计中的毛细孔径不一定是很均匀的，有时刻度也不很精确。其次，温度计有全浸式和半浸式两种。全浸式温度计的刻度是在温度计的汞线全部均匀受热的情况下刻出来的，而在测熔点时仅有部分汞线受热，因而露出的汞线温度当然较全部受热时为低。另外经长期使用的温度计，玻璃也可能发生体积变形而使刻度不准。因此，若要精确测定物质的熔点，就须校正温度计。为了校正温度计，可选用一标准温度计与之比较。通常也可采用纯粹有机化合物的熔点作为校正的标准。通过此法校正的温度计,上述误差可一并除去。校正时只要选择数种已知熔点的纯粹化合物作为标准,测定它们的熔点,以观察到的熔点作纵坐标,测得熔点与应有熔点的差数作横坐标,画成曲线。在任一温度时的校正值可直接从曲线中读出。

【注意事项】

1. 样品一定要研的极细,才能使装样结实,这样受热时才均匀,如果有空隙,不易传热,影响结果。

2. 此处导热液对流循环好,样品受热均匀。

3. 有充分时间让热量从熔点管外传至毛细管内,减少观察上的误差。

4. 避免在融化过程中晶型改变或分解引起熔点的改变。

【思考题】

1. 为什么测定熔点用的毛细样品管要装填紧密?这一操作对熔点测定有什么影响?

2. 加热的快慢为什么会影响熔点?在什么情况下加热可以快些?而在什么情况下加热则要慢些?

3. 是否可以使用第一次测熔点时已经熔化了的有机化合物再作第二次测定呢?

4. 如何用熔点熔点测定的方法来确定 A 和 B 是否是同一物质?

实验二　蒸馏和沸点的测定

【实验目的】

1. 了解测定沸点的意义;

2. 掌握常量法(蒸馏法)测定沸点的原理和方法。

【实验原理】

当液体物质被加热时,液体的分子由于分子运动有从表面逸出的倾向,这种倾向随着温度的升高而增大,进而在液面上部形成蒸气。当分子由液体逸出的速度与分子由蒸气中回到液体中的速度相等,液面上的蒸气达到饱和,称为饱和蒸气。它对液面所施加的压力称为饱和蒸气压。实验证明,液体的蒸气压只与温度有关,即液体在一定温度下具有一定的蒸气压。该物质的蒸气压与外界施于液面的总压力(通常是大气压力)相等时液体沸腾,这时的温度称为该液体的沸点。每种纯液态的有机物在一定的压力下均有固定的沸点,但是具有固定沸点的液体不一定都是纯粹的化合物,因为某些有机化合物常和其它组分形成二元或三元共沸混合物,它们也有一定的沸点。

将液体有机物加热到沸腾状态,该液体逐渐变成蒸气,使蒸气通过冷凝装置进行冷却,可将蒸气凝结下来并再度获得这种液体。所谓蒸馏就是将液态物质加热到沸腾变为蒸气,又将蒸气冷却为液体这两个过程的联合操作。利用蒸馏可将二种或两种以上沸点相差较大

(>30℃)的液体混合物分开。纯液体化合物的沸距一般为0.5~1℃,混合物的沸距则较长。可以利用蒸馏来测定液体化合物的沸点。用蒸馏测定沸点叫常量法,用量较大,要10mL以上,样品不多时,可采用微量法(利用沸点管进行测量)。

【仪器试剂】

仪器:蒸馏瓶、蒸馏头、直形冷凝管、尾接管、温度计、锥形瓶、电热套、沸点管、沸石。

试剂:无水乙醇。

【实验步骤】

1. 蒸馏及沸点测定

(1)蒸馏实验装置

蒸馏装置主要包括蒸馏烧瓶、冷凝管、尾接管及接收瓶几部分。蒸馏瓶的选用与被蒸液体量的多少有关,通常装入液体的体积应为蒸馏瓶容积1/3~2/3。在蒸馏低沸点液体时,选用长颈蒸馏瓶;而蒸馏高沸点液体时,选用短颈蒸馏瓶。冷凝管根据被蒸馏液体的沸点来选择。直形冷凝管用于蒸馏沸点低于140℃的液体;空气冷凝管用于蒸馏沸点高于140℃的液体;很沸点低时可用蛇形冷凝管。尾接管将冷凝液导入接收瓶中。常压蒸馏选用锥形瓶为接收瓶,减压蒸馏选用圆底烧瓶为接收瓶,蒸馏沸点低有毒易燃液体时,应在尾接管处接一橡皮管导入水槽。

仪器按从下往上、从左到右原则安置完毕,注意各磨口之间的连接。

(2)蒸馏操作

根据被蒸液体量选蒸馏瓶,装药品量为烧瓶总体积的1/3~2/3,温度计经套管插入蒸馏头中,并使温度计的水银球的上限正好与蒸馏头支管的下沿在同一水平线上,放入1~2粒沸石,然后通冷凝水。冷凝水从冷凝管支口的下端进,上端出。开始加热并注意观察蒸馏瓶中的现象和温度计读数的变化。当瓶内液体开始沸腾时,蒸气前沿逐渐上升,待达到温度计水银球时,温度计读数急剧上升,这时应适当调小火焰,以控制馏出的液滴以每秒钟1~2滴为宜。在蒸馏过程中,应使温度计水银球处于被冷凝液滴包裹状态,此时温度计的读数就是馏出液的沸点。当瓶内只剩下少量(约0.5~1mL)液体时,若维持原来的加热速度,温度计读数会突然下降,即可停止蒸馏,即使杂质很少,也不应将瓶内液体完全蒸干,以免发生意外。蒸馏结束,先停止加热,后停止通水,拆卸仪器顺序与装配时相反。

2. 微量法测定沸点

测定装置如图1-3所示,取内径3~4mm,长60~70mm,一端封闭的玻璃管做沸点管的外管,在此玻璃管中滴入4~5滴待测样品(液柱高约1cm),在此管中插入内径约1mm上端封口的毛细管,其开口处浸入样品中。将沸点管捆于温度计上,使样品部分置于水银球侧面中部,用提勒管加热法加热。加热时由于气体膨胀,内管中会有小气泡缓缓逸出,在达到液体的沸点时,将有一连串的小气泡快速地逸出。此时可停止加热,使浴温自行下降,气泡逸出速度即渐渐减慢,当最后一个气泡刚欲缩回至内管中时,记录此时温度即为该液体的沸点。待温度下降几度后再重复几次,温度计的读数相差应该不超过1℃。

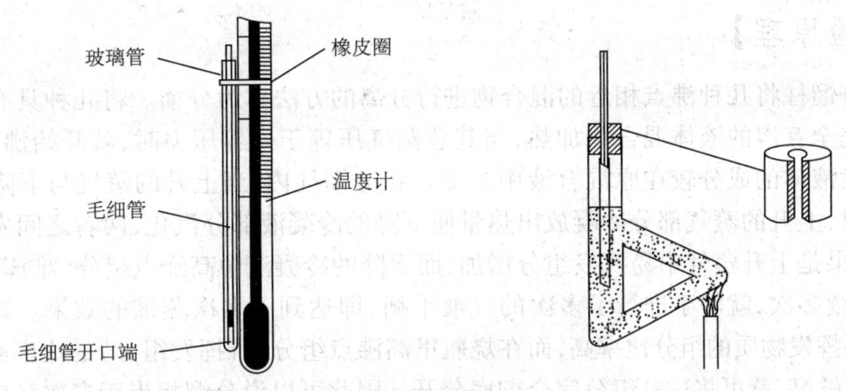

图 1-3　微量法测定沸点

【注意事项】

1. 为了保证温度计水银球在蒸馏时完全被蒸气所包围,才能正确测得蒸气温度。

2. 加沸石可使液体平稳沸腾,防止液体过热产生暴沸;一旦停止加热后再蒸馏,应重新加沸石;若忘了加沸石,应停止加热,冷却后再补加。

【思考题】

1. 沸石(即止暴剂或助沸剂)为什么能止暴?如果加热后才发现没加沸石怎么办?

2. 冷凝管通水方向是由下而上,反过来行吗?为什么?

3. 在蒸馏装置中,温度计水银球的位置不符合要求会带来什么结果?

4. 用微量法测定沸点,为什么把最后一个气泡欲缩回至管内的瞬间温度作为该化合物的沸点?

实验三　简单分馏

蒸馏和分馏的基本原理是一样的,都是利用有机物质的沸点不同,在蒸馏过程中低沸点的组分先蒸出,高沸点的组分后蒸出,从而达到分离提纯的目的。不同的是,分馏是借助于分馏柱使一系列的蒸馏不需多次重复,一次得以完成的蒸馏(分馏就是多次蒸馏),应用范围也不同,蒸馏时混合液体中各组分的沸点要相差 30℃以上,才可以进行分离,而要彻底分离沸点要相差 110℃以上。分馏可使沸点相近的互溶液体混合物(甚至沸点仅相差 1~2℃)得到分离和纯化。

【实验目的】

1. 了解分馏的原理与意义,分馏柱的种类和选用方法;

2. 学习实验室里常用分馏的操作方法。

【实验原理】

应用分馏柱将几种沸点相近的混合物进行分离的方法称为分馏。将几种具有不同沸点而又可以完全互溶的液体混合物加热，当其总蒸气压等于外界压力时，就开始沸腾汽化，蒸气中易挥发液体的成分较在原混合液中为多。在分馏柱内，当上升的蒸气与下降的冷凝液互相接触时，上升的蒸气部分冷凝放出热量使下降的冷凝液部分汽化，两者之间发生了热量交换，其结果是上升蒸气中易挥发组分增加，而下降的冷凝液中高沸点组分(难挥发组分)增加，如此继续多次，就等于进行了多次的气液平衡，即达到了多次蒸馏的效果。这样靠近分馏柱顶部易挥发物质的组分比率高，而在烧瓶里高沸点组分(难挥发组分)的比率高。这样只要分馏柱足够高，就可将这种组分完全彻底分开。因此可以说分馏相当于多次简单蒸馏。一根高效分馏柱的分离效率可相当于几十次简单蒸馏，可将沸点相差 1 ~2℃的组分完全分离开。

实验室中常用的分馏柱有填充式分馏柱和刺形分馏柱(又称韦氏分馏柱)。填充式分馏柱是一些直型长玻璃管，常在管内填以玻璃珠等填料以提高其分离效率。它效率高，适合于分离一些沸点差距较小的化合物。韦氏分馏柱结构简单，较填充式黏附的液体少，缺点是较同样长度的填充式分馏柱效率低，适合于分离少量且沸点差距较大的液体。

【仪器试剂】

仪器:50mL 圆底烧瓶(2 个)、韦氏分馏柱、蒸馏头、温度计套管、100℃温度计、直形冷凝管、真空接液管、100mL 电热套。

试剂:甲醇、沸石。

【实验步骤】

1. 安装仪器。准备五个试管为接收管，分别注明 A、B、C、D、E。

2. 在 100mL 圆底烧瓶内放置 25mL 甲醇、25mL 水及 1 ~2 粒沸石，开始缓缓水浴加热，待液体一开始沸腾，就要注意调节浴温，使蒸气慢慢升入分馏柱。一般可用手摸柱顶，若烫手即表示蒸气已达柱顶。当蒸气上升至柱顶时，温度计水银球即出现液滴。此时可将火调小些，使蒸气仅到柱顶而不进入支管就被全部冷凝回流。此时应控制加热程度，使温度慢慢上升，以保持分馏柱中有一个均匀的温度梯度。当冷凝管中有蒸馏液流出时，迅速记录温度计所示的温度控制加热速度，使馏出液慢慢地均匀地以每分钟 60 滴的速度流出。当柱顶温度维持在 77℃内时，约收集 10mL 馏出液(A)。随着温度上升，分别收集 77 ~82℃(B)、82 ~88℃(C)、88 ~95℃(D)的馏分。瓶内所剩为残留液(E)。二、三温度段的馏出液越少，表明分馏柱的效果越高。

操作时应注意下列几点:

①分馏一定要缓慢进行，应控制恒定的蒸馏速度;

②要有足够量的液体从分馏柱流回烧瓶，选择合适的回流比;

③必须尽量减少分馏柱的热量散失和波动。

3. 收集不同温度下的馏分后分别量出体积。

4. 以柱顶温度为纵坐标，馏出液体积为横坐标，将实验结果绘成分馏曲线，如图 1 - 4 所示。

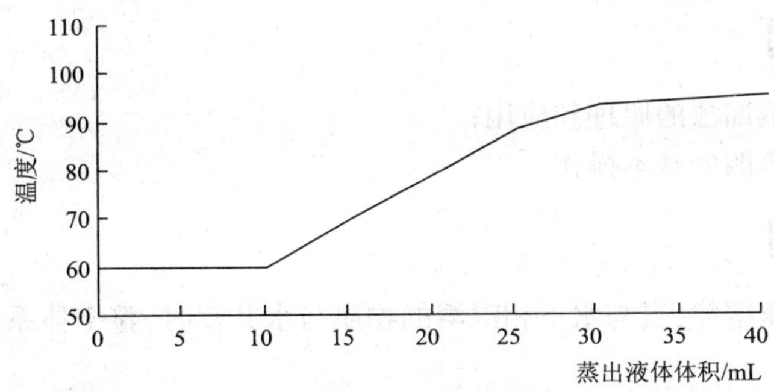

图 1-4 甲醇-水混合物(1:1)的分馏曲线

【注意事项】

1. 分馏一定要缓慢进行,控制好恒定的蒸馏速度(1~2 滴/s),这样,可以得到比较好的分馏效果。

2. 要使有相当量的液体沿柱流回烧瓶中,即要选择合适的回流比,使上升的气流和下降液体充分进行热交换,使易挥发组分尽量上升,难挥发组分尽量下降,分馏效果更好。

3. 必须尽量减少分馏柱的热量损失和波动。柱的外围可用石棉包住,这样可以减少柱内热量的散发,减少风和室温的影响也减少了热量的损失和波动,使加热均匀,分馏操作平稳地进行。

【思考题】

1. 分馏和蒸馏在原理及装置上有哪些异同?如果是两种沸点很接近的液体组成的混合物能否用分馏来提纯呢?

2. 如果把分馏柱顶上温度计的水银柱的位置插下些,行吗?为什么?

3. 分馏时为何馏出速度不能太快?

实验四 水蒸气蒸馏

水蒸气蒸馏是用来分离和提纯液态或固态有机化合物的一种方法,水蒸气蒸馏法的优点在于:所需有机物可在温度较低的条件下从混合物中蒸馏出来,可以避免损失,提高分离提纯的效率,同时在操作和装置方面也较减压蒸馏简便一些。

水蒸气蒸馏常用于下列几种情况:①某些沸点高的有机化合物,在常压下蒸馏虽可与副产品分离,但易被破坏;②混合物中含有大量树脂状杂质或不挥发性杂质,采用蒸馏、萃取等方法都难于分离;③从较多固体反应物中分离出被吸附的液体。④常用于蒸馏沸点很高且在接近或达到沸点温度时易分解、变色的挥发性液体或固体有机物,除去不挥发性的杂质。但是对于那些与水共沸腾时会发生化学反应的或在 100℃ 左右时蒸气压小于 1.3kPa 的物质,这一方法不适用。

【实验目的】

1. 了解水蒸汽蒸馏法的原理和应用；
2. 掌握水蒸汽蒸馏的基本操作。

【实验原理】

根据道尔顿分压定律，当与水不相混溶的物质与水共存时，整个体系的蒸气压应为各组分蒸气压之和，即：

$$p = p_A + p_B$$

式中，p 为总的蒸气压，p_A 为水的蒸气压，p_B 为与水不相混溶物质的蒸气压。

当混合物中各组分蒸气压总和等于外界大气压时，这时的温度即为它们的沸点。此沸点比各组分的沸点都低。因此，在常压下应用水蒸气蒸馏，就能在低于100℃的情况下将高沸点组分与水一起蒸出来。因为总的蒸气压与混合物中二者间的相对量无关，直到其中一组分几乎完全移去，温度才上升至留在瓶中液体的沸点。我们知道，混合物蒸气中各个气体分压(p_A,p_B)之比等于它们的物质的量(n_A,n_B)之比，即：

$$\frac{n_A}{n_B} = \frac{p_A}{p_B}$$

而 $n_A = m_A/M_A$；$n_B = m_B/M_B$。其中 m_A、m_B 为各物质在一定容积中蒸气的质量，M_A、M_B 为物质 A 和 B 的相对分子质量。因此：

$$\frac{m_A}{m_B} = \frac{M_A n_A}{M_B n_B} = \frac{M_A p_A}{M_B p_B}$$

可见，这两种物质在馏液中的相对质量(就是它们在蒸气中的相对质量)与它们的蒸气压和相对分子质量成正比。

以苯胺为例，它的沸点为184.4℃，且和水不相混溶。当和水一起加热至98.4℃时，水的蒸气压为95.4kPa，苯胺的蒸气压为5.6kPa，它们的总压力接近大气压力，于是液体就开始沸腾，苯胺就随水蒸气一起被蒸馏出来，水和苯胺的相对分子质量分别为18和93，代入上式：

$$m_A/m_B = \frac{95.4 \times 18}{5.6 \times 93} = \frac{33}{10}$$

即蒸出3.3g水能够带出1g苯胺。苯胺在溶液中的组分占23.3%。实验中蒸出的水量往往超过计算值，因为苯胺微溶于水，实验中尚有一部分水蒸气来不及与苯胺充分接触便离开蒸馏烧瓶的缘故。

利用水蒸气蒸馏来分离提纯物质时，要求此物质在100℃左右时的蒸气压至少在1.33kPa左右。如果蒸气压在0.13～0.67kPa，则其在馏出液中的含量仅占1%，甚至更低。为了要使馏出液中的含量增高，就要想办法提高此物质的蒸气压，也就是说要提高温度，使蒸气的温度超过100℃，即要用过热水蒸气蒸馏。例如苯甲醛(沸点178℃)，进行水蒸气蒸馏时，在97.9℃沸腾，这时 $p_A = 93.8\text{kPa}$，$p_B = 7.5\text{kPa}$，则：

$$m_A/m_B = \frac{93.8 \times 18}{7.5 \times 106} = \frac{21.2}{10}$$

这时馏出液中苯甲醛占32.1%。

假如导入133℃过热蒸气，苯甲醛的蒸气压可达29.3kPa，因而只要有72kPa的水蒸气压，就可使体系沸腾，则：

$$m_A/m_B = \frac{72 \times 18}{29.3 \times 106} = \frac{4.17}{10}$$

这样馏出液中苯甲醛的含量就提高到了70.6%。

应用过热水蒸气还具有使水蒸气冷凝少的优点，为了防止过热蒸气冷凝，可在蒸馏瓶下保温，甚至加热。

从上面的分析可以看出，使用水蒸气蒸馏这种分离方法是有条件限制的，被提纯物质必须具备以下几个条件：①不溶或难溶于水；②与沸水长时间共存而不发生化学反应；③在100℃左右必须具有一定的蒸气压（一般不小于1.33kPa）。

常见的可用水蒸气蒸馏的物质及相应数据如表1-1所示。

表1-1　常见的水蒸气蒸馏的混合物沸点

有机物	沸点/℃	水的蒸气压 p_A/mmHg	有机物的蒸气压 p_B/mmHg	混合物沸点/℃
乙苯	136.2	567	195.2	92
溴苯	156.1	646	114	95.5
苯甲醛	178	703.5	220	97.9
苯胺	184.4	717.5	42.5	98.4
硝基苯	210.9	738.5	20.1	99.2
1-辛醇	195.0	744	16	99.4

【实验装置】

常用的水蒸气蒸馏装置一般包括水蒸气发生器、蒸馏、冷凝和接收器四个部分。

水蒸气发生器顾名思义就是产生水蒸气的装置，一般是使用金属制成的。实验室常用容积较大的短颈圆底烧瓶代替，也可以用二口或三口烧瓶代替。器内盛水约占其容量的1/2，可从其侧面玻璃水位管观察器内的水平面，如果太满，沸腾时水将冲至烧瓶。水蒸气发生器内插一根长玻璃管（50～60cm），起安全管作用。管的下端接近器底。

蒸馏部分通常是采用三口烧瓶，也可以用二口圆底烧瓶代替，应当用铁夹夹紧，其中口通过螺口接头插入水蒸气导管，其侧口插入馏出液导出玻璃弯管。水蒸气导管直径一般不小于7mm，以保证水蒸气畅通，其末端应接近烧瓶底部，距瓶底约8～10mm，以便水蒸气和蒸馏物质充分接触并起搅动作用。玻璃弯管应略微粗一些，其外径约为10mm，以便蒸气能畅通地进入与之相连的冷凝管中。若玻璃弯管的直径太小，蒸气的导出将会受到一定的阻碍，这会增加三口烧瓶的压力。玻璃弯管在弯曲前的一段应尽可能短一些；在弯曲后则允许稍长一些。

水蒸气发生器的支管和水蒸气导管之间用一个T形管相连接。在T形管的支管上套上一段橡皮管，用螺旋夹旋紧，可以用来除去水蒸气中冷凝下来的水。这段水蒸气导入管应尽可能短些，以减少水蒸气的冷凝，且T形管右边比左边稍高出一点，可以使冷却水又流回水蒸气发生器。在操作中，如果发生不正常的情况下，应立刻打开夹子，使与大气相通。

通过观察水蒸气发生器安全管中水面的高低,可以判断出整个水蒸气蒸馏系统是否畅通。若水面上升很高,则说明有某一部分阻塞,这时应将夹在T形管下端口的夹子取下,然后移去热源,稍冷后拆下装置进行检查(一般多数是水蒸气导入管下管被树脂状物质或者焦油状物所堵塞)和处理。否则,就会发生塞子冲出、液体飞溅的危险。

水蒸气蒸馏可选用的化学试剂很多,只要满足其适用条件即可。

【实验步骤】

1. 装置:将仪器按顺序安装好后,应认真检查仪器各部位连接处是否严密,是否为封闭体系。

2. 加料:在水蒸气发生瓶中,加入约占容器1/2的水,并加入几粒沸石。把要蒸馏的物质倒入三口蒸馏烧瓶中,其量约为烧瓶容量的1/3。再仔细检查一遍装置是否正确,各仪器之间的连接是否紧密,有没有漏气。待检查整个装置不漏气后,旋开T形管的螺旋夹。

3. 加热:当有大量水蒸气产生并从T形管的支管冲出时,立即旋紧螺旋夹,水蒸气便均匀通入圆底烧瓶,这时可以看到烧瓶中的液体翻腾不息,不久在冷凝管中就出现有机物质和水的混合物。调节火焰,使瓶内的混合物不致飞溅得太厉害,并制蒸馏速度,以每秒钟2~3滴为宜。为了使水蒸气不致在三口烧瓶内过多地冷凝,在蒸馏时通常也可用小火将三口烧瓶加热。

在蒸馏过程中,通过水蒸气发生器安全管中水面的高低,可以判断水蒸气蒸馏系统是否畅通。若水柱发生不正常的上升现象,以及烧瓶中的液体是否发生倒吸现象,应立即旋开螺旋夹,然后移去热源,找出发生故障的原因;必须把故障排除后,方可继续蒸馏。

4. 收集馏分:与简单蒸馏相同,当馏出液无明显油珠,澄清透明时,便可停止蒸馏。这时应先旋开夹子,待稍冷却后再关好冷却水,以免发生倒吸现象。拆除仪器(其程序与装配时相反),洗净。

5. 记录数据:分别记录馏出液中有机层和水层的各自体积,有机层回收。

6. 数据处理:由实验结果计算出 m_A/m_B,与理论值比较,并加以讨论。

【思考题】

1. 进行水蒸气蒸馏时,水蒸气导入管的末端为什么要插入到接近于容器底部?

2. 在水蒸气蒸馏过程中,经常要检查什么事项?若安全管中水位上升很高时,说明什么问题,如何处理才能解决呢?

3. 水蒸气蒸馏利用的什么原理?什么情况下可以利用水蒸气蒸馏进行分离提纯?

4. 安全管和T形管各具有什么作用?

实验五　减压蒸馏

减压蒸馏是分离可提纯有机化合物的常用方法之一。它特别适用于在常压蒸馏时未达沸点即已受热分解、氧化或聚合的物质。减压蒸馏时物质的沸点与压力有关,获得沸点与蒸气压关系的方法：①查文献手册；②经验关系式，压力每相差 133.3Pa（1mmHg），沸点相差约 1℃；③压力－温度关系图查找。

【实验目的】

1. 了解减压蒸馏的原理和应用范围；
2. 认识减压蒸馏的主要仪器设备；
3. 掌握减压蒸馏仪器的安装和操作方法。

【实验原理】

液体的沸点是指它的蒸气压等于外界压力时的温度，因此液体的沸点是随外界压力的变化而变化的，如果借助于真空泵降低系统内压力，就可以降低液体的沸点，这便是减压蒸馏操作的理论依据。如用真空泵连接盛有液体的容器，使液体表面上的压力降低，即可降低液体的沸点。这种在较低压力下进行蒸馏的操作称为减压蒸馏。当蒸馏系统内的压力降低后，其沸点便降低，当压力降低到 1.3～2.0kPa（10～15mmHg）时，许多有机化合物的沸点可以比其常压下的沸点降低 80～100℃。因此，减压蒸馏对于分离提纯沸点较高或高温时不稳定的液态有机化合物具有特别重要的意义。

减压蒸馏时物质的沸点与压力有关，但有时在文献中查不到与减压蒸馏选择的压力相应的沸点，则可根据下面的经验曲线（图 1-5），找出该物质在此压力下的沸点的近似值。

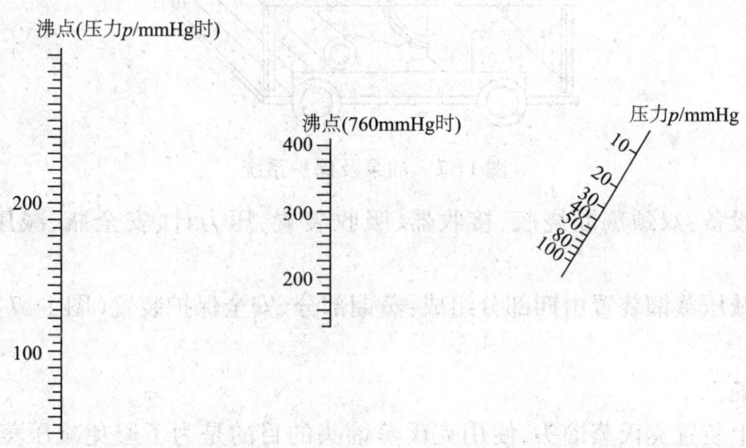

图 1-5 液体在常压下的沸点与减压下的沸点的近似关系图

如 N,N－二甲基甲酰胺常压下沸点约为 150℃（分解），欲减压至 2.67kPa（20mmHg），可以先在图 1-5 中间的直线上找出相当于 150℃ 的点，将此点与右边直线上 2.67kPa（20mmHg）处的点连成一直线，延长此直线与左边的直线相交，交点所示的温度就是2.67kPa（20mmHg）时 N,N－二甲基甲酰胺的沸点，约为 50℃。在给定压力下的沸点还可以近似地从下列公式求出：

$$\lg p = A + B/T$$

p 为蒸气压，T 为沸点（绝对温度），A、B 为常数。如以 $\lg p$ 为纵坐标，$1/T$ 为横坐标作图，可以近似地得到一直线。因此可从两组已知的压力和温度算出 A 和 B 的数值。再将所选择的压力代入上式算出液体的沸点。

【仪器装置】

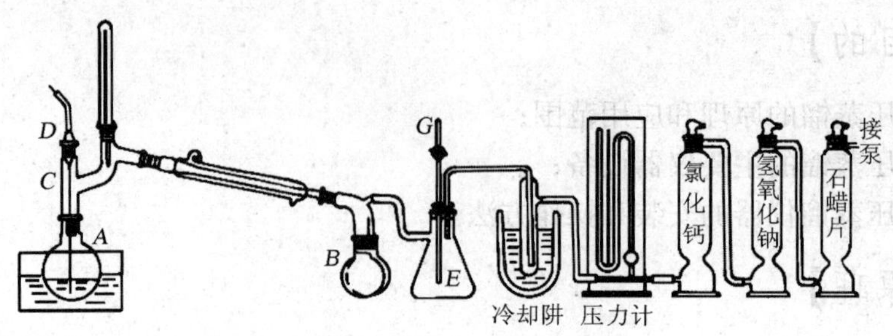

图 1-6　常用的减压蒸馏装置

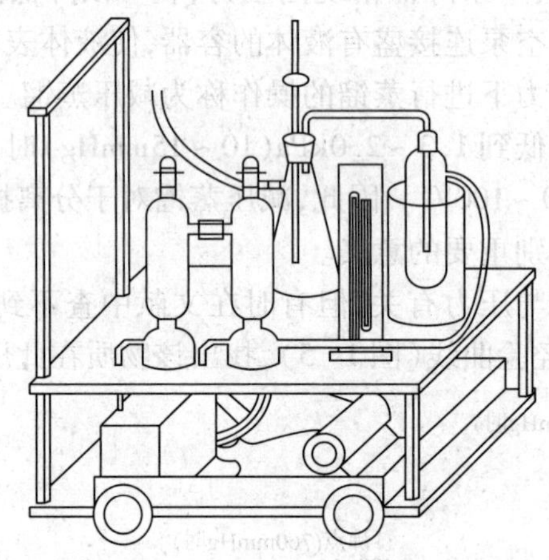

图 1-7　油泵及保护系统

主要仪器设备:双颈蒸馏烧瓶、接收器、吸收装置、压力计、安全瓶、减压泵,如图 1-6 所示。

通常认为减压蒸馏装置由四部分组成:蒸馏部分、安全保护装置(图 1-7)、测压装置、抽气(减压)装置。

1. 蒸馏装置

蒸馏烧瓶上装置克氏蒸馏头,使用克氏蒸馏头的目的是为了避免减压蒸馏时液泛对蒸馏的影响,比常压蒸馏头多出的支管可以起到缓冲的作用。克氏蒸馏头上面的两个接口分别装置毛细管与温度计。毛细管下端距瓶底 1 ~ 2mm,上端通过胶塞与克氏蒸馏头密封,毛细管上端连有一段带螺旋夹的橡皮管。螺旋夹用以调节进入体系中空气的量,在减压状态下,持续进入体系的微小气泡可以作为液体沸腾的汽化中心,使蒸馏平稳进行。在减压蒸馏操作中,一定不要引入沸石,沸石在减压条件下不但不能起到汽化中心的作用,反而会引起液泛。

接收器可用蒸馏瓶或吸滤瓶,但不能使用平底烧瓶或锥形瓶,否则由于受力不均容易炸裂。蒸馏时可以使用多尾接液管,多尾接液管的几个分支管与多个圆底烧瓶连接起来。转动多尾接液管,就可使不同的馏分进入指定的接收瓶中。

减压蒸馏的热源最好用水浴或油浴,因为水或浴油具有一定的热容量,能够起到缓冲的作用，使烧瓶受热平稳。蒸馏时应控制热浴的温度，使它比液体的沸点高20～30℃左右。如果蒸馏的少量液体沸点较高，特别是在蒸馏低熔点的固体时，可以不使用冷凝管。

2. 减压装置

实验室通常用水泵或油泵进行减压，水泵所能达到的最低压力为当时室温下水的蒸气压。例如在水温为10℃时，水蒸气压为1.2kPa；若水温为25℃，则水蒸气压为3.2kPa左右。水在不同温度下的蒸气压见本书附录。如果气温较高，可以在循环真空泵水泵中加入适量冰块来降低水温，从而获得较高的真空度。

如果要获得更高的真空度，就要使用油泵。油泵的效能决定于油泵的机械结构以及真空泵油的好坏。好的油泵能抽至真空度为13.3Pa，油泵结构较精密，蒸馏时要做好油泵的保护，如果有挥发性的有机溶剂、水或酸的蒸气，都会损坏油泵。挥发性的有机溶剂蒸气被抽吸收后，就会增加油的蒸气压，影响真空度。而酸性蒸气会腐蚀油泵的机件。水蒸气凝结后与油形成浓稠的乳浊液，也能影响油泵的正常工作。使用三相真空泵时要特别注意真空泵的转动方向。如果电机接线接错，会使泵反向转动，将导致泵油冲出，污染实验室，因此在连接三相泵时最好在专业电工指导下完成。

3. 保护及测压装置

当用油泵进行减压时，为了防止易挥发的有机溶剂、酸性物质和水蒸气对油泵的影响，必须在接收瓶与油泵之间顺次安装冷却阱和几种吸收塔，以免污染泵油，使真空度降低。冷却阱置于盛有冷却剂的广口保温瓶中，冷却剂的选择随需要而定，例如可用冰－水、冰－盐、干冰与丙酮等。常用的吸收塔有无水氯化钙（或硅胶）吸收塔，用于吸收水分；氢氧化钠吸收塔，用于吸收挥发酸；石蜡片吸收塔，用于吸收烃类气体，所有吸收塔都应采用粒状添充物，以减少压力损失。当然，根据被蒸馏液体性质的不同，也可以用其它形式的保护形式，如蒸馏苯胺时就可以用装有浓硫酸的洗气瓶作为保护装置。

实验室通常采用水银压力计来测量减压系统的压力。封闭式水银压力计（图1-8），两臂液面高度之差即为蒸馏系统中的真空度。如果使用水泵也可以用真空表来测压力。

封闭式水银压力计比较轻巧，读数方便，但常常因为有残留空气以致不够准确，需用开口式水银压力计来校正。使用时应避免水或其它污物进入压力计内，否则将严重影响其准确度。在开启和关闭压力计活塞时要仔细，防止压力波动过大，水银冲破压力计。

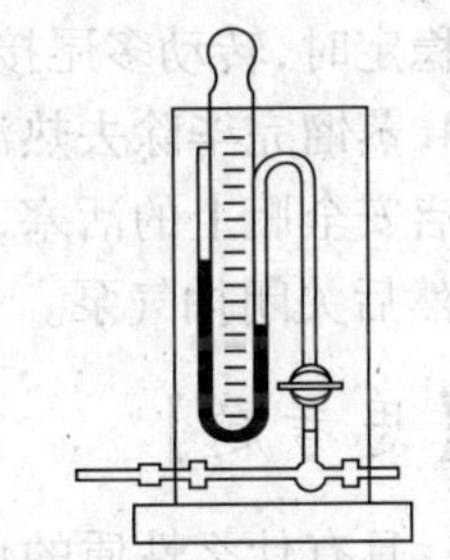
图1-8　封闭式水银压力计

在接收瓶与压力计之间还应接上一个安全瓶，瓶上的两通活塞用来调节系统压力。

减压蒸馏的整个系统必须保持密封，系统内部通气顺畅，玻璃仪器间由厚壁胶管连接，胶管要短，以减少压力损失。在需要较高真空度时各磨口塞应仔细涂好真空脂。

【实验步骤】

当被蒸馏物中含有低沸点的物质时，应先进行普通蒸馏，然后用水泵减压蒸去低沸点物质，冷至室温，再用油泵减压蒸馏。

在克氏蒸馏瓶中，放置待蒸馏的液体的体积不得超过烧瓶容积的1/2。装好仪器，旋紧毛细管上的螺旋夹D，打开安全瓶上的二通活塞G，然后开泵抽气。逐渐关闭G，从压力计上观察系统所能达到的真空度。如果是因为漏气而不能达到所需的真空度,可检查各部分塞子和橡皮管的连接是否紧密等。如果超过所需的真空度,可小心地旋转活塞 G,慢慢地引进少量空气,以调节至所需的真空度。调节螺旋夹 D,使液体中有连续平稳的小气泡通过,开启冷凝水,选用合适的热浴加热蒸馏。加热时,蒸馏烧瓶的圆球部位至少应有 2/3 浸入浴液中。在浴中放一温度计,控制浴温比待蒸馏液体的沸点约高 20 ~ 30℃,使每秒钟馏出 1 ~ 2 滴。在整个蒸馏过程中,都要密切注意瓶颈上的温度计和压力计的读数。经常注意蒸馏情况和记录压力、沸点等数据。纯物质的沸点范围一般不超过 1 ~ 2℃,假如起始蒸出的馏液比要收集物质的沸点低,则在蒸至接近预期的温度时转动多尾接液管,可收集不同馏分。

在蒸馏过程中如果要中断蒸馏,应先移去热源,取下热浴。待稍冷后,渐渐打开二通活塞 G,使系统与大气相通。打开活塞一定要慢慢地旋开,使压力计中的汞柱缓缓地恢复原状(否则,汞柱急速上升,有冲破压力计的危险),然后松开毛细管上的螺旋夹 D,放出吸入毛细管的液体。

蒸馏完毕先移去火源,撤去热浴,待稍冷后缓缓解除真空,使系统内外压力平衡后,方可关闭油泵。

【注意事项】

1. 仪器安装好后,先检查系统是否漏气。方法是:关闭毛细管,减压至压力稳定后,夹住连接系统的橡皮管,观察压力计水银柱有否变化,无变化说明不漏气,有变化即表示漏气。

2. 为使系统密闭性好,磨口仪器的所有接口部分都必须用真空油脂润涂好,检查仪器不漏气后,加入待蒸的液体,量不要超过蒸馏瓶的一半,关好安全瓶上的活塞,开动油泵,调节毛细管导入的空气量,以能冒出一连串小气泡为宜。

3. 当压力稳定后,开始加热。液体沸腾后,应注意控制温度,并观察沸点变化情况。待沸点稳定时,转动多尾接液管接受馏分,蒸馏速度以 0.5 ~ 1 滴/s 为宜。

4. 蒸馏完毕除去热源,慢慢旋开夹在毛细管上的橡皮管的螺旋夹,待蒸馏瓶稍冷后再慢慢开启安全瓶上的活塞,平衡内外压力(若开得太快,水银柱很快上升,有冲破测压计的可能),然后关闭抽气泵。

【思考题】

1. 具有什么性质的化合物需用减压蒸馏进行提纯?
2. 使用水泵减压蒸馏时,应采取什么预防措施?
3. 使用油泵减压时,要有哪些吸收和保护装置?其作用是什么?
4. 当减压蒸完所要的化合物后,应如何停止减压蒸馏?为什么?

实验六　液体化合物折光率的测定

折光率与物质的结构有关。在一定的条件下,纯物质具有恒定的折光率。折光率是有机化合物最重要的物理常数之一,作为液体化合物的纯度标准比沸点更可靠,可用来鉴定未知物或鉴定物质的纯度。测定值越接近文献值,就表明样品的纯度越高。折光率也可用于确定液体混合物的组成。因为当组分的结构相似和极性小时,混合物的折光率和物质的量组成之间常呈线性关系。

【实验目的】

1. 了解阿贝折光仪的构造和折光率测定的基本原理;
2. 掌握用阿尔折光仪测定液态有机化合物折光率的方法。

【实验原理】

一般地说,光在两个不同介质中的传播速度不相同的,所以光线从一个介质进入另一个介质,当它的传播方向与两个介质的界面不垂直时,则在界面处的传播方向发生改变,这种现象称为折射现象(光在两个不同界面通过时产生的折射,即光改变方向,是因为它的速度在改变)。

根据斯内尔(Snell)折射定律,波长一定的单色光线,在确定的外界条件(如温度、压力等)下,从一个介质A进入另一个介质B中,入射角α和折射角β(图1-9)的正弦之比和这两个介质的折光率N(介质A的)与n(介质B的)成反比,即:

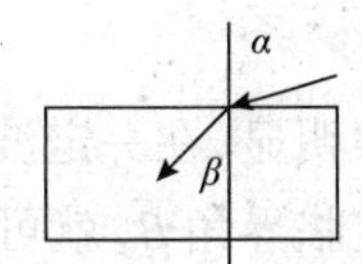

图1-9　光通过界面时的折射

若介质A是真空,则定其$N=1$(是一常数),于是:

$$n=\frac{\sin\alpha}{\sin\beta}$$,称为绝对折射率。

1. 折光率的应用和影响因素

物质的折光率不但与它的结构和光线波长有关,而且也受温度、压力等因素的影响,所以折光率的表示须注明所用的光线和测定时的温度。通常用20℃时,以钠光灯发出的波长为589.3nm的黄光即所谓的“钠D线”为入射光所测得的折光率,可用下列形式加以报告,$n_D^{20}=1.4892$。式中n代表物质的折光率,n的上角标(20)指明的是测定时的温度(摄氏度),下角标则标明使用钠灯的D线(5893Å)光作光源进行测定的。一般不考虑大气压的变化,因为大气压的变化并不显著影响折光率,所以在一般测定中都不作考虑。

温度对折光率影响很大,一般地讲,当温度升高1℃时,液体有机物的折光率就减少$3.5\times10^{-4}\sim5.5\times10^{-4}$。某些有机物,特别是测定折光率时的温度与沸点接近时,其温度系数可达7×10^{-4},为了便于计算,一般采用4×10^{-4}为其温度变化常数,这样一般都会带来一些误差。

为了检验已知样品的纯度,应将实测值进行校正,以便同文献值对照。例如某液体在25℃时的实测值为1.4148,其效正值应为:

$$n_D^{20}=1.4148+5\times4\times10^{-4}=1.4168$$

在严格的测定中,折光仪应与恒温槽相连。

2. 折光仪

阿贝折光仪(也称阿贝折射仪)是根据光的全反射原理设计的仪器,它利用全反射临界角的测定方法测定未知物质的折光率,可定量地分析溶液中的某些成分,检验物质的纯度。

当光由介质 A 进入介质 B，如果介质 A 对介质 B 是疏物质，即 $n_A < n_B$，则折射角 β 必小于入射角 α，当入射角 α 为 90°，$\sin\alpha = 1$，这时折射角 β 达到最大值，称为临界角，我们用 β_0 表示，如图 1-10 所示。

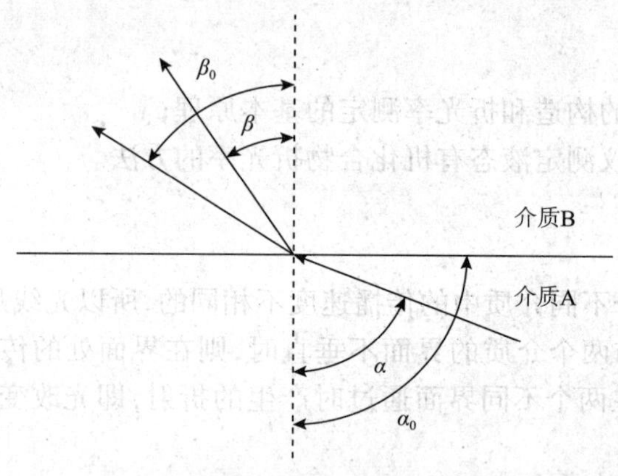

图 1-10 光的折射现象

很明显，在一定波长与一定条件下，β_0 是常数，它与折光率的关系是：$n = 1/\sin\beta_0$，这样通过测定临界角 β_0 就可以得到折光率，这就是阿贝折光仪的基本光学原理。

3. 阿贝折光仪的使用

为了测定临界角 β_0 值，阿贝折光仪是采用"半明半暗"的方法，就是让单色光由 0° ~90° 的所有角度从介质 A 射入介质 B，这时介质 B 中的临界角以内的整个区域有光线通过，因而是光亮的，而临界角以外的全部区域没有光线通过，因而是暗的，明暗两区域的界限十分清楚，如果在介质 B 的上方用目镜观测，就可见到一个界限十分清晰的半明半暗的图像。

阿贝折光仪的标尺上所刻的读数是换算后的折光率，可直接读数，不须换算。同时阿贝折光仪有消色散装置，故可直接使用日光，其测得的数字与钠光所测一样，这是阿贝折光仪的优点。

阿贝折光仪的主要组成部分是两块直角棱镜，上面一块是磨砂的，下面一块表面是光滑的，可以开启。筒内装有消色散镜，光线由反射镜反射入下面的棱镜，发生漫射，以不同入射角射入两个棱镜之间的液层，然后再射到上面棱镜光滑的表面上，由于它的折射率很高，一部分光线可以再经折射进入空气而达到测量镜，另一部分光线则发生全反射，调节螺旋以使测量镜中的视野在其临界角，再从读数中读出折光率。

实验室常用的 2WA - J 型阿贝折光仪的结构如图 1-11 所示。

折光仪使用注意事项：

(1)阿贝折光仪的量程从 1.3000 ~1.7000，精密度为 ±0.0001；测量时应注意保温套温度是否正确。

(2)仪器在使用或贮藏时，均不应曝于日光中，不用时应用黑布罩住。

(3)折光仪的棱镜必须注意保护，不能在镜面上造成刻痕。滴加液体时，滴管的末端切不可触及棱镜。

(4)在每次滴加样品前应洗净镜面；在使用完毕后，也应用丙酮或 95% 乙醇洗净镜面，待晾干后再闭上棱镜。

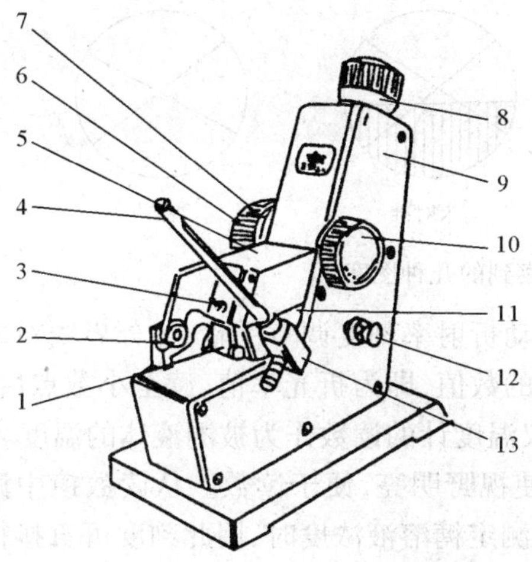

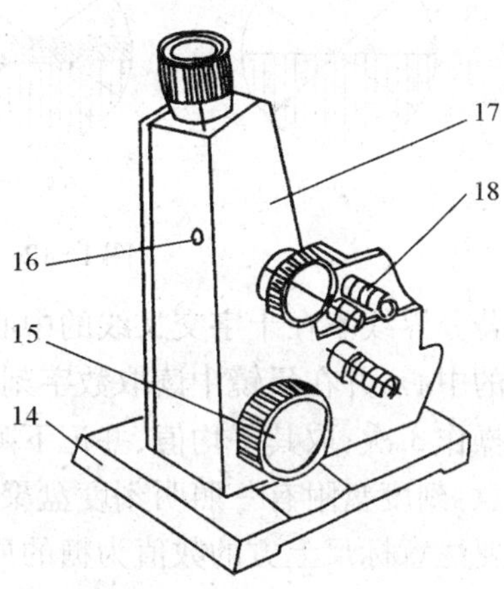

图1-11　2WA-J阿贝折光仪结构图

1—反射镜;2—转轴折光棱镜;3—遮光板;4—温度计　5—进光棱镜;6—色散调节手轮;7—色散值刻度圈;8—目镜;9—盖板;10—棱镜锁紧手轮;11—折射棱镜座;12—照明刻度盘聚光镜;13—温度计座;14—底座;15—折射率刻度调节手轮;16—调节物镜螺丝孔;17—壳体;18—恒温器接头

(5)对棱镜玻璃、保温套金属及其间的胶合剂有腐蚀或溶解作用的液体,均应避免使用。

(6)阿贝折光仪不能在较高温度下使用;对于易挥发或易吸水样品测量有些困难;另外对样品的纯度要求也较高。

【实验试剂】

标准样(无水乙醇、蒸馏水)、待测样。

【实验步骤】

1. 把温度计旋入仪器的温度计座内,用乳胶管把测量棱镜和辅助棱镜上保温套的进出水口与恒温水浴串接起来,将温度调节到所需测定温度(通常为20℃,以温度计实际温度为准),待温度稳定10min后,即可测定。

2. 旋开棱镜锁紧扳手,开启辅助棱镜,用擦镜纸沾少量95%乙醇,轻轻擦洗上、下镜面,风干。

3. 测量时,用洁净的长滴管将待测样品液体1~2滴均匀地置于下面棱镜的毛玻璃面上。此时应注意切勿使滴管尖端直接接触镜面,以免造成划痕。迅速闭合辅助棱镜,旋紧锁紧板手,锁紧棱镜。调节反射镜,使入射光进入棱镜组,调节测量目镜,从目镜中观察,使视场最亮、最清晰。

提示:若被测液体为易挥发物,则在测定过程中须用针管在棱镜侧面的一小孔内加以补充,或快速测定。

4. 先轻轻转动右下方的折射率刻度调节手轮,并在目镜内找到明暗分界线或彩色光带,再转动右上方的色散调节手轮(阿米西棱镜手轮),消除色散,便可看到一条明晰的明暗分界线。目镜中观察到的几种图案分别如图1-12所示。

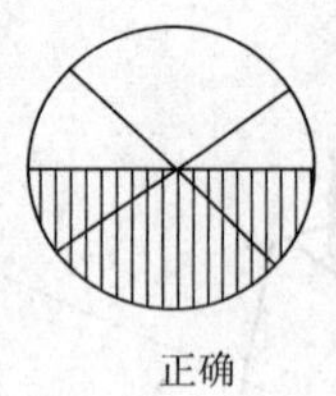
正确

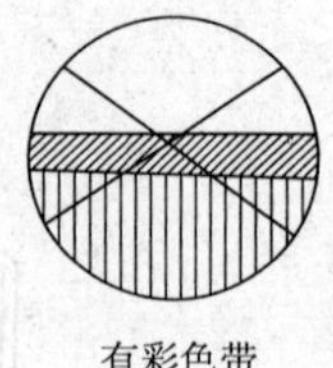
有彩色带

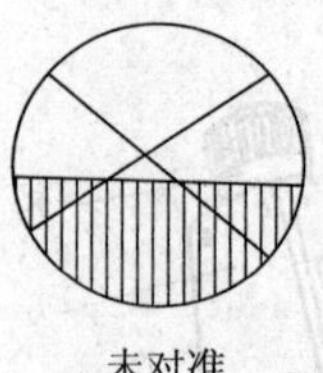
未对准

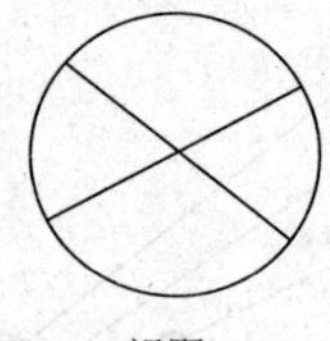
视野

图 1-12　目镜中观察到的几种图案

5. 若分界线不在十字交叉线的中心上，再转动折射率刻度调节手轮，使分界线对准十字交叉线的中心，并在目镜中读取数字刻度盘下方的数值，即为折光率值，读至小数点后 4 位。重复该操作 3 次，取其平均值，并记下阿贝折光仪温度计的读数作为被测液体的温度。

注意：刻度盘附有一照明刻度盘聚光镜，可使视野明亮，便于读数。从读数镜中读取折光率时要注意标尺上方的数值为糖的质量分数（测定糖溶液浓度时，用此刻度可直接得到糖的质量分数）；而下方数值才是所测液体在该测定温度时的折光率。

标准试样的折光率值如下：水 $n_D^{20}=1.3330$，无水乙醇 $n_D^{20}=1.3605$。

6. 按步骤 2 擦洗棱镜上、下镜面，用同样的方法测定其它待测物的折光率。

7. 实验完毕，用 95% 乙醇擦洗棱镜上、下镜面，并用干净软布擦净整台折光仪，妥善复原。

【注意事项】

1. 要特别注意保护棱镜镜面，滴加液体时防止滴管口划镜面。

2. 每次擦拭镜面时，只许用擦镜头纸轻擦，测试完毕，也要用丙酮洗净镜面，待干燥后才能合笼棱镜。

3. 不能测量带有酸性、碱性或腐蚀性的液体。

4. 测量完毕，拆下连接恒温槽的胶皮管，棱镜夹套内的水要排尽。

5. 若无恒温槽，所得数据要加以修正，通常温度升高 1℃，液态化合物折光率降低 $(3.5\sim5.5)\times10^{-4}$。

实验七　重结晶及过滤

重结晶是纯化固体有机化合物的重要方法之一。固体有机物在溶剂中的溶解度随温度的变化而改变。通常升高温度溶解度增大，反之则溶解度降低。热饱和溶液，降低其温度，溶解度下降，溶液变成过饱和而析出结晶。重结晶方法的原理就是利用被提纯化合物和杂质在热和冷的溶剂中溶解度的不同，把杂质分离或留在溶液中，以达到分离提纯的目的。

【实验目的】

1. 学习重结晶提纯固态有机化合物的原理，初步学会用重结晶方法提纯固体有机化合物和方法；

2. 掌握抽滤、热滤操作方法；

3. 了解活性炭脱色原理及操作方法。

【实验原理】

固体有机物在溶剂中的溶解度与温度有密切关系。一般是温度升高，溶解度增大。若把固体溶解在热的溶剂中达到饱和，冷却时由于溶解度降低，溶液变成过饱和而析出晶体。利用溶剂对被提纯物质及杂质的溶解度不同，可以使被提纯物质从过饱和溶液中析出。而让杂质全部或大部分仍留在溶液中（若在溶剂中的溶解度极小，则配成饱和溶液后被过滤除去），从而达到提纯目的。

1. 重结晶的一般过程

(1) 选择合适溶剂，将待重结晶物质在较高的温度（接近溶剂沸点）下溶解在溶剂中。

(2) 趁热过滤除去不溶性杂质。如溶液中含有色杂质，加活性炭煮沸脱色后一起热滤。

(3) 将滤液冷却，使晶体从过饱和溶液中析出，而可溶性杂质仍留在溶液中。

(4) 吸滤，将晶体从母液中分离出来。

(5) 洗涤晶体以除去吸附在晶体表面上的母液。

(6) 干燥后测定熔点。如果经一次重结晶后，纯度还不合格，可再进行一次重结晶。

简单的说，重结晶的一般过程为：溶解→脱色→热过滤→冷却结晶→抽滤→洗涤→晾干。

必须注意，杂质含量过多对重结晶极为不利，影响结晶速率，有时甚至妨碍结晶的生成。重结晶一般只适用于杂质含量约在百分之几的固体有机物。所以在结晶之前，根据不同情况，分别采用其他方法进行初步提纯，如水蒸气蒸馏、减压蒸馏、萃取等，然后再进行重结晶处理。

2. 基本操作

(1) 选择溶剂

在进行重结晶时，选择合适的溶剂是一个关键问题。有机化合物在溶剂中的溶解性往往与其结构有关，易溶于与其结构相似的溶剂中。如极性化合物一般易溶于水、醇、酯等极性溶剂中，而在非极性溶剂中如苯、四氯化碳等，要难溶解得多。这种相似者相溶虽是经验规律，但对实验工作有一定的指导作用。选择适宜的溶剂应注意下列条件：

①不与被提纯化合物起化学反应；

②在降低和升高温度时，被提纯化合物的溶解度应有显著差别。溶解度越小，回收率越高；

③溶剂对可能存在的杂质溶解度较大（于热溶剂中），可把杂质留在母液中，或对杂质溶解度很小，难溶于热溶剂中，趁热热过滤以除去杂质；

④能生成较好的结晶；

⑤溶剂沸点不宜太高，容易挥发，易与结晶分离。

在几种溶剂同样都合适时，则应注意产物的回收率、操作难易、毒性大小、易燃程度、价格及来源等。

若不能选出单一的溶剂进行重结晶，则可应用混合溶剂。一般是以两种能以任何比例互溶的溶剂组成，其中一种对被提纯的化合物溶解度较大，而另一种溶解度较小，一般常用的混合溶剂如下：

乙醇－水	丙酮－水	乙醚－甲醇	乙醚－石油醚
醋酸－水	吡啶－水	乙醚－丙酮	苯－石油醚

具体选择溶剂时，一般化合物可先查阅手册中溶解度一栏，如没有文献资料可查，只能用实验方法决定。具体实验方法可参阅其他相关资料。

(2)热滤

粗制品制成的热饱和溶液，为了避免在过滤过程中因温度下降而有晶体析出，必须趁热过滤，故用热滤法。

趁热过滤此溶液以除去其中的不溶物质。常用的热过滤装置有热水漏斗和抽滤装置，如图1－13所示。

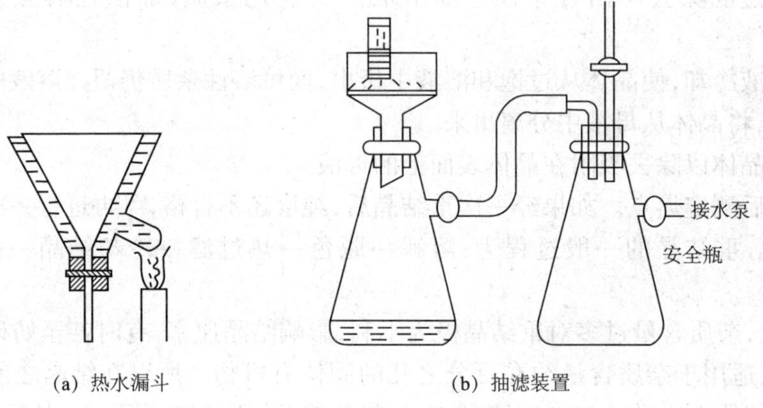

(a) 热水漏斗　　(b) 抽滤装置

图1－13　热过滤装置

热水漏斗(保温漏斗)是一种防止热量散失的漏斗。该漏斗是把玻璃漏斗(漏斗应采用短颈或无颈漏斗)置于一个金属套内，如图1－13(a)所示，套内是水，漏斗中放入折叠滤纸。然后在侧管处加热至需要温度(如用易燃溶剂，在过滤前务必将火熄灭)，接着把所制备的热溶液趁热过滤。

折叠滤纸的方法：

将选定的圆滤纸(方滤纸可在折好后再剪)按图(图1－14)先一折为二，再沿2—4折成四分之一。然后将1—2的边沿折至4—2，2—3的边沿折至2—4，分别在2—5和2—6处产生新的折纹。继续将1—2折向2—6，2—3折向2—5，分别得到2—7和2—8的折纹。同样以2—3对2—6；1—2对2—5分别折出2—9和2—10的折纹。最后在8个等分的每一个小格中间以相反方向折成16等分，结果得到折扇一样的排列。再在1—2和2—3处各向内折一小折面，展开后即得到折叠滤纸或称扇形滤纸。在折纹集中的圆心处，折时切勿重压，否则滤纸的中央在过滤时容易破裂。在使用前，应将折好的滤纸翻转并整理好后再放入漏斗中，这样可避免被手指弄脏的一面接触滤过的滤液。

如果采用抽滤装置来热滤，则需要预先将布氏漏斗和吸滤瓶预先烘热，然后趁热过滤。若溶液中含有色物质，则应先加活性炭煮沸脱色，再进行过滤。但应注意在加入活性炭之前应先将溶液稍冷后再加入(否则会引起爆沸)，再重新加热溶解。

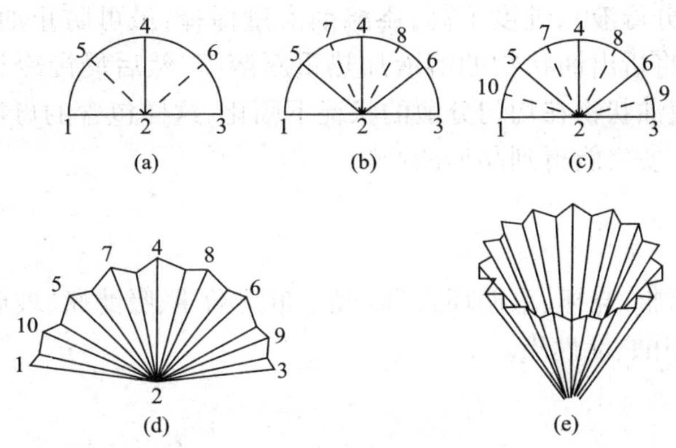

图 1-14　折叠滤纸的方法

(3)减压过滤

减压过滤(或吸滤)一般是在布氏漏斗上配置一橡皮塞与吸滤瓶相连,如图 1-13(b)所示,吸滤瓶的侧管再用橡皮管与水泵或减压安全瓶连接。实验室常用的为水循环式真空泵,如图 1-15 所示。布氏漏斗下端斜口应正对吸滤瓶的侧管。滤纸的大小要比布氏漏斗内径略小,但必须要将漏斗的小孔全部覆盖。滤纸也不能太大,否则会贴到漏斗壁上,造成溶液不经过滤直接漏入吸滤瓶中。

抽滤前应先用少量溶剂润湿滤纸,使其贴紧后再抽滤。停止抽滤前应将吸滤瓶侧管上的橡皮管拔去或打开安全瓶上的安全阀,使内外压力平衡,以防倒吸。

图 1-15　水循环式真空泵

(4)结晶

将滤液在冷水浴中迅速冷却并剧烈搅动时,可得到颗粒很小的晶体。小晶体包含杂质较少,但其表面积较大,吸附于其表面的杂质较多。若希望得到均匀而较大的晶体,可将滤液(如在滤液中已析出结晶,可加热使之溶解)在室温或保温下静置使之缓缓冷却。这样得到的结晶往往比较纯净。

有时由于滤液中有焦油状物质或胶状物存在,使结晶不易析出,或有时因形成过饱和溶液也不析出结晶,在这样情况下,可用玻璃棒摩擦器壁以形成粗糙面,使溶质分子呈定向排列而形成结晶的过程较在平滑面上迅速和容易;或者投入晶种(同一物质的晶体,若无此物质的晶体,可用玻璃棒蘸一些溶液稍干后即会析出晶体),供给定型晶核,使晶体迅速形成。

有时被纯化的物质呈油状析出,油状物质长时间静置或足够冷却后虽也可以固化,但这样的固体往往含有较多杂质(杂质在油状物中溶解度常较在溶剂中的溶解度大;其次,析出的固体还会包含一部分母液)，纯度不高，用溶剂大量稀释，虽可防止油状物生成，但将使产物大量损失。这时可将析出油状物的溶液加热重新溶解，然后慢慢冷却。当油状物析出时便剧烈搅拌混合物，使油状物在均匀分散的状况下固化，这样包含的母液就大大减少。但最好还是重新选择溶剂，使之能得到晶形的产物。

【仪器试剂】

仪器：150mL 锥形瓶、烧杯、水循环式真空泵、布氏漏斗、吸滤瓶、玻璃棒、电热套。

试剂：3.0g 粗苯甲酸、活性炭。

【实验步骤】

1. 溶剂的选取

根据原料苯甲酸选用合适的溶剂，此次实验选用水为溶剂。苯甲酸在 100g 水中的溶解度为 0℃：0.02g，4℃：0.18g，18℃：0.27g，75℃：2.2g。

2. 溶解固体

称取 3.0g 粗苯甲酸，放在 150mL 锥形瓶中，加入适量纯水，加热至粗苯甲酸溶解，若不溶解，可适量添加少量热水，搅拌并加热至接近沸腾，使苯甲酸溶解，稍冷后，加入适量(约 0.1g)活性炭于溶液中，煮沸 5～10min。注意判断是否有不溶或难溶性杂质存在，以免误加过多，以减少溶解损失。

3. 趁热过滤

通过热过滤去除杂质。

方法一：用热水漏斗趁热过滤(预先加热漏斗，叠扇形滤纸，准备锥形瓶接收滤液，减少溶剂挥发用的表面皿)。若用有机溶剂，过滤时应先熄灭火焰或使用挡火板。用一烧杯收集滤液。注意每次倒入漏斗中的液体不要太满；也不要等溶液全部滤完后再加。

方法二：可把布氏漏斗预先烘热，然后便可趁热过滤，避免晶体析出而损失。

上述两种方法在过滤时，应先用溶剂润湿滤纸，以免结晶析出而阻塞滤纸孔。

本次实验用布氏漏斗和吸滤瓶来趁热过滤。

4. 结晶析出

将上述热过滤后的溶液静置、自然冷却，或使用相应的冰水浴或冰盐浴，使结晶慢慢析出。若放冷后也无结晶析出，可用玻璃棒在液面下摩擦器壁或投入该化合物的结晶作为晶种，促使晶体较快地析出。

5. 抽滤分离结晶

用布氏漏斗和吸滤瓶抽滤上述含结晶的溶液，使结晶和母液迅速分离。用玻璃塞挤压晶体，尽量将母液除去。用少量溶剂洗涤几次，除去晶体表面吸附的杂质。停止过滤时，先拔抽气管，再关泵，防倒吸。

6. 晶体的干燥

首先称出表面皿的质量，再用刮刀将结晶移至表面皿上，可采用以下几种方法干燥晶体，但不管采用何种方法，均应干燥至晶体质量恒定。

(1)摊开成薄层，置空气中晾干或在干燥器中干燥。

(2)用蒸气浴干燥：用小烧杯加入适量水加热至沸，产生蒸气，将表面皿置于烧杯上烘干。

(3)将滤饼置于表面皿上,用烘箱加热烘干,注意温度设置不得高于晶体的熔点。

若纯度不合格,可再进行一次重结晶,重复上述操作,直至获得纯品。

7. 晶体的称重与回收

纯苯甲酸为无色针状晶体,熔点 122.4℃。

【注意事项】

1. 不要在沸腾的溶液中加入活性炭,以免暴沸冲出。

2. 抽滤时防止倒吸。

3. 洗涤晶体时,先关闭水泵,加入少量冷水,用玻璃棒松动晶体,然后开泵抽干。

【思考题】

1. 加热溶解待重结晶的粗产品时,为什么加入溶剂的量要比计算量略少?然后逐渐添加到恰好溶解,最后再加入少量的溶剂,为什么?

2. 用活性炭脱色为什么要待固体物质完全溶解后才能加入?为什么不能在溶液沸腾时加入活性炭?

3. 使用有机溶剂重结晶时,哪些操作容易着火?

4. 使用布氏漏斗过滤时,如果滤纸大于布氏漏斗瓷孔面时,有什么不好?

5. 停止抽滤时,如不先打开安全活塞就关闭水泵,会有什么现象产生,为什么?

6. 在布氏漏斗上用溶剂洗涤滤饼时应注意什么?

7. 如何鉴定经重结晶纯化过的产品的纯度?

8. 请设计用 70% 乙醇重结晶萘的实验装置,并简述实验步骤。

实验八　萃取和升华

萃取是利用物质在两种不互溶(或微溶)溶剂中溶解度或分配比的不同来达到分离、提取或纯化目的的一种操作。萃取是有机化学实验中用来提取或纯化有机化合物的常用方法之一。应用萃取可以从固体或液体混合物中提取出所需物质,也可以用来洗去混合物中少量杂质。通常称前者为“抽取”或“萃取”,后者为“洗涤”。

当要从水中萃取有机化合物时,常用的有机溶剂是二氯甲烷、石油醚和乙醚等在水中溶解度很小的溶剂。与此相反,也可以用水来萃取有机溶剂以除去不要的组分,这个过程常称为洗涤。如果有机物中含有需要除去的酸(如盐酸),就可用水或稀的弱碱水溶液来洗涤。如果要除去碱性物质,可用稀酸水溶液洗涤。

【实验目的】

1. 了解萃取的基本原理,掌握萃取的基本操作技术;

2. 初步掌握用升华法精制有机化合物的操作。

(一)萃取

【实验原理】

分配定律是液-液萃取的主要理论依据。在两种互不相溶的混合溶剂中加入某种可溶性物质时,它能以不同的溶解度分别溶解于此两种溶剂中。实验证明,在一定温度下,若该物质的分子在此两种溶剂中不发生分解、解离、缔合和溶剂化等作用,则此物质在两液相中浓度之比是一个常数,假如一种物质在两液相 A 和 B 中的浓度分别为 c_A 和 c_B,则在一定温度下,$c_A/c_B=K$,K 是一常数,称为分配系数。K 可以近似地看作为此物质在两溶剂中溶解度之比。

在萃取时要采取少量多次的原则。由分配定律可知,把溶剂分成几份作多次萃取要比用全部量的溶剂一次萃取的效果要好。一般萃取 3 次即可满足要求。另外,若在水溶液中先加入一定量的电解质(如氯化钠),利用盐析效应可以有效降低有机化合物和萃取溶剂在水溶液中的溶解度,常可改善萃取效果。如用乙醚萃取水层时,醚层最多可溶解约 8% 体积的水。因此,常用饱和氯化钠水溶液来代替水来洗涤醚层。

从水溶液中萃取有机物时,选择合适萃取溶剂的一般原则是要求溶剂在水中溶解度很小或几乎不溶;被萃取物在溶剂中要比在水中溶解度大;溶剂与水和被萃取物都不反应;萃取后溶剂易于和溶质分离开,因此,最好用低沸点的溶剂,萃取后溶剂可用常压蒸馏回收。此外还要兼顾溶剂价格、毒性、安全等因素。

经常使用的溶剂有乙醚、二氯甲烷、石油醚、四氯化碳、氯仿、乙酸乙酯和苯等。一般水溶性较小的物质可用石油醚萃取,水溶性较大的可用乙醚萃取,水溶性极大的可用乙酸乙酯萃取。

液-体萃取最通常的仪器是分液漏斗,一般选择容积较被萃取液大 1 ~ 2 倍的分液漏斗。萃取溶剂的选择,应根据被萃取化合物的溶解度而定,同时要易于和溶质分开,所以最好用低沸点溶剂。一般难溶于水的物质用石油醚等萃取;较易溶者,用苯或乙醚萃取;易溶于水的物质用乙酸乙酯等萃取。

每次使用萃取溶剂的体积一般是被萃取液体的 1/5 ~ 1/3,两者的总体积不应超过分液漏斗总体积的 2/3。

操作方法:

1. 检查分液漏斗活塞是否密封,转动是否灵活,活塞口是否有堵塞物。活塞可涂少量凡士林润滑,涂凡士林时应在活塞两头涂,量要少,避免堵塞活塞孔。漏斗上口的活塞不能涂凡士林,以免污染萃取物,上口密封要良好,如果密封不好,可用合适的胶塞代替。分液漏斗的活塞与上口的塞子是一一对应的,损坏后不能互换,使用时要保护好,注意不要损坏,每次使用完毕清洗干净后,最好用纸片垫上,防止粘在一起。

检查分液漏斗塞子和活塞是否漏液。确认不漏时后,将漏斗放在固定于铁架台上的铁圈中,关好活塞。装入待萃取物和萃取溶剂。塞好塞子,旋紧。

2. 把被萃取溶液倒入分液漏斗中,然后加入萃取剂(一般为溶液的 1/3),塞紧塞子,取下漏斗,右手握住漏斗口颈,并用手掌顶住塞子,左手握在漏斗活塞处,用拇指压紧活塞,把漏斗放平,前后小心振荡。开始振荡时要慢,振荡几次后把漏斗下口向上倾斜,如图 1-16 所示，开启活塞排气，再重复上述操作直至放气压力很小为止。

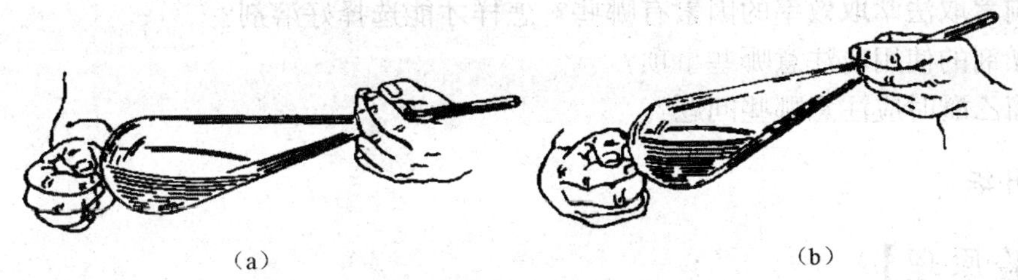

（a）　　（b）

图 1-16　分液漏斗的摇振

注：由于大多数萃取剂沸点较低，在萃取振荡的操作中能产生一定的蒸气压，再加上漏斗内原有溶液的蒸气压和空气的压力，其总压力大大超过大气压，足以顶开漏斗的塞子而发生喷液现象，所以在振荡几次后一定要放气。放气时漏斗下口向斜上方，朝向无人处。

3. 将漏斗置于铁架台的铁圈上静置，待液体分层。打开漏斗上口塞子，下层液体由下口放出，上层液体由上口倒出，切不可也从活塞放出，以免被残留在漏斗颈上的第一种液体所玷污。

在萃取时，由于剧烈的振摇（尤其是在碱性物质存在下），常常会产生乳化；或由于存在少量沉淀，两液相的相对密度相差较小及两溶剂发生部分互溶等，使两相不能清晰分层，难于分离。

乳化现象解决的方法：①较长时间静置；②若是因碱性而产生乳化，可加入少量酸破坏或采用过滤方法除去；③若是由于两种溶剂（水与有机溶剂）能部分互溶而发生乳化，可加入少量电解质（如氯化钠等），利用盐析作用加以破坏。另外，加入食盐，可增加水相的密度，有利于两相密度相差很小时的分离；④加热以破坏乳状液，或滴加几滴乙醇、磺化蓖麻油等以降低表面张力。

注意：使用低沸点易燃溶剂进行萃取操作时，应熄灭附近的明火。

4. 合并所有萃取液，加入略过量的干燥剂干燥，然后除去溶剂，根据所得有机物的性质可通过蒸馏、重结晶等方法进一步纯化。

【实验步骤】

1. 检查分液漏斗至符合要求。

2. 每人量取 10mL 正丁醇水溶液，置于分液漏斗中，取 30mL 乙醚，分三次萃取正丁醇的水溶液，每次 10mL，注意充分振摇，体会萃取与分液的操作。

3. 合并乙醚萃取液，放于 50mL 干燥的锥形瓶中，观察有无可见的水珠，如有可见水珠说明分液不彻底，应重新分液或将醚层转移到另一个干燥的锥形瓶中，加入 2g 无水硫酸镁，摇匀，塞好放置 20min。

4. 安装乙醚蒸馏装置，将干燥好的乙醚溶液转移到蒸馏烧瓶中，注意不要将干燥剂倒入蒸馏瓶，加入 2～3 粒沸石，用水浴蒸馏，直至无乙醚馏出，回收乙醚。

5. 烧瓶中的残余液体称重回收。

【思考题】

1. 乙醚作为一种常用的萃取剂，其优缺点是什么？

2. 若用乙醚、氯仿、已烷、苯溶剂萃取水溶液，它们将在上层还是下层？
3. 影响萃取法萃取效率的因素有哪些？怎样才能选择好溶剂？
4. 干燥剂的使用应注意哪些事项？
5. 蒸馏乙醚时应注意哪些问题？

（二）升华

【实验原理】

升华是纯化固体有机化合物的一种方法。液体的蒸气压随温度升高而升高，固体的蒸气压与温度也有类似的关系，其中蒸气压较高的固体可不经液相直接变为气相，这一过程称为升华，然后蒸气又可直接冷凝为固体，称为凝华。利用这种升华－凝华的循环可以实现固体的提纯。

由于升华是由固体直接气化，因此并不是所有固体物质都能用升华方法来纯化。只有那些在其熔点温度以下具有相当高蒸气压（高于 2.67kPa）的固态物质，才可用升华来提纯。因此有一定的局限性。若易升华的物质中含有不挥发性杂质，或分离挥发性明显不同的固体混合物时可以用升华法进行纯化。其优点是纯化后的物质纯度比较高，但操作时间长，损失较大。实验室里一般只用于较少量化合物的纯化。

【实验操作】

图 1－17 中（a）是最简单的常压升华装置，操作时，把要精制的物质粉碎放在蒸发皿中，上面盖上一张穿有许多小孔的圆滤纸，以防升华上来的物质再落到蒸发皿中，然后将漏斗颈中塞有一团较为疏松棉花的漏斗倒盖在蒸发皿上。将蒸发皿加热，小心调节火焰，控制浴温低于升华物质的熔点，而让其慢慢升华。蒸气通过滤纸小孔，冷却后凝结在滤纸上或漏斗壁上。

在空气或惰性气体流中进行升华，可采用图 1－17 中的装置（b）。在锥形瓶上配有双孔的塞子，其中一孔插入玻璃管导入固体，另一孔插入接液管的细口端，接液管的另一端伸入圆底烧瓶口内。两者间空隙部分塞上一些疏松的棉花或玻璃棉。物质加热后，开始升华时，通入气体带出的升华物质遇到用冷水冷却的烧瓶壁就凝结在其内壁上。

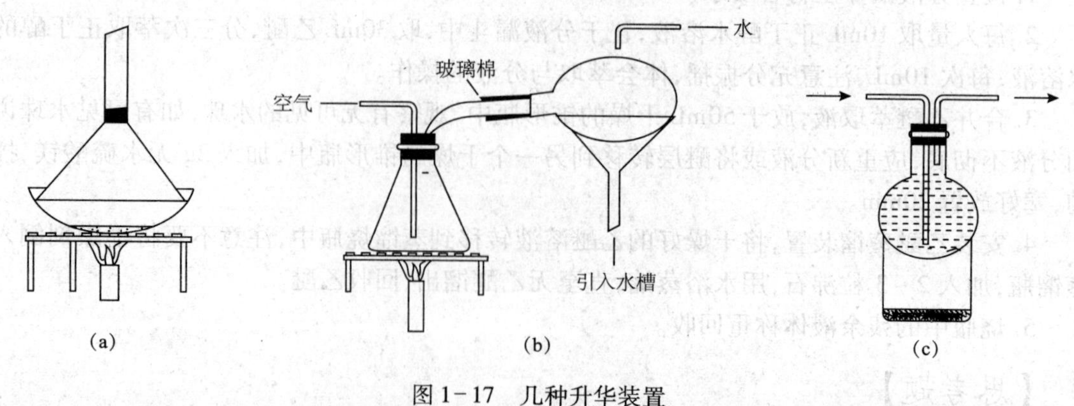

图 1－17　几种升华装置

较大量物质的升华，可在烧杯中进行。烧杯上放置一个通冷水的圆底烧瓶，使蒸气在烧瓶底部凝结成晶体并附着在瓶底上，如图 1－17 中的装置(c)。所用样品必须干燥。否则，其中的水受热汽化后冷凝于瓶底，使固态物质不易附着。

为加速升华速度，还可以使升华在减压下进行。减压升华法特别适用于常压下其蒸气压不大或受热易分解的物质，图 1－18 是用于少量物质的减压升华。通常用油浴加热，并视具体情况而采用油泵或水泵抽气。将要精制的物质放在吸滤瓶中，然后将装有冷凝指的橡皮塞塞紧吸滤管口，利用水泵或油泵减压，先接通冷凝水，将吸滤管浸在热浴中加热使固体升华。

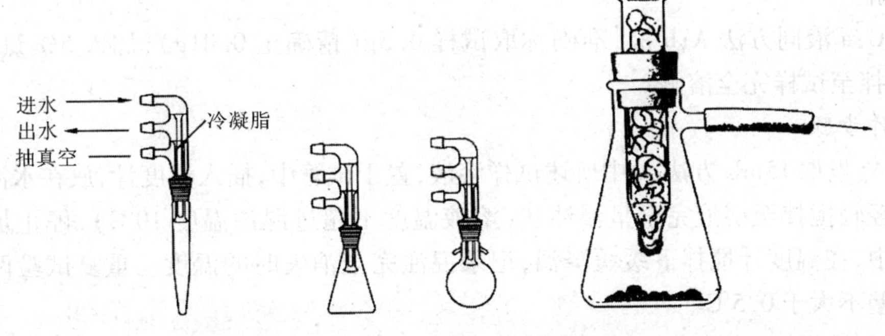

图 1－18　微量减压升华装置

实验九　聚氧乙烯型非离子表面活性剂浊点的测定

聚氧乙烯醚键上的氧原子与水以氢键结合，增大了表面活性剂的溶解度。当温度上升时，分子运动激烈，结合的水分子逐渐脱离。同时，溶液中的胶束量增加，当温度升至某值后，发生相的分离，出现混浊。这种当水溶液在温度升高时，溶液由均相变为非均相(即由清晰透明变为混浊)时的温度即为“浊点”。

浊点是反映聚氧乙烯型非离子表面活性剂亲水性的一个指标，与 *HLB* 值有一定关系。测定方法是将一定浓度的试样溶液缓缓加热，测定溶液自透明变为混浊的温度；或加热至液体完全不透明后，冷却并不断搅拌，观察不透明消失时的温度。

【仪器试剂】

仪器：试管、恒温水浴锅、温度计、电子天平、烧杯。

试剂：AEO－9。

【实验方法】

1. 方法的选用

方法 A：若试样的水溶液在 10～90℃间变混浊的，则在蒸馏水中进行测定。

方法 B：若试样的水溶液在低于 10℃变混浊的或试样不能完全溶解于水的，则在 25% 的二乙二醇丁醚水溶液中进行测定(不适用于某些含环氧乙烷低的试样，仅适用溶于 25% 二乙二醇丁醚水溶液试样）。

方法 C：若试样的水溶液在高于 90℃变混浊的，则需在密封管内进行测定，密封管可使操作在压力下进行，以达到比常压下溶液的沸点还要高的温度。也可采用在盐水溶液里测定其浊点。

2. 试样准备

方法 A：准备称取试样 0.5g（精确到 0.01g），加入 100mL 蒸馏水，搅拌使试样完全溶解。

方法 B：准确称取试样 5g（精确至 0.01g），加入 45g25% 的二乙二醇丁醚溶液，搅拌至试样完全溶解。

方法 C：a 液同方法 A；b 液，准确称取试样 0.5g（精确至 0.01g），加入 5% 氯化钠溶液 100mL，搅拌至试样完全溶解。

3. 操作步骤

方法 A：量取 15mL 方法 A 中所述试样溶液，置于试管中，插入温度计，放在水浴中加热，用温度计轻轻搅拌至溶液完全呈混浊状（溶液温度不超过混浊温度 10℃），停止加热，试管仍在烧杯中，在温度计搅拌下缓缓降温，记录混浊完全消失时的温度。重复试验两次，两次平行结果差不大于 0.5℃。

方法 B：量取 15mL 方法 B 中所述的式样溶液置于试管中，测试步骤同方法 A。

方法 C：取方法 C 所述 a 液置于安瓿瓶中，高度约为 40mm，用火将安瓿瓶封口，再用粗孔丝网将安瓿瓶罩住。将安瓿瓶放入加热浴（传热介质一般可用乙二醇）中，安瓿瓶的上端应略微露出液面。在仪器装置前应放置安全玻璃或透明塑料保护屏，将温度计移置于安瓿瓶旁的加热浴内，开动磁力搅拌器，同时加热，至安瓿瓶内液体变混浊时停止加热，继续搅拌冷却，记录混浊完全消失时的温度。重复试验两次。

4. 结果表示

平行测定 5 次，两次平行结果的差值不大于 0.5℃，取算术平均值。试样中加入提高或降低浊点的介质时，需说明测定液的介质。

实验十　临界溶解温度的测定

临界溶解温度为离子型表面活性剂在水中溶解度突然增大的温度。该温度下的溶解度与其临界胶束浓度相一致。测定方法有光谱法、浊度法和染料法。

【仪器试剂】

仪器：试管、恒温水浴锅、温度计、电子天平、烧杯。

试剂：AEO－9。

【实验方法】

1. 浊度法：将 1% 试样溶液置于水浴上逐渐升温，到溶液刚呈透明为止，反复数次，直至恒值。

2. 结果表示

平行测定5次，两次平行结果的差值不大于0.5℃，取算术平均值。试样中加入提高或降低浊点的介质时，需说明测定液的介质。

实验十一　润湿性测试

润湿是液固两相间的界面现象。当水滴落在纤维上，很容易成为水珠；如果一滴表面活性剂溶液落在纤维上，就容易渗透到纤维内。表面活性剂溶液具有的这种润湿织物的能力，称为润湿力。测定润湿力的方法，通常用的有帆布沉降法、纱带沉降法、纱线沉降法和接触角法等。沉降法设备简单，可以得到一定准确度的相对数据。接触角法需要比较复杂的仪器。帆布沉降法是通过机械作用使一定大小标准规格的帆布浸入液体中，在液体未浸透帆布前，由于浮力作用，帆布将悬浮在液体中，一定时间后，帆布被浸透，其密度大于液体的密度而下沉。不同液体对帆布润湿力的大小表现在沉降时间的长短上，以沉降时间作为比较润湿力大小的标准。

【仪器试剂】

仪器：21支3股×21支4股标准细帆布（剪成直径为35mm的圆片，质量应在0.38～0.39g之间）、鱼钩（每个质量应在20～40mg之间，也可用同质量的细钢针制成鱼钩状）、铁丝架（用直径为2mm的镀锌铁丝弯制）、1000ml烧杯（高140～150mm，外径110～120mm）。

试剂：十二烷基苯磺酸钠、AEO－9。

【实验方法】

1. 配制1.5g/L表面活性剂水溶液。

2. 取800mL被测试液注入1000mL烧杯中，调节温度至20℃±1℃。

3. 将鱼钩尖端钩入帆布圈距边约2～3mm处，鱼钩的另一端缚以丝线，丝线末端打一个小圈，套入丝线架中心处（铁丝架搁在烧杯边上），开启秒表，将帆布圈浸入试液中，其顶点应在液面下10～20mm处。

4. 由于液体润湿帆布，当密度大于试液时帆布圈开始下沉，至鱼钩下端触及杯底时即为终点，立即停止秒表，记录沉降所需时间。

5. 反复做10次试验，求取平均值。将与平均值相距正负秒数在20以上的除去后再求其平均值。

实验十二 分散性能测试

固体微粒浸在液体中,容易结粒成块而下沉。表面活性剂有使固体微粒的结粒分散成细小的质点而不容易下沉的能力,这种能力称为分散力。测定分散力,通常测定对钙皂的分散力,一般认为对钙皂的分散力好的,对其他固体的分散力也是比较好的。测定分散力的方法有分散指数法、酸量滴定法、比浊法等,以分散指数法和酸量滴定法最通用。分散指数法是在试验条件下测定完全分散难溶性金属皂(钙、镁皂)所需分散剂的最低量,以油酸钠在一定硬水中所需分散剂(表面活性剂)的质量分数表示分散指数(*LSDP*),该值愈低,分散力愈强。

【仪器试剂】

仪器:100mL 具塞量筒(或有 30mL 刻度的具塞比色管)。

试剂:①0.5% 油酸钠溶液:用纯油酸钠配制 0.5% 水溶液,也可用油酸加纯碱的方法,即称取油酸(化学纯)2 ~ 3g 于 500mL 水中,加热溶解,加入 0.5g 无水碳酸钠(小批加入),最后的溶液 pH 值为 8 ~ 9(如果不到,应加一些无水碳酸钠);②硬水:以 1g $CaCO_3$/L 计算硬度,将 0.665g 无水氯化钙及 0.986g 七水硫酸镁溶于水中,再稀释至 1000mL;③试样溶液:0.25g/100mL。

【实验方法】

在室温下(一般恒定在 25℃),吸取 5mL0.5% 油酸钠溶液于 100mL 具塞量筒中,加入适量 0.25% 分散剂溶液(即试验液,以 5mL 为宜),加入 10mL 硬水,再加水至 30mL;加塞,倒转 20 次,每次均回到起始位置,静置 30s,观察钙皂粒的情况,如在透明溶液间有凝聚沉淀,说明分散剂的用量不够,应增加分散剂的用量,使凝聚物在管中全部分散,直至量筒中呈半透明,无大块凝聚物存在即为终点。

计算分散指数:

$$LSDP(\%) = \frac{V_1 \times 0.25\%}{V_2 \times 0.25\%} \times 100\%$$

式中 V_1——试验所需分散剂溶液的量,mL;

V_2——加入油酸钠溶液的量,$V_2 = 5$mL。

反复做 10 次试验,求取平均值。

附:已知钙度硬水的制备

1. 试剂

(1)氯化钙二水合物($CaCl_2 \cdot H_2O$)。

(2)氨溶液:用水稀释 57mL 氨水和 1g 氰比钾至 100mL。

(3)0.05mol/L EDTA(二钠盐)标准溶液:溶解 18.612g EDTA 二钠二水合物于水中,再稀释至 1L,1mL 此液相当于 0.05mmol(0.1mg)或 2.004mg 钙离子(Ⅱ)。

(4)混合指示剂:

a. 制备 EDTA 镁盐二水合物:将 18.612gEDTA 二钠二水合物溶解在 76mL 极热的水中。

将12.3g 硫酸镁七水合物溶解在25mL 极热的水中。将两溶液小心混合，盖好，使之冷却过夜，倾去上层清液，将残留物用冷水洗涤三次，每次将洗涤液倒掉。用水在过滤漏斗上再次洗涤结晶，然后置于干燥器中真空干燥或于85℃烘箱中干燥。

b. 制备混合指示剂：研磨200mg 铬黑 T、37mg 甲基红和50g 氯化铵，再加入150g 氯化铵和10g EDTA 镁盐二水合物，继续研磨直至得到一均匀混合物。将混合指示剂贮存在磨口瓶中。

2. 配制方法

(1)硬水原液的制备：将220.5g 氯化钙二水合物溶于水中，并稀释至5L。

(2)硬水原液钙含量的测定：用移液管吸取50mL 原液，置于250mL 容量瓶中，用水稀释至刻度。用移液管吸此溶液25mL 置于250mL 锥形瓶中，加入100mL 水，4mL 氨溶液和0.3g 混合指示剂，将混合物加热到约40℃，用0.050mol EDTA 二钠盐标准溶液滴定至颜色变绿为终点。

原液钙含量(C_0)按下式计算：

$$C_0 = 0.1 \times V \times \frac{250}{25} \times \frac{1000}{50} = 20V(\text{meg/L})$$

式中　V——耗用 EDTA 二钠盐标准镕液的量，mL。

(3)已知钙硬度水的制备：为配制一定容积已知硬度的水，用下式计算所用原液量(V_0)：

$$V_0 = \frac{V_1 \times C_1}{C_0}$$

式中　V_1——希望配制的硬水的量体积，mL；

C_1——溶液 V_1 的硬度；mg/L；

C_0——原液的硬度。

实验十三　乳化性能测试

表面活性剂有使水和油两种互不相溶的液体转变为乳状液的能力，称为乳化力。在表面活性剂中，以非离子表面活性剂的乳化力最强，常被用作乳化剂。

乳化力的测定，没有专门的测定方法，因为对于不同的乳化对象，表面活性剂呈现不同的乳化力。

【仪器试剂】

仪器：具塞量筒、烧杯、秒表、温度计、锥形瓶、移液管。

试剂：十二烷基苯磺酸钠、AEO-9。

【实验方法】

用移液管吸取40mL 0.1% 试样溶液放入有玻璃塞子的锥形瓶内。再用移液管吸取

40mL 矿物油放入同一锥形瓶内。用手捏紧玻璃塞,上下猛烈振动五下,静置 1min,再同样振动五下,静置 1min,如此重复 5 次。将此乳浊液倒入 100mL 量筒中,立即用秒表记录时间,此时水油两相逐渐分开,水相徐徐出现,至水相分出 10mL 时,记录分出的时间,作为乳化力的相对比较,乳化力愈强则时间也愈长。

反复做 10 次试验,求取平均值。

实验十四　液体黏度的测定

【实验目的】

掌握旋转法测定液体黏度的原理和旋转黏度计使用方法。

【实验原理】

采用旋转黏度计测定流体的黏度,将被测液体放于烧杯中,用温度计测定液体温度,然后将被测液体放置在同轴套筒的环隙。其基本原理是外筒静止,内筒在同步马达的驱动下以恒定的角速度旋转,由于液体的黏性作用,产生和旋转方向相反的剪切应力作用在内筒的表面上,通过弹簧的偏离就可以测量作用在内筒上的力矩,该力矩被电位计检测,通过刻度盘读数或电位数值,计算出液体黏度,显示板上数字即为被测液体黏度。

【实验装置】

旋转黏度计仪器结构简图如图 1-19 所示。主要分为两部分,测试系统和读数系统。测试系统又包括同轴套筒和锥板。本仪器为精密仪器,测定时要注意以下几点:

(1)内筒是精密零件,不允许有任何变形,表面不能有任何刻痕。因此在搬动时要轻拿轻放;在测试时,安装以及取下外筒要沿垂直方向运动,防止与内筒摩擦或碰撞。

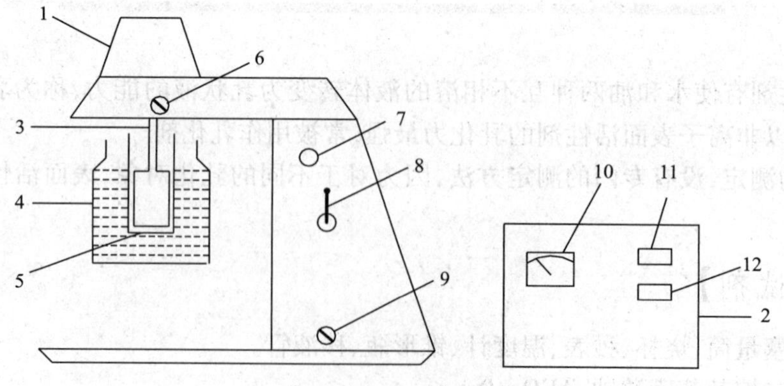

图 1-19　旋转黏度计测试装置

1—测试系统;2—读数系统;3—内筒;4—恒温水浴槽;5—外筒;6—扭矩转换开关;7—马达转速显示盘;8—马达转速控制杆;9—马达转速转换开关;10—读数盘;11—马达启动开关;12—读数开关

(2)测试时要严格遵照操作规程。测量时,先选好马达转速,启动马达。待稳定后,启动读数开关。关闭时则相反,先关闭读数开关,再停止马达运转。若要测定同一样品在不同剪切速率的黏度(如测非牛顿流体黏度),必须先停止马达运转,然后选择马达转速,再启动马达;切不可在马达未停止转动的情况下,直接拨动马达转速控制杆。

(3)选择合适测试系统的原则:尽量让测试时指针所指示的刻度越大越好,因为此时液体黏度的相对误差较小。但要注意指针不能超过满刻度,若超过满刻度,必须马上停止马达运转,将扭矩转换开关由Ⅰ转向Ⅱ。不准在运转的条件下直接拨动扭矩转换开关。

(4)测试完后,倒掉测试溶液,将内、外筒清洗干净,清洗时注意不要让内、外筒表面受损。保持整个仪器干净、整洁。

【实验步骤】

1. 估计被测液体的黏度,按仪器提供的技术参数选择合适的测试系统。

2. 接通恒温水浴电源,使恒温水浴运转并将循环水接入保温筒内。

3. 根据所选系统,确定待测某一浓度的甘油溶液(牛顿流体)的量并加入外筒中,然后将外筒置于保温水浴中。

4. 固定扭矩转换开关 6 和马达转速转换开关 9,通过控制杆 8 选择马达转速,然后按下马达启动开关 11,此时内筒旋转,待系统稳定(约 5min)后,按下读数开关 12,记下刻度盘上的读数。再关闭读数开关 12,关闭马达旋转开关 11。

5. 改变恒温水浴温度,重复上述操作。

6. 配制浓度为 0.1% ~0.5% 的聚乙烯醇溶液(非牛顿流体),重复上述操作。

7. 用同一浓度的聚乙烯醇溶液测定不同温度下的黏度。

【数据处理】

记录不同温度下被测定液体的黏度值,每个温度测定 5 次,并进行误差分析,最后进行线性分析,作黏度 - 温度图。

【思考题】

1. 列出至少三个工程计算应用黏度数据的实例。

2. 黏度测定中的误差来源主要有哪些?

实验十五　表面张力的测定

【实验目的】

掌握拉环法测定液体表面张力的原理和表面张力仪的使用方法。

【实验原理】

被测液体置于玻璃皿中,金属环放在液面上与润湿该金属环的液体相接触,则把金属环从该液体拉出所需的拉力 P,是由液体的表面张力、环的内径及环的外径所决定的。设环被拉起时它带着一个液体的圆柱,将环拉出液面所需之总拉力等于液柱的重量:

$$mg = 2\pi\sigma R' + 2\pi\sigma(R' + 2r) = 4\pi\sigma(R' + 2r) = 4\pi\sigma R$$

式中,m 为液柱质量;σ 是液体的表面张力;R'是环的内半径;r 为环丝半径;R 是环的平均半径,即 $R = R + R'$。实际上,上式是理想的情况,与实际情况有一定差别,因为被环拉起的液体并非是圆柱形。实验证明,环所拉起的液体之形状是 R^3/V 和 R/r 的函数,同时也是表面张力的函数。因此,必须乘上校正因子 F 才能得到正确结果。校正方程为:

$$\sigma = PF/4\pi R$$

【实验步骤】

JZ－200A 自动界面张力仪是用物理方法代替化学方法测试液体的表面和界面张力的仪器,主要有机壳、测试室、试样杯、升降机构及控制系统、微力传感器及张力测量显示系统等组成。实验步骤如下:

1. 先取两个 100mL 容量瓶,配制 0.80mol/L、0.50mol/L 正丁醇水溶液。然后再取 6 个 50mL 量瓶,用已配制的溶液,按逐次稀释方法配制 0.40mol/L、0.30mol/L、0.20mol/L、0.10mol/L、0.05mol/L、0.01mol/L 正丁醇水溶液。

2. 把铂金环和玻璃杯进行很好的冲洗。先在石油醚清洗铂金环,接着用丙酮漂洗,然后烘干铂金环。在处理铂金环时要特别小心,以免铂金环变形。然后将铂金环挂在测试室的小钩上。

3. 仪器放在平稳的台面上,调节螺旋仪器至水平。将电源插头插在具有可靠接地的外部电源插座上,打开电源开关,稳定 15min,调零。

4. 铂金环浸入到液体中 5～7mm 处,按“●”停止,此时若需要峰值保持则可按“峰值”键,再按“▼”键,显示值将逐渐增大,最终保持在最大值,该最大值就是液体的实测表面张力值 P,然后按“●”键停止,最大值被记录后按“复位”键。

5. “调零”旋钮,准备工作完毕后在开始试验前,应将显示调为“00.0”,对于同一试样在短时间内连续做多次试验,其间勿需调零(试验前调一次)。因为铂金环一旦沾上液体,质量就发生变化,不能调出实际零点。对于界面张力测定,每次试验前都必须对铂金环进行净化、烘干处理。无论是表面张力还是界面张力测定,调零时拉环需要经过净化处理。

6. 更换另一浓度的溶液,按上述方法测定表面张力。

7. 记录测定时的室温。

8. 测定完毕后,取下铂金环,清洗干净,玻璃杯也要洗干净。

【思考题】

1. 常用测定表面张力有哪些方法?
2. 本实验测定数据的精度取决于哪些因素?
3. 拉环法测表面张力有什么优缺点?

实验十六　涂料性能检测方法

【涂料涂膜样板的制备】

石棉板、石板、玻璃片都可以用来做涂膜的样板，除了附着力测试是分别要在3种样板上检测的。样板按GB 9271进行试板表面处理。石棉板和玻璃片都要事先用二甲苯清洗并干燥。石板被作为标准使用。对于所有的检测，除了遮盖力的测试，在这些材料上通常先要涂上底漆，涂料要用一个压力为0.3MPa的喷雾装置均匀地喷在介质上，并且要在23℃下干燥一个星期。对于涂膜的测试应该在温度为23℃且相对湿度为55%时进行。

【检测的项目和方法】

1. 黏度测定

用涂-4杯来测量涂料的黏度，把待测乳液倒入涂-4杯（乳液的量要足够使涂-4杯充溢），并同时用手指将底部按住不让液体流出，然后松开手指的同时按下秒表，记录液体流完所用的时间。

下列公式能把涂料的流出时间（s）换算成运动黏度值（mm^2/s）：

$$t < 23s \text{ 时}, \ t = 0.154\nu + 11$$

$$23 \leqslant t < 150 \text{ 时}, \ t = 0.223\nu + 6.0$$

式中　t——流出时间，s；

ν——运动黏度，mm^2/s。

2. 耐沾污性的检测

准备两块相同的石板作为样板，以相同的方法制样，采用粉煤灰作为污染源，将其与水掺和在一起涂刷在其中一块涂层样板上，干燥后用定量水冲洗涂层样板，记录达到原来没经过污染的样板的颜色时的洗刷次数。

3. 涂膜附着力的测定

用QFZ型涂膜附着力测定仪测量。测定时，将样板正放在实验台上，拧紧固样板调整螺栓，向后移动升降棒，使转针的尖端接触到漆膜，如划痕未露底板，应酌加砝码。按顺时针方向，均匀摇动摇柄，转速以80~100r/min为宜。向前移动升降棒，使卡针盘提起，松开固定样板的有关螺栓，取出样板，用漆刷除去划痕上的漆屑，以四倍放大镜检查划痕并评级。

评级方法：以样板上划痕的上侧为检查目标，依次标出1、2、3、4、5、6、7等七个部位，相应分为七个等级。按顺序检查各部位的漆膜完整程度，如某一部位的格子有70%以上完好，则定为该部位是完好的，否则应认为坏损。例如，部位1漆膜完好，附着力最佳，定为一级；部位1漆膜坏损而部位2完好，附着力次之，定为二级。依次类推，七级为附着力最差。

4. 耐候性的检测

将样板放置在室外一个月，经过风吹、雨淋、日晒，观察涂膜有无失光、变色、裂痕、粉化、等现象。

粉化：测定时以食指在样板表面上往复擦两次（擦很长，5~7cm），然后视手指上的颜料粒子多少，并参考标准来评定等级。

5. 耐化学试剂的检测

耐水/盐水性的测定：氯化钠用蒸馏水配成质量分数3%水溶液。将涂料样板2/3面积浸入温度为25℃ ±1℃的水/盐水溶液中，每隔24h观察一次，待达到产品标准规定的浸泡时间取出样板，用自来水清洗，并用滤纸吸干。观察漆膜有无剥落、起皱、起泡、生锈、变色和失光等现象。

耐酸耐碱性的测定：配制5%的氨水溶液和5%的盐酸溶液，其它步骤同上。

6. 硬度的测定

此测试是通过铅笔配合QHQ型硬度测试仪对涂膜的硬度进行测试的，用铅笔划过涂膜，观察用哪个型号的铅笔涂膜正好不被划伤，此涂膜的硬度大致上就和此型号的铅笔铅芯的硬度相同，铅笔的型号从6B～B、HB、H～6H不等。

7. 耐温变的检测

将样板放入放入－20℃ ±2℃的冷藏室3h。然后再放入烤箱中加热到50℃ ±2℃保持3h。这样做5个循环。观察涂层是否迸裂、脱落。

实验十七　乳状液的稳定性实验

【实验目的】

1. 理解影响乳状液稳定性的因素；
2. 掌握常用乳状液稳定性的表征方法；
3. 熟悉常用乳状液的破乳方法与原理。

【实验原理】

添加少量的乳化剂就能使乳状液比较稳定的存在，解释这种现象的理论就是乳状液的稳定理论。乳状液的稳定性不仅有热力学问题，还有动力学问题，而且后者往往是更重要的。影响乳状液稳定性的主要因素有：表面张力、表面电荷、界面膜、黏度和密度、温度等。

【仪器试剂】

仪器：100mL具塞锥形瓶、25mL量筒、试管、100mL烧杯、恒温加热磁力搅拌器、超声波清洗器。

试剂：氯化钠、苯、油酸钠。

（一）乳状液的制备与稳定性测试

制备水包油Ⅰ型型乳状液和油包水Ⅱ型乳状液。

检验乳状液稳定性的方法很多，大体可分为两个方面：一个是检测分散液滴的大小及其分布随时间、温度的变化；另一个是考察出现破乳的时间或析出一定量的透明相所需要的时间，或者比较发生破乳后一定时间析出透明相的量。

方法一:分油率评价法

无明显乳化层,水油形成稳定均一的水包油型乳状液,倒入带刻度的量筒或试管中,静置一段时间后观察并读取分离出的油相体积,按以下公式计算分油率:

$$W = [(V_0 - V)/V_0] \times 100\%$$

式中　W——分油率,%;

V——分离出的油相体积数,mL;

V——油相总体积数,mL。

分油率小者,乳状液稳定。油包水型为分水率,分水率小者,乳状液稳定。

方法二:乳化率评价法

乳化层与水、油形成清晰的界面时,可根据乳化体系乳化率来表示,乳化率 $= V/V_0 \times 100\%$,式中 V 是乳化层体积,V_0 是油水乳化体系总体积。乳化率小者,乳状液稳定。

方法三:浓相体积评价法

乳化层与水、油形成不清晰的界面,油层和乳化层颜色深,可视为浓相,较透明的油水乳状液为稀相。浓相体积分数 $= (V_0 - V_t)/V_0 \times 100\%$,式中 V_t 是某时刻的浓相体积,V_0 是乳化体系油相体积。一段时间内浓相体积分数变化大者,乳状液稳定。实验步骤及结果记录见表 1-2。

表 1-2　乳状液稳定性测试结果

乳状液类别	乳状液配比	测试方法与结果
Ⅰ型乳状液	15mL 1% 油酸钠的水溶液,15mL 苯	分油率法,上述乳状液转入 25mL 量筒(定容),15min 的后观察并计算分油率
Ⅱ型乳状液	15mL 2% 油酸镁的苯溶液,15mL 水	分水率法,上述乳状液转入 25mL 量筒(定容),15min 的后观察并计算分水率
		乳化率评价法/浓相体积评价法

(二)乳状液的不稳定性

破乳的原理就是使乳状液油水界面的稳定平衡受到影响,有机械法、电场法、化学法和生物法等多种方法,要求掌握实验室常用的几种破乳方法。

方法一:机械法

包括强力搅拌法和超声波法。超声波法是基于超声波作用于性质不同的流体介质产生的空化和位移效应来实现破乳的。

方法二:温度调节

升温可增加乳化剂的溶解度,降低在界面的吸附量,削弱保护膜;升温还可降低外相黏度,增加液滴碰撞机会,利于破乳。

冷冻也能破乳,在冷冻条件下油珠中油脂和水相可能结晶,其针状的冰晶刺破了两相界面膜,解冻时保持冰晶的一定形状,在界面张力的作用下,使分散的冰晶靠近,最后熔融形成连续相,实现破乳。

方法三:电解质法

在水包油型乳状液中加入电解质,可改变乳状液的亲水亲油平衡,降低乳状液的稳定性。

实验步骤及结果记录见表1-3。

表1-3　乳状液破乳试验结果

乳状液类别	乳状液配比	破乳方法	观察并记录现象	解释
Ⅰ型乳状液	15mL1%油酸钠的水溶液,15mL苯	强力搅拌法,4000r/min搅拌15min,静置	分层？絮凝？破乳？变型？聚结？	
		超声波法,100MHz超声15min,静置		
		升温加热法,逐渐加热至100℃维持15min		
		冷冻解冻法,置于冰箱-15℃维持30min,解冻		
		电解质法,缓慢搅拌加入氯化钠,观察		
Ⅱ型乳状液	15mL 2%油酸镁的苯溶液,15mL水	强力搅拌法,4000r/min搅拌15min,静置	分层？絮凝？破乳？变型？聚结？	
		超声波法,100MHz超声15min,静置		
		升温加热法,逐渐加热至100℃维持15min		
		冷冻解冻法,置于冰箱-15℃维持30min,解冻		
		电解质法,缓慢搅拌加入氯化钠,观察		

【思考题】

1. 影响乳状液稳定性的因素有哪些？
2. 升温或降温对于乳状液稳定性的影响？如何实现破乳？

实验十八　酸值的测定

【方法概述】

酸值是指1g试样耗用氢氧化钾的毫克数。

酸值测定是通过在乙醇溶液中,用标准碱滴定游离酸来完成的。

【实验试剂】

锥形瓶(250mL)、0.2N氢氧化钾溶液、95%中性乙醇、1%酚酞指示剂。

【操作步骤】

称取过滤干燥样品 10g(精确至 0.001g)置于锥形瓶内,加入 95% 中性乙醇 80 ~ 90mL 加热使样品溶解,然后加入酚酞批示剂 6 ~ 8 滴左右,立即以 0.2mol/L 氢氧化钾标准溶液滴定,当溶液呈微红色,并能维持 30s 不退色,即达终点。

酸值 X 计算:

$$X = Vc \times 56.1/W$$

式中　V——耗用氢氧化钾的体积, mL;

c——氢氧化钾的实际浓度, mol/L;

W——样品重, g。

实验十九　皂化值的测定

【方法概述】

皂化值是指皂化 1g 试样耗用氢氧化钾的毫克数。当酯被过量的碱液皂化后,可用酸标准溶液滴定过量的碱,从而确定酯所消耗碱的量。

【仪器试剂】

仪器:锥形瓶(250mL)、空气冷凝管。

试剂:0.5mol/L 盐酸标准溶液、0.5mol/L 氢氧化钾乙醇溶液、1% 酚酞指示剂、精制乙醇。

【操作步骤】

称取硝酸银 1.5 ~ 2g,溶于 3mL 水中,然后将其倒入 1000mL 乙醇中并摇匀,另取化学纯氢氧化钾 3g,溶于 15mL 热乙醇中,冷却后再注入以上的溶液中,摇匀,静置使之澄清后,移出澄清液再进行蒸馏,得精制乙醇。称取干燥过滤的样品 1g(精确至 0.001g)置于 250mL 锥形瓶中,用移液管移入氢氧化钾乙醇溶液 50mL,然后装上空气冷凝管,置于水浴锅上维持沸腾状态 60min(勿使蒸气逸出冷凝管)。再加入精制乙醇 20mL 和酚酞批示剂 6 ~ 10 滴左右。趁热以 0.5mol/L 盐酸标准溶液滴定至红色消失为止。

在相同条件下作一空白试验。

皂化值 I_s 计算

$$I_s = (V_0 - V)c \times 56.1/W$$

式中　V_0——空白试验耗用盐酸标准溶液的体积,mL;

V——样品试验耗用盐酸标准溶液的体积,mL;

c——盐酸标准溶液的实际浓度,mol/L;

W——样品质量,g。

注:平均试验结果的允许误差为 1.0。

第二章　天然活性物的提取

凡从天然植物或动物资源衍生出来的有机物称为天然活性物。其种类繁多,根据它们的结构特征一般可分成四大类,即碳水化合物、类脂化合物、团体化合物及生物碱。人类对自然界存在的天然活性物的利用具有悠久的历史。日常生活中用来治病,如奎宁曾经拯救千百万患者的生命,黄连素至今仍是治疗肠胃炎最常用的药物,吗啡碱是一个最早使用的镇痛剂;另一些植物则产生有价值的调味品、香料和染料。寻求具有特殊结构与特性并用于人类健康的天然活性物一直是人们十分关注的课题。

天然活性物的分离、提纯和鉴定是一项十分复杂的工作。有机化学中常用的一些实验手段如溶剂萃取、蒸馏和结晶等曾经在天然活性物的分离过程中发挥了重要的作用。现在各种色谱方法如纸层析、柱层析、气相色谱、高压液相色谱等已越来越普遍地应用于天然活性物的分离和提纯。质谱、红外吸收光谱、紫外吸收光谱、核磁共振谱等波谱技术的应用已使有机物结构的测定大大方便。仿天然活性物的合成已取得令人瞩目的成果。

实验二十　芦丁的提取与鉴定

芦丁亦称芸香甙,广泛存在于植物界中,其中以槐花米(为槐树的花蕾)和乔麦叶中含量较高,本实验以槐花米为原料提取芦丁,其含量为12% ~16%。芦丁为维生素P类药物,有助于保护毛细血管的正常弹性,临床上主要作防治高血压的辅助药物,还有调整毛细管壁的渗透作用,临床上作毛细血管性止血药,此外,对于放射性伤害所引起的出血症也有一定治疗作用。

【实验目的】

1. 以芦丁为例学习黄酮类化合物的提取方法;

2. 掌握黄酮类成分的主要性质及黄酮甙、甙元和糖部分的鉴定方法。

【实验原理】

槐花米中的已知成分:

1. 芦丁,黄色小针状结晶,难溶于乙酸乙酯、丙酮,不溶于苯、氯仿、乙醚、及石油醚等溶剂。

2. 槲皮素,黄色结晶,可溶于甲醇、冰醋酸、乙酸乙酯、丙酮、吡啶,不溶于石油醚、乙醚、氯仿和水中，实验室以稀硫酸水解，乙醇重结晶而制得。

3. 皂甙，其粗制品为白色粉末，经酸水解后得两种皂甙元及糖部分，这两种皂甙元是白桦酯醇和槐花米双醇，另外还含槐花米甲素、槐花米乙素、槐花米丙素等。

本实验是利用芦丁在热水中和冷水中溶解度相差较大的性质，用热水提取，然后再利用其在热乙醇和冷乙醇中溶解度的差异进行精制。

【实验步骤】

1. 芦丁的提取和精制

(1)芦丁的提取：取20g 槐米于烧杯中用水漂洗干净，捞取上浮的花蕾弃去下沉的杂质，将洗净的花蕾置于1000mL 烧杯中，加沸水500mL 煮沸45min，不断补充蒸发掉的水，趁热过滤(用棉花)再用200mL 提取30min，合并两次滤液，浓缩1/2 体积放置过夜，析出芦丁，抽滤、沉淀用少量冷水洗三次，抽干，60℃以下干燥，称重，计算收率。

(2)重结晶：将粗制芦丁研细，加95%乙醇回流溶解(每2g 芦丁需加70mL 左右乙醇)趁热过滤，取1/2 滤液浓缩至原体积的1/3~1/4，放置，析出结晶，抽滤，干燥称重，得精制芦丁，计算收率。

(3)芦丁的水解：取另1/2 量芦丁滤液，加入1mol/L 硫酸(80mL)水浴回流1h(用聚酰胺薄层检查水解是否完全)待全部水解后，蒸去乙醇，冷却、析出槲皮素，抽滤，滤液内含糖。椒皮素沉淀经水洗、抽干、干燥称重，计算收率，再用乙醇重结晶1次，得黄色针晶，为槲皮素精品。含糖的溶液，取20mL 于水浴上加热，同时于搅拌下加硫酸钡细粉中和至中性。滤除白色的 $BaSO_4$ 沉淀，滤液在水浴上浓缩至1~2mL，供纸色谱用。

2. 鉴定

(1)盐酸－镁粉反应，取芦丁少量，加乙醇数滴溶解加浓盐酸5 滴，再加少量镁粉，观察颜色变化。

(2)醋酸铅沉淀反应，取芦丁少许溶于热水，加醋酸铅试剂数滴，观察结果。

(3)Molish 反应：分别取芦丁和槲皮素少量，置2 支试管中加乙醇数滴，加 α－萘酚几滴振摇使溶，倾斜试管，沿管壁滴加浓硫酸5 滴，静置，观察二层溶液界面处颜色变化，并比较芦丁和槲皮素的区别。

实验二十一　甘草酸的提取

甘草酸又称甘草皂甙，是甘草的根及根茎和光甘草的根及根茎中的主要成分，也是有效成分，在甘草中的含量约7%~10%味极甜故又称甘草甜素。

甘草是常用和重要的中药之一，有较强的解毒作用，用于清热解毒、调和诸药，此外尚有类皮质激素、抗炎、抗胃溃疡、镇咳祛痰、解痉等方面的药理作用。

【实验目的】

1. 掌握甘草酸的提取原理和方法

2. 熟悉皂甙的性质和鉴定方法。

【实验原理】

甘草酸易溶于热水、热稀乙醇、丙酮，不溶于乙醇、乙醚等。在加热、加压及稀酸作用下，可水解为甘草次酸及二分子葡萄糖醛酸。甘草酸的提取精制原理是：甘草酸在原料中以钾盐或钙盐形式存在，其盐易溶于水，因此用水温浸，提出甘草酸盐，再加硫酸，因难溶于酸性冷水，而析出游离的甘草酸。甘草酸可溶于丙酮中，加氢氧化钾后，生成甘草酸三钾盐结晶，此结晶极易吸潮不便保存，加冰醋酸后，转变为甘草酸单钾盐，具有完好的晶形，易于保存。

【实验步骤】

1. 甘草酸的提取

取甘草粗粉 20g，加水 150mL，于水浴上温浸 30min，棉花过滤，药渣再用 100mL 水温浸 30min，棉花过滤，合并滤液，水浴浓缩至 40mL，滤除沉淀物，放冷加入浓 H_2SO_4 并不断搅拌，至不再析出甘草酸沉淀为止，放置，倾出上清液，下层棕色黏性沉淀用水洗涤 4 次，室温放置干燥，磨成细粉，为甘草酸粗品。

将粗制甘草酸置圆底烧瓶中，用 50mL 乙醇回流 1h，过滤，残渣再用 30mL 乙醇回流 30min，过滤，合并滤液，浓缩至 20mL，放冷，在搅拌下加入 20% KOH 乙醇溶液至不再析出沉淀，此时溶液 pH = 8，静置，抽滤，沉淀为甘草酸三钾盐结晶，于干燥器内干燥，称重。

甘草酸三钾盐置小烧杯中，加 15mL 冰醋酸，水浴上加热溶解，热过滤，再用少量热冰醋酸淋洗滤纸上吸附的甘草酸，滤液放冷后，有白色的结晶析出，抽滤，用无水乙醇洗涤，得乳白色甘草酸单钾盐。

2. 性质实验及色谱检查

(1)泡沫实验

取甘草酸单钾盐水溶液 2mL，置试管中用力振摇，放置 10min 后观察泡沫。

(2)醋酐—浓流酸反应

取甘草酸单钾盐少量，置白瓷板上，加醋酐 2 ~ 3 滴使溶解，再加半滴浓硫酸观察颜色变化。

(3)氯仿—浓硫酸反应

取甘草酸单钾盐少量，加 1mL 氯仿，再沿试管壁滴加浓硫酸 1mL，观察两层的颜色变化及荧光。

(4)薄层色谱

吸附剂：硅胶 G 板 100℃活化 0.5h。

展开剂：正丁醇 - 醋酸 - 水(6:1:3 上层)

样品：甘草酸单钾盐标准品，甘草酸单钾盐 70% 乙醇液。

显色剂：磷钼酸

【注意事项】

1. 甘草酸三钾盐极易吸潮，因此必须在干燥器中保存。

2. 薄层鉴定中显色前，薄层板上的展开剂需挥干。

实验二十二　向日葵盘中果胶的提取及性能测定

【实验目的】

1. 了解果胶的应用价值；

2. 熟悉天然果胶的提取工艺；

3. 了解果胶的性质和测定方法。

【实验原理】

1. 性质

果胶类物质是一种多糖类高分子化合物，其基本结构是由α-D-吡喃半乳糖醛酸以1，4糖苷键连接而成的长链，如图2-1所示。

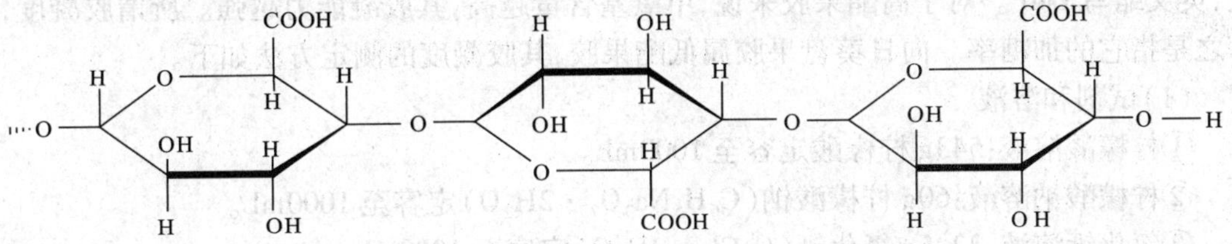

图2-1

2. 用途

果胶通常以部分甲酯化形式存在，其相对分子质量为50,000～150,000。由于果胶对组织的软化和胶凝作用，这一显著特性使果胶在食品工业和医药工业以及轻化工业上得到了广泛应用。在食品领域用作胶凝剂、稳定剂，利用果胶低糖、低热量的性能，用各种不同酯化度的低酯果胶制成一种脂肪仿制品；在医药领域，果胶具有良好的抗腹泻、抗癌、减肥、降低血糖和胆固醇、治疗糖尿病和心血管硬化及延长抗菌素的作用，在医药工业上通常用果胶来制造轻泻剂、止血剂、血浆代用品、毒性金属解毒剂等，防止血液凝固、肠出血、治疗便秘及作为金属中毒时的解药等。此外，果胶还被作为一种辅料用于化妆品、纺织及冶金化工等工业中。

【仪器试剂】

仪器：电动搅拌器、水浴锅或电炉、烧杯、温度计、pH试纸、烘箱、下陷仪、电子天平。

试剂：向日葵盘、草酸、氢氧化钠、结晶硫酸铝、活性炭、柠檬酸、乙醇、柠檬酸钠、氯化钙。

【实验步骤】

1. 干燥、粉碎：先将湿向日葵盘置于烘箱中，在70℃左右下烘干，温度不可过高，并不时翻动，也可晾晒，然后粉碎过20目筛网。

2. 漂洗、灭霉：提前将向日葵盘浸泡于10倍水中，约30min。除去水分，再用40℃左右的温水洗涤2~3次,洗去果渣中部分可溶性糖及色素类物质;用70℃热水浸泡10min左右灭果胶霉及进一步除去部分可溶性糖及色素类物质。

3. 酸解:按固液比1:10~20加入水,用草酸调溶液的pH值为2.0左右,加热至90~95℃。将水解后的果胶液趁热用60目滤布过滤,并将滤渣洗涤至滤液不黏稠,合并滤液。

4. 脱色:向滤液中加入一定量活性炭。在30℃下,不断搅拌20min左右,再过滤。

5. 盐沉淀:将果胶提取液降温至30℃左右,加入事先配置好的硫酸铝溶液(按每100g干向日葵盘中加入30g结晶硫酸铝配置的溶液),用10%的氢氧化钠溶液调果胶液pH值为5,静置15min左右。

6. 脱盐、洗涤:将果胶盐沉淀置于200mL70%的溶有10g柠檬酸的乙醇溶液中,均匀搅拌一段时间后过滤。然后用70%乙醇或弱碱性乙醇洗涤脱盐后的果胶。

7. 干燥:于70℃左右在真空干燥箱中干燥果胶,或用冷冻干燥机冻干。

8. 果胶胶凝度的测定:果胶的商品价值取决于它的胶凝度而不取决于它的含量。因此,无论是我国国家标准还是国外标准,评价其质量均不列其含量而列其胶凝度。果胶依据它的甲氧基含量可以分为高酯果胶和低酯果胶。高酯果胶是甲氧基含量在7%以上的果胶,也称为高甲氧基果胶,英文缩写HMP;低酯果胶中的甲氧基含量在7%以下,也称低甲氧基果胶,英文缩写LMP。对于高酯果胶来说,甲氧基含量越高,其胶凝能力越强。所谓胶凝度,简言之是指它的加糖率。向日葵盘果胶属低酯果胶,其胶凝度的测定方法如下。

(1)试剂和溶液

①柠檬酸溶液:543g柠檬酸定容至1000mL。

②柠檬酸钠溶液:60g柠檬酸钠($C_6H_5Na_3O_7 \cdot 2H_2O$)定容至1000mL。

③氯化钙溶液:22.5g氯化钙($CaCl_2 \cdot 2H_2O$)定容至1000mL。

(2)胶冻的制备

高酯果胶:准确称取已标准化的试样2.16g,加蔗糖20g混合,在搅拌下倒入一内盛有202.5mL水的不锈钢汤盆中,继续搅拌1~2min,直到完全水合分散为止。然后边搅拌边加热至沸腾,加入303g蔗糖,并继续搅拌、煮沸,直到净重达507.5g为止。移去热源,并冷却至95℃。

准备两只下陷仪,用玻璃带纸沿杯子的上沿标记缠绕一周,使杯子上端绕上一层有一定强度并高出杯子顶边约12mm的玻璃带纸。在每一只杯子中加入48.8%酒石酸20mL,然后在搅拌下加入上述已制备的凝胶液,加入量以低于纸带约2mm为宜。放置15min,盖上玻璃皿,然后在25℃下维持18~24h。

低酯果胶:准确称取已标准化的试样3.00g,加蔗糖20g混合后在搅拌下倒入一内盛有212.5mL水的不锈钢汤盆中(水中预先混有柠檬酸液2.50mL、柠檬酸钠溶液5.00mL),继续搅拌直至完全水合分散为止。然后边搅拌边加热至沸腾,加入70g蔗糖并继续搅拌直至完全溶解。在不断搅拌下加入$CaCl_2$溶液12.5mL,继续搅拌并加热至净重达300g为止。移去热源,并冷却至95℃。

如有泡沫可迅速撇去随即注入已准备好的两个下陷仪杯(用玻璃带纸沿杯子的上沿标记线缠绕一周,使杯子上端绕上一层有一定强度并高出杯子顶边约12mm的玻璃带纸)。倒至接近加高部分顶部,放置15min,盖上玻璃皿,室温下放18~24h。

(3)测定方法

去掉杯子上的纸带,用一细金属丝切割器沿杯口切去多余部分,然后小心地转动并倒转杯子,使杯内凝胶体倒在下陷仪玻璃板上,倒时应尽量减低应力,防止凝胶体破裂。在玻璃板上准确静止2min后,转动下陷仪的测微螺杆,使刚触及凝胶体表面,然后分别记录所得百分率读数,取平均值,按下式求取胶凝度。

高酯果胶胶凝度计算公式:

$$胶凝度 = (325/W) \times (2.00 - 百分率读数/23.5)$$

式中 W——所取果胶试样克数;

百分率读数——下陷率。

低酯果胶胶凝度计算公式:

$$胶凝度 = (300/W) \times [2.00 - (百分率读数 + 4.5)/25.0]$$

式中 W——所取果胶试样克数;

百分率读数——下陷率。

【思考题】

1. 低酯果胶与高酯果胶的区别是什么?
2. 在果胶提取制备过程中如何脱色?
3. 在测定低酯果胶胶凝度时,为何要加氯化钙?

实验二十三 茶叶中咖啡因的提取

【实验目的】

1. 了解咖啡因的性质及应用;
2. 掌握脂肪提取器的作用和使用方法;
3. 掌握从茶叶中提取咖啡因的原理和方法。

【实验原理】

茶叶中含有多种生物碱,其中咖啡因约占1%~5%,另外还含有11%~12%的丹宁酸(鞣酸)、0.6%的色素、纤维素、蛋白质等。

咖啡因具有刺激心脏、兴奋大脑神经和利尿等作用,因此可用作中枢神经兴奋药。它也是复方阿司匹林(APC)等药物的组分之一。

咖啡因是一种生物碱,为嘌呤的衍生物,又名咖啡碱、茶素;化学名称是1,3,7-三甲基-2,6-二氧嘌呤,其结构式为:

O, CH_3, H_3C, N, N, N, O, N, CH_3

其结构式与茶碱、可可碱类似：

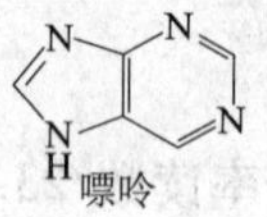

嘌呤

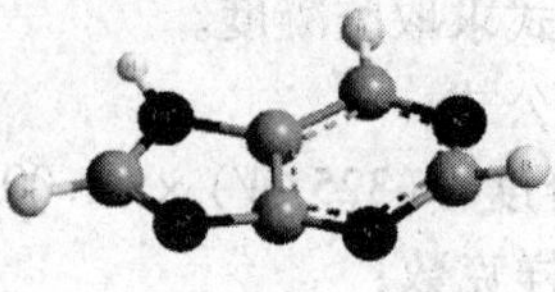

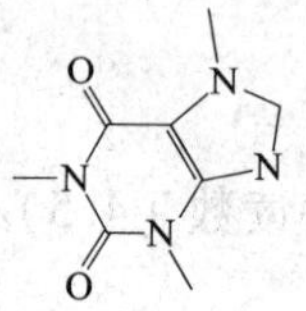

咖啡因

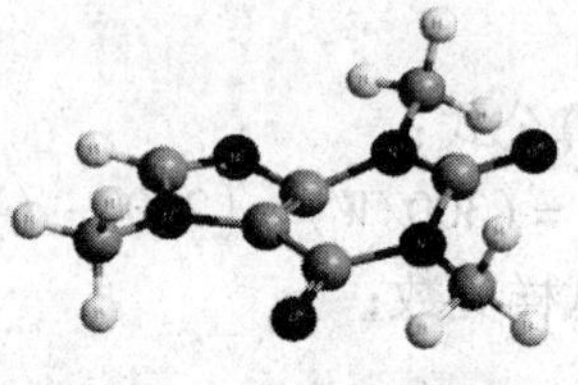

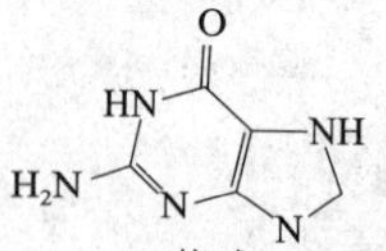

茶碱

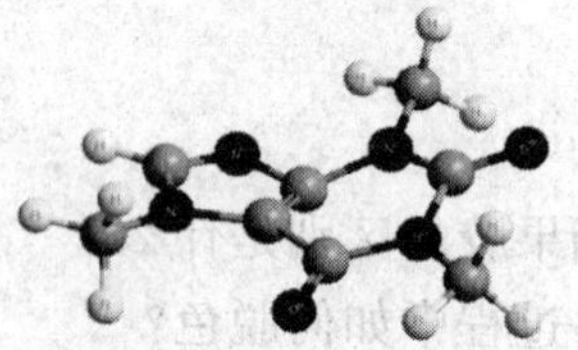

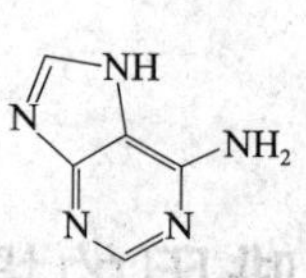

可可碱

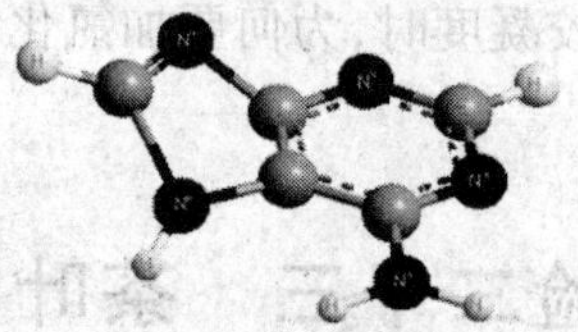

咖啡因是弱碱性化合物，易溶于氯仿（12.5%）、水（2%）及乙醇（2%）等。含结晶水的咖啡因为无色针状晶体，在100℃时即失去结晶水，并开始升华，在120℃升华显著，178℃升华很快。

为了提取茶叶中的咖啡因，可用适当的溶剂（如乙醇等）在脂肪提取器中连续萃取，然后蒸去溶剂，即得粗咖啡因。粗咖啡因中还含有其它一些生物碱和杂质（如单宁酸）等，加入生石灰，使单宁酸和生石灰反应生成钙盐，使咖啡因游离出来，再利用升华法进一步提纯。

脂肪提取器（索氏提取器）是利用溶剂回流和虹吸原理，使固体物质连续不断地为纯溶剂所萃取的仪器。溶剂沸腾时，其蒸气通过侧管上升，被冷凝管冷凝成液体，滴入套筒中，浸润固体物质，使之溶于溶剂中，当套筒内溶剂液面超过虹吸管的最高处时，即发生虹吸，回入烧瓶中。通过反复的回流和虹吸，从而将固体物质富集在烧瓶中。脂肪提取器为配套仪器，其任一部件损坏将会导致整套仪器的报废，特别是虹吸管极易折断，所以在安装仪器和实验过程中须特别小心。

（一）实验方法一

【仪器试剂】

仪器：脂肪提取器、蒸发皿、漏斗、圆底烧瓶、球形冷凝管、尾接管、烧杯、三角架、滤纸、线、棉花、蒸馏装置、锥形瓶、显微熔点仪。

试剂：茶叶、95%乙醇、生石灰。

【实验步骤】

1. 粗提

如图2-2(a)所示,安装装置。称取茶叶末10g装入脂肪提取器的滤纸套管中(滤纸套大小,既要紧贴器壁,又要能方便取放。其高度不得超过虹吸管。滤纸包茶叶末时,要严防漏出而堵塞虹吸管。纸套上面折成凹形,以保证回流液均匀浸透被萃取物)。

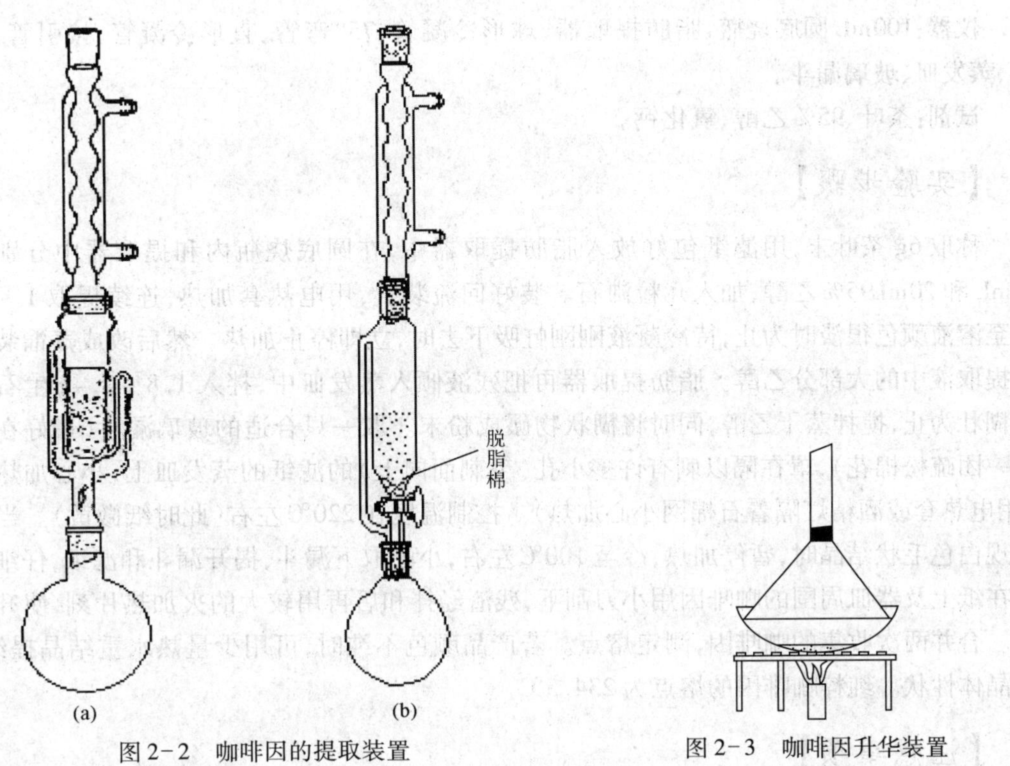

图2-2 咖啡因的提取装置　　图2-3 咖啡因升华装置

在圆底烧瓶中加入75mL95%乙醇,水浴加热,连续提取2~3h(若提取液颜色很淡时,即可停止提取)。待冷凝液刚刚虹吸下去时,立即停止加热,改装成蒸馏装置,回收大部分乙醇。

然后把蒸馏液倾入蒸发皿中,加入4g生石灰拌匀。在热源上炒干,使水分全部除去(如留有少量水分,将会在下一步升华开始时带来一些烟雾,污染器皿)。冷却后擦去粘在边上的粉末,以免升华时污染产物。

2. 升华

将升华物质在蒸发皿中铺均匀,上面覆盖一张刺有许多小孔的滤纸(孔一定要刺透,以利蒸汽穿过)。然后将合适的玻璃漏斗倒盖在上面,如图2-3所示。漏斗的颈口塞一点棉花,避免蒸气外逸。

在热源上缓慢加热蒸发皿(最好用砂浴)。小心调节温度,控制浴温低于咖啡碱的熔点。当过滤纸上出现白色针状结晶时,要适当控制温度,尽可能使升华速度放慢,提高结晶纯度。如发现棕色烟雾时,即升华完毕,停止加热,冷却后,揭开漏斗和滤纸,仔细的把附在滤纸上及器皿周围的咖啡碱结晶刮下来。其残渣经搅拌后,用较大的火再升华一次。合并两次升华收集的咖啡碱。

3. 检验(熔点测定)

称重后测定熔点。纯净咖啡因熔点为234.5℃。

(二)实验方法二

【仪器试剂】

仪器:100mL 圆底烧瓶、脂肪提取器、球形冷凝管、75°弯管、直形冷凝管、接引管、温度计、蒸发皿、玻璃漏斗。

试剂:茶叶、95%乙醇、氧化钙。

【实验步骤】

称取6g 茶叶末,用滤纸包好放入脂肪提取器中,在圆底烧瓶内和提取器中分别加入40mL 和20mL95%乙醇,加入几粒沸石。装好回流装置,用电热套加热,连续提取1~1.5h后至溶液颜色很淡时为止,待冷凝液刚刚虹吸下去时,立即停止加热。然后改成蒸馏装置回收提取液中的大部分乙醇。脂肪提取器再把残液倾入蒸发皿中,拌入1.8~2.4g 生石灰粉至糊壮为止,搅拌蒸干乙醇,同时将糊状物碾成粉末。取一只合适的玻璃漏斗(最好在颈部塞一团疏松棉花),罩在隔以刺有许多小孔(毛刺面向上)的滤纸的蒸发皿上,小心加热升华(用电热套或酒精灯隔着石棉网小心加热)。控制温度在220℃左右(此时纸微黄)。当纸上出现白色毛状结晶时,暂停加热,冷至100℃左右,小心取下漏斗,揭开漏斗和滤纸,仔细地把附在纸上及器皿周围的咖啡因用小刀刮下,残渣经拌和后再用较大的火加热片刻,使升华完全。合并两次收集的咖啡因,测定熔点。若产品颜色不纯时,可用少量热水重结晶提纯,记录晶体性状。纯粹咖啡因的熔点为234.5℃。

【注意事项】

1. 用滤纸包茶叶末时要严实,防止茶叶末漏出堵塞虹吸管;滤纸包大小要合适,既能紧贴套管内壁,又能方便取放,且其高度不能超出虹吸管高度。纸套上面折成凹形,以保证回流液均匀浸润被萃取物。

2. 若套筒内萃取液色浅,即可停止萃取。

3. 浓缩萃取液时不可蒸得太干,以防转移损失。否则因残液很黏而难于转移,造成损失。

4. 拌入生石灰要均匀,生石灰的作用除吸水外,还可中和除去部分酸性杂质(如鞣酸)。

5. 萃取和升华均要控制加热温度和速率。若温度太低,升华速度较慢,若温度太高,会使产物发黄(分解)。

6. 刮下咖啡因时要小心操作,防止混入杂质。

(三)实验方法三

由于脂肪提取器的虹吸管极易折断,安装和拆卸装置时必须特别小心。本实验也可以用更简便的恒压滴液漏斗代替脂肪提取器。

【仪器试剂】

仪器:100mL 圆底烧瓶、恒压滴液漏斗、球形冷凝管、75°弯管、直形冷凝管、接引管、温度计、蒸发皿、玻璃漏斗。

试剂:茶叶、95%乙醇、氧化钙。

【实验步骤】

1. 称取 8g 茶叶,研细,放入底部塞有少量脱脂棉的恒压滴液漏斗中,在圆底烧瓶中加入 60mL95%乙醇及几粒沸石,用水浴加热,连续提取约 40 ~ 60min 到提取液变浅色后停止加热。

蒸气自恒压滴液漏斗的侧管进入恒压滴液漏斗的上部并继续上升至球形冷凝管,经冷凝管冷凝回浸茶叶直至将其完全浸没。然后分组各进行间歇回流萃取和连续回流萃取实验。

(1)间歇回流萃取

打开活塞让萃取液进入烧瓶中,再关闭活塞,进行下一轮萃取,如此反复完成萃取工作。

(2)连续回流萃取

根据蒸气冷凝速度,适度打开活塞,使蒸气冷凝速度与萃取液进入烧瓶速度相等,维持萃取液浸没茶叶高度的平衡,实现平衡状态下的连续萃取,追求最佳萃取效果。

萃取结束的标志:茶叶颜色变浅,呈锯末状。

2. 稍冷却后,改成简单蒸馏装置,把提取液中大部分乙醇蒸出并回收,至瓶中剩余液体积为 15mL 左右,趁热把剩余液倒入蒸发皿中,用升华法提取咖啡因。

3. 烘焙:向提取液中加入 3.0g 生石灰粉,搅成浆状,在蒸汽浴上(用合适的烧杯装入水后加热至沸产生蒸汽)蒸干,除去水分,使成粉状。

这一步加入生石灰粉是为了中和粗咖啡因中的酸性物质,同时还有吸水的作用。

注意:部分学生由于担心烘焙过程中造成咖啡因的升华损失,在还没有烘干的情况下就开始升华操作,结果很难得到咖啡因。烘焙到位的标志是被烘物在烘焙过程中能由块状被碾碎为粉末状。

4. 升华法提取咖啡因:冷却后,擦去沾在边上的粉末,以免在升华时污染产物。在蒸发皿上盖一张刺有许多小孔且孔刺向上的滤纸,再罩一个合适漏斗,漏斗颈部塞一小团疏松棉花,用空气浴小心加热升华(用电热套或酒精灯隔着石棉网小心加热)。

控制温度在 220℃左右(此时纸微黄)。当滤纸上出现许多白色毛状结晶时,停止加热,让其自然冷却至 100℃左右。

要点:

(1)漏斗颈应用一团棉花塞紧,以防升华的蒸气逸散到空气中,造成损失。

(2)滤纸要有足够的孔洞,以利蒸气升腾,且应使滤纸孔洞毛刺口朝上。

(3)看到结晶后一定要自然冷却至 100℃左右。

5. 小心取下漏斗,轻轻揭开滤纸,刮下咖啡因,残渣经搅拌后,用较大火再加热片刻,使升华完全。

6. 合并两次收集的咖啡因,记录晶体性状。纯粹咖啡因的熔点为 234.5℃。

【思考题】

1. 本实验中使用生石灰的作用有哪些？

2. 除可用乙醇萃取咖啡因外，还可采用哪些溶剂萃取？

3. 脂肪提取器由哪几部分组成？它的萃取原理是什么？它比一般的浸泡萃取有哪些优点？

4. 滤纸筒中装茶叶的高度为什么不能超过虹吸管？为什么茶叶末不可漏出滤纸筒？

5. 在升华操作中应注意什么？

【注意事项】

1. 可按图 2-2(b)所示，用恒压滴液漏斗代替脂肪提取器。在恒压滴液漏斗底部垫上脱脂棉，不需要滤纸套，加热将提取液蒸馏至恒压滴液漏斗中，停止加热时，将提取液放入回收瓶即可。

2. 浓缩萃取液时不可蒸得太干，约剩余 10mL，以防转移损失。否则因残液很黏而难于转移，造成损失。

3. 拌入生石灰要均匀，生石灰的作用除吸水外，还可中和除去部分酸性杂质（如鞣酸）。

4. 升华过程中要控制好温度。若温度太低，升华速度较慢，若温度太高，会使产物发黄（分解）。

5. 刮下咖啡因时要小心操作，防止混入杂质。

实验二十四　绿叶中色素的提取分离

【实验目的】

1. 通过绿色植物色素的提取和分离，了解天然物质分离提纯方法；

2. 通过薄层色谱分离操作，加深了解微量有机物色谱分离鉴定的原理；

3. 从菠菜中提取出叶绿素、胡萝卜素、叶黄素等色素并加以分离。

【实验原理】

色谱法是利用混合物中各组分在某一物质中的吸附或溶解性能（即分配）的不同，或其它亲和作用性能的差异，使混合物的溶液流经该种物质，进行反复的吸附或分配等作用，从而将各组分分开。

绿色植物如菠菜叶中含有叶绿素（绿）、胡萝卜素（橙）和叶黄素（黄）等多种天然色素。本实验从菠菜中提取上述几各色素，并通过薄层层析进行分离。

叶绿素存在两种结构相似的形式——叶绿素 a（$C_{55}H_{72}O_5N_4Mg$）以及叶绿素 b（$C_{55}H_{70}O_6N_4Mg$），其差别仅是叶绿素 a 中一个甲基被叶绿素 b 中的甲酰基所取代。它们都是吡咯衍生物与金属镁的络合物，是植物进行光合作用所必需的催化剂。植物中叶绿素 a 的含量通常是叶绿素 b 的 3 倍。尽管叶绿素分子中含有一些极性基团，但大的烃基结构使它易溶于醚、石油醚等一些非极性的溶剂。

胡萝卜素（$C_{40}H_{56}$）是具有长链结构的共轭多烯。它有三种异构体，即 α－胡萝卜素，β－胡萝卜素和 γ－胡萝卜素，其中 β－胡萝卜素异构体含量最多，也最重要。在生物体内，β－胡萝卜素受酶催化氧化即形成维生素 A。目前 β－胡萝卜素已可进行工业生产，可作为维生素 A 使用，也可作为食品工业中的色素。

叶黄素（$C_{40}H_{56}O_2$）是胡萝卜素的羟基衍生物，它在绿叶中的含量通常是胡萝卜素的两倍。与胡萝卜素相比，叶黄素较易溶于醇而在石油醚中溶解度较小。

叶绿素 a、叶绿素 b、β－胡萝卜素、叶黄素、维生系 A 的结构式如图 2－4 所示。

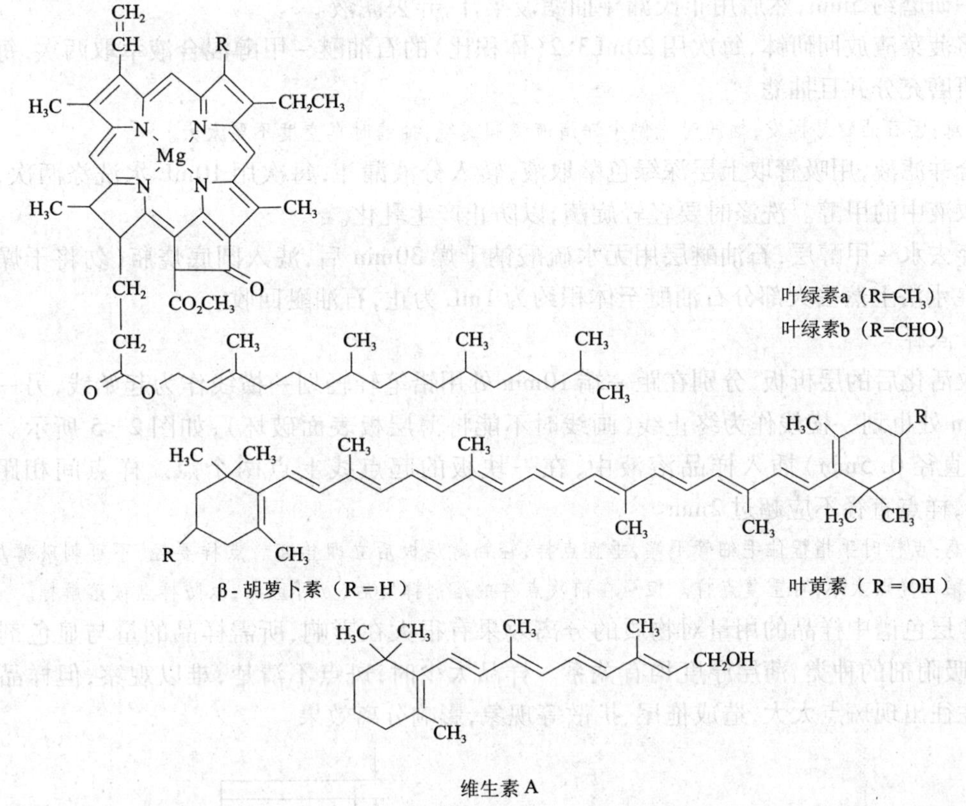

叶绿素a（R=CH_3）
叶绿素b（R=CHO）

β－胡萝卜素（R＝H）　　叶黄素（R＝OH）

维生素A

图 2－4

【实验试剂】

菠菜叶、甲醇、石油醚（60～90℃）－甲醇（3∶2）溶液、硅胶 G、0.5% 羧甲基纤维素钠、无水硫酸钠、石油醚－丙酮（8∶2）、石油醚－乙酸乙酯（6∶4）、石油醚－丙酮（9∶1）、石油醚－丙酮（7∶3）、正丁醇－乙醇－水（3∶1∶1）、中性氧化铝（150～160 目）。

【实验步骤】

1. 薄层板的制备

取四块显微载玻片，洗净晾干。

在小烧杯中，放置3.0g硅胶，逐渐加入0.5%羧甲基纤维素钠水溶液6~7mL，调成均匀的糊状，其稀稠为在震动下可流动，倒在洁净的载玻片上，用食指和拇指拿住玻璃板，前后左右振摇、摆动，并不时转动方向，制成薄厚均匀、表面光洁平整、无气泡的薄层板，厚度为0.25~1.0mm。

涂好后的硅胶G薄层板置于水平的玻璃板上，在室温下放置0.5h后（注意：室温放置必须使玻板干透，否则会出现断裂现象），放入烘箱中缓慢升温至110℃，恒温0.5~1h后取出，稍冷备用。

2. 菠菜色素的提取

称取20g洗净用滤纸吸干的新鲜（或冷冻）菠菜叶，用剪刀剪碎并与20mL甲醇拌匀，在研钵中研磨约5min，然后用布氏漏斗抽滤菠菜汁，弃去滤液。

将菠菜渣放回研钵，每次用20mL3∶2（体积比）的石油醚－甲醇混合液萃取两次，每次需加以研磨充分并且抽滤。

注意：因石油醚易挥发，抽滤时先倒少许清液浸润滤纸，抽滤时真空度不要太大。

合并滤液，用吸管取上层深绿色萃取液，转入分液漏斗，每次用10mL水洗涤两次，以除去萃取液中的甲醇。洗涤时要轻轻旋荡，以防止产生乳化。

弃去水－甲醇层，石油醚层用无水硫酸钠干燥30min后，滤入圆底烧瓶（勿将干燥剂滤入），在水浴上蒸去大部分石油醚至体积约为1mL为止，石油醚回收。

3. 点样

取活化后的层析板，分别在距一端10mm处用铅笔轻轻划一横线作为起始线，另一端距约5mm处也划一横线作为终止线（画线时不能将薄层板表面破坏），如图2－5所示。取毛细管（直径0.5mm）插入样品溶液中，在一块板的起点线上点两个点。样点间相距1~1.5cm，样点直径不应超过2mm。

注意：点样时手指捏住毛细管下端，垂直点样，轻触薄层板后立即抬起。点样要轻，不可刺破薄层。因溶液太稀或样点太小，可重复点样。但应在前次点样的溶剂挥发后，方可重点，以防样点被溶解掉。

薄层色谱中样品的用量对物质的分离效果有很大在影响，所需样品的量与显色剂的灵敏度、吸附剂的种类、薄层厚度均有关系。样品太少时，斑点不清楚，难以观察，但样品量太多时往往出现斑点太大，造成拖尾、扩散等现象，影响分离效果。

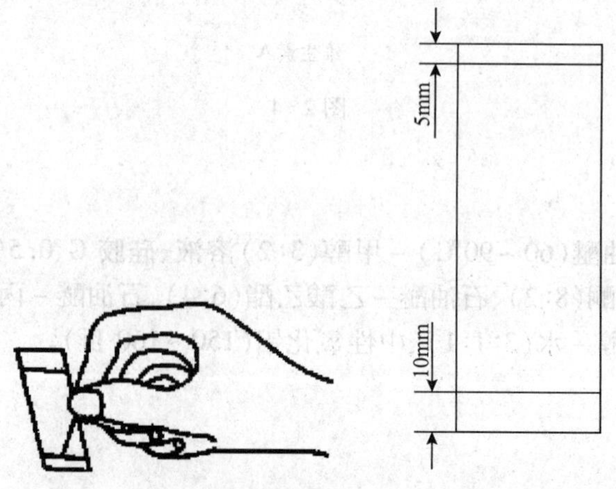

图2－5　薄板及薄板点样方法

4. 层析展开

薄层色谱展开剂的选择主要根据样品的极性、溶解度和吸附剂的活性等因素。溶剂的极性越大，则对化合物的解吸能力越强，即 R_f 值也越大。

如 R_f 值较大，可考虑换用一种极性较小的溶剂，或在原用展开剂中加入适量极性较小的溶剂。相反，如原用展开剂使样品各组分的 R_f 值较小，则可加入适量极性较大的溶剂，如氯仿中加入适量的乙醇。常用展开剂的极性大小如下：

水 > 乙醇 > 乙酸乙酯　氯仿 > 苯 > 环己烷 > 石油醚

本次实验采用的以下展开剂：

(1) 石油醚 - 丙酮(=8∶2，体积比)　　点三块板

(2) 石油醚 - 乙酸乙酯(=6∶4，体积比)　点一块板

薄层色谱的展开，须在密闭容器中进行。

在容器中加入一定体积的展开剂，内壁贴一张高 5cm，绕周长约 4/5 的滤纸(目的是为了使展开剂蒸气在烧杯内迅速达到平衡)，下部浸入展开剂中，盖好表面皿。

点样后的薄层板小心放入预先加入选定展开剂的烧瓶内，点样一端应浸入展开剂中 0.5cm(注意不得超过点样线，否则样点将被溶解掉)。

待展开剂上升至终止线时，取出层析板，在空气中晾干，用铅笔做出标记，并进行测量，记录溶质的最高浓度中心至原点中心距离和展开剂前沿至原点中心距离，分别计算出 R_f 值。

分别用展开剂(1)和(2)展开，比较展开效果。注意更换展开剂时，须干燥仪器，不允许前一种展开剂带入后一系统。

5. 柱层析

取 3g 中性氧化铝进行湿法装柱。填料装好后，从柱顶加入上述浓缩液，用石油醚 - 丙酮(9∶1)、石油醚 - 丙酮(7∶3)和正丁醇 - 乙醇 - 水(3∶1∶1)进行洗脱，依次接收各色素带，即得胡萝卜素(橙黄色溶液)、叶黄素(黄色溶液)、叶绿素 a(蓝绿色溶液)以及叶绿素 b(黄绿色溶液)。在层析柱中，加 3cm 高的石油醚。另取少量脱脂棉，先在小烧杯用石油醚浸湿，挤压以驱除气泡，然后放在层析柱底部，轻轻压紧，塞住底部。将 3g 层析用的中性氧化铝(150 ~ 160 目)，从玻璃漏斗中缓缓加入，小心打开柱下活塞，保持石油醚高度不变，流下的氧化铝在柱子中堆积。必要时用橡皮锤轻轻在层析柱的周围敲击，使吸附剂装得均匀致密。柱中溶剂面由下端活塞控制，既不能满溢，更不能干涸。装完后，上面再加一片圆形滤纸，打开下端活塞，放出溶剂，直到氧化铝表面溶剂剩下 1 ~ 2mm 高时关上活塞(注意！在任何情况下，氧化铝表面不得露出液面)。

将上述菠菜色素的浓缩液，用滴管小心地加到层析柱顶部，加完后，打开下端活塞，让液面下降到柱面以上 1mm 左右，关闭活塞，加数滴石油醚，打开活塞，使液面下降，经几次反复，使色素全部进入柱体。

待色素全部进入柱体后，在柱顶小心加洗脱剂—石油醚 - 丙酮溶液(9∶1，体积比)。打开活塞，让洗脱剂逐滴放出，层析即开始进行，用锥形瓶收集。当第一个有色成分即将滴出时，取另一锥形瓶收集，得橙黄色溶液，它就是胡萝卜素。

用石油醚 - 丙酮(7∶3，体积比)作洗脱剂，分出第二个黄色带，它是叶黄素(1)。再用丁醇 - 乙醇 - 水(3∶1∶1，体积比)洗脱叶绿素 a(蓝绿色)和叶绿素 b(黄绿色)。

【注意事项】

1. 薄层层析时，薄层板的制备要厚薄均匀，表面平整光洁。
2. 点样时，各样点间距 1 ~ 1.5cm，样点直径应不超过 2mm。
3. 点样后，展开前，一定要使溶剂挥发完全。
4. 薄层板在使用以前必须经过烘焙活化。

【思考题】

1. 为什么极性大的组分要用极性较大的溶剂洗脱？
2. 点样后，立刻将薄板放入展缸，可能会有什么样的结果？
3. 如何利用 R_f 值来鉴定化合物？
4. 薄层色谱都有哪些用途？
5. 点样点过大会有什么结果？
6. 试比较叶绿素、叶黄素和胡萝卜素三种色素的极性，为什么胡萝卜素在层析柱中移动最快？

实验二十五　红辣椒中红色素的提取

【实验目的】

1. 学习用薄层色谱和柱色谱方法分离和提取天然产物的原理；
2. 复习柱色谱的操作方法。

【实验原理】

红辣椒含有多种色泽鲜艳的天然色素，其中呈深红色的色素主要是由辣椒红脂肪酸酯和少量辣椒玉红素脂肪酸酯所组成，呈黄色的色素则是 β – 胡萝卜素。这些色素可以通过色谱法加以分离。本实验以二氯甲烷作萃取剂，从红辣椒中提取红色素。然后采用薄层色谱分析，确定各组分的 R_f 再经柱色谱分离，分段接收并蒸除溶剂，即可获得各个单组分。

【仪器试剂】

仪器：研钵（粉碎机）、球形冷凝管、脱脂棉、蒸馏装置、毛细管、200mL 广口瓶、硅胶 G、薄板、漏斗、25mL 圆底烧瓶。

试剂：红辣椒、二氯甲烷。

【实验步骤】

1. 在小烧杯中将 20g 硅胶按水 – 硅胶质量 3∶1 与水混合，均匀地涂于 4cm × 20cm 干净的玻璃板上，晾干，置于 105 ~ 110℃ 烘箱中活化 1h，取出放入干燥器中待用。

2. 在 25mL 圆底烧瓶中，放入 1g 干燥并研碎的红辣椒和 2 粒沸石，加入 10mL 二氯甲烷，装上回流冷凝管，加热回流 20min。待提取液冷却至室温，过滤，除去不溶物，蒸馏回收二氯甲烷，得到浓缩的色素混合物。

3. 以 200mL 广口瓶作薄板色谱槽、二氯甲烷作展开剂。取极少量色素粗品置于小烧杯中，滴入 2~3 滴二氯甲烷使之溶解，并在一块硅胶 G 薄板上点样，然后置入色谱槽进行色谱分离。计算各种色素的 R_f 值。

4. 在 1.5m 的色谱柱中，装入硅胶 G 吸附剂，用二氯甲烷作洗脱剂，将色素粗品进行柱色谱，收集各组分流出液，浓缩各组分，得到各组分产品。

【注意事项】

1. 红辣椒要干且研细。
2. 硅胶 G 薄板要铺得均匀，使用前活化充分。
3. 色谱柱要装结实，不能有断层。
4. 加入固定相时不停的敲打柱子，使固定相均匀。

【思考题】

1. 为什么极性大的组分要用极性较大的溶剂洗脱？
2. 柱子中若有气泡或装填不均匀，将给分离造成什么样的结果？如何避免？
3. 走柱前如果不用展开剂过柱，可能会有什么样的结果？
4. 干法装柱和湿法装柱的区别，各有什么优缺点？
5. 加入展开剂时应当注意什么问题？
6. 加料时也有干法和湿法的区别，有什么不同？各有什么优缺点？

实验二十六　黄连中黄连素的提取

【实验目的】

1. 学习天然活性物质的提取工艺原理及方法；
2. 掌握天然活性物质的提取、分离、纯化工艺。

【实验原理】

1. 天然活性物质的提取工艺

天然活性物质的提取主要通过对材料进行预处理，然后选择适合的方法进行提取，进而对提取后的物质分离、纯化，得到最终的目标产品。

对于材料的预处理主要包括机械破碎法、渗透破碎法、反复冻融法、超声波法、酶法等等。天然活性物质提取的传统方法包括浸渍法、渗漉法、改良明胶法、回流法、半仿生提取法、超临界流体萃取、微波提取等等，现阶段酶工程技术、超声波提取、大孔吸附树脂法等方法在天然活性物质的提取中也得到了广泛应用。

液-固萃取是利用溶剂对固体混合物中所需成分的溶解度大，对杂质的溶解度小来达到提取分离的目的。一种方法是把固体物质放于溶剂中长期浸泡而达到萃取的目的，但是这种方法时间长，消耗溶剂，萃取效率也不高。另一种是采用脂肪提取器的方法，它是利用溶剂的回流和虹吸原理，对固体混合物中所需成分进行连续提取。当提取筒中回流下的溶剂的液面超过脂肪提取器的虹吸管时，提取筒中的溶剂流回圆底烧瓶内，即发生虹吸。随温度升高，再次回流开始，每次虹吸前，固体物质都能被纯的热溶剂所萃取，溶剂反复利用，缩短了提取时间，所以萃取效率较高。

2. 黄连素提取原理及方法

黄连素（也称小檗碱），属于生物碱，是中草药黄连的主要有效成分，其中含量可达 4% ~ 10%。除了黄连中含有黄连素以外，黄柏、白屈菜、伏牛花、三颗针等中草药中也含有黄连素，其中以黄连和黄柏中含量最高。

黄连素有抗菌、消炎、止泻的功效，对急性菌痢、急性肠炎、百日咳、猩红热等各种急性化脓性感染和各种急性外眼炎症都有效。

黄连素是黄色针状体，微溶于水和乙醇，较易溶于热水和热乙醇中，几乎不溶于乙醚。黄连素的盐酸盐、氢碘酸盐、硫酸盐、硝酸盐均难溶于冷水，易溶于热水，故可用水对其进行重结晶，从而达到纯化目的。

黄连素在自然界多以季铵碱的形式存在，结构式为：

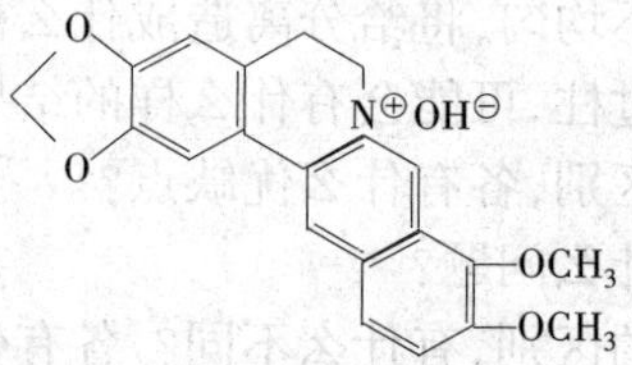

$N^{\oplus}\ OH^{\ominus}$　OCH_3　OCH_3

从黄连中提取黄连素，往往采用适当的溶剂（如乙醇、水、硫酸等）。在脂肪提取器中连续抽提，然后浓缩，再加以酸进行酸化，得到相应的盐。粗产品可以采取重结晶等方法进一步提纯。

黄连素被硝酸等氧化剂氧化，转变为樱红色的氧化黄连素。黄连素在强碱中部分转化为醛式黄连素，在此条件下，再加几滴丙酮，即可发生缩合反应，生成丙酮与醛式黄连素缩合产物的黄色沉淀。

【仪器试剂】

仪器：脂肪提取器、圆底烧瓶（250mL）、直形冷凝管、蒸馏头、尾接管、蒸发皿、量筒（100mL、50mL、10mL）、烧杯（500mL、250mL）、布氏漏斗（80mm）、抽滤瓶（250mL）、研钵、电热套、温度计（1 ~ 100℃）、pH 试纸、滤纸、棉花。

试剂：中药黄连、95% 乙醇、醋酸、盐酸、丙酮、浓硝酸、浓硫酸、氢氧化钠。

【实验步骤】

1. 回流提取

称取 10g 中药黄连，切研碎磨烂，装入脂肪提取器的滤纸套筒内，烧瓶内加入 100mL95% 乙醇，加热回流萃取 3h，至回流液体颜色很淡为止。

2. 减压蒸馏

在水泵减压下蒸馏，温度控制在 78℃ 左右，回收大部分乙醇（约 90mL），至瓶内残留液体呈棕红色糖浆状,停止蒸馏。

3. 酸化除杂

浓缩液里加入质量分数为1%的醋酸30mL,加热溶解后趁热抽滤去掉固体杂质,在滤液中滴加浓盐酸,至溶液混浊为止(约需10mL)。用冰水冷却上述溶液,降至室温下以后即有黄色针状的黄连素盐酸盐析出,抽滤,所得结晶用冰水洗涤两次,可得黄连素盐酸盐的粗产品。

4. 产品精制

将粗产品(未干燥)放入100mL烧杯中,加入30mL去离子水,加热至沸,搅拌沸腾几分钟,趁热抽滤,滤液用浓盐酸调节pH值为2~3,用冰水冷却,静置,有较多橙黄色结晶析出后抽滤,滤渣用少量冰水洗涤两次,烘干即得成品。称重,计算提取率。

5. 产品检验

(1)取盐酸黄连素少许,加浓硫酸2mL,溶解后加几滴浓硝酸,即呈樱红色溶液。

(2)取盐酸黄连素约50mg,加蒸馏水5mL,缓缓加热,溶解后加质量分数为20%氢氧化钠溶液2滴,显橙色,冷却后过滤,滤液加丙酮4滴,即发生浑浊。放置后生成黄色的丙酮黄连素沉淀。

【注意事项】

1. 纸筒与提取器瓶壁间要尽可能贴紧。
2. 停止加热转换装置前一定等冷凝液刚刚虹吸下去时操作。
3. 减压蒸馏时一定要尽可能的蒸去乙醇。
4. 黄连素盐酸盐精制时要注意pH值的调节。

【思考题】

1. 黄连素为何种生物碱类化合物?
2. 减压蒸馏后的浓缩液为何要先加醋酸溶解?
3. 影响产品质量的因素有哪些?

实验二十七　槐米中芸香苷的提取、分离与鉴定

【实验目的】

1. 通过芸香苷的提取与精制,掌握碱溶酸沉法提取黄酮类化合物的原理及操作;
2. 通过芸香苷结构的鉴定,了解苷类结构研究的一般程序和方法。

【实验内容】

1. 主要成分

槐米为豆科植物槐的花蕾,其有效成分为芸香苷,又称芦丁,芸香苷是由苷元槲皮素与芸香糖连接而成的二糖苷。

2. 基本原理

提取芸香苷的方法很多,目前我国多采用碱溶酸沉法,提取原理是依据芸香苷结构中含有酚羟基,能与碱成盐而溶于水中,向此盐溶液中加入酸,则芦丁游离析出。芦丁的精制是利用它可溶于热水,难溶于冷水的性质进行的。

3. 操作步骤

(1)芸香苷的提取　称取槐米粗粉 20g,置 500mL 或 1000mL 烧杯中,加入 0.4% 硼砂沸水溶液 200mL,在搅拌下加石灰乳,调至 pH = 8 ~ 9,加热微沸 20min(注意保持 pH = 8 ~ 9),并随时补充蒸发掉的水分,趁热用双层纱布滤过。收集滤液,药渣按同样操作再提取一次,合并两次滤液。滤液在 60 ~ 70℃ 用浓盐酸调至 pH = 3 ~ 4,静置过夜使沉淀完全,抽滤,沉淀用蒸馏水洗 2 ~ 3 次,抽干,置空气中晾干,得粗品芸香苷。

(2)芸香苷的精制　称定粗品芸香苷的质量,按约 1:200 的比例悬浮于蒸馏水中,煮沸 10min 使芸香苷全部溶解,趁热抽滤,冷却滤液,静置析晶。抽滤,置空气中晾干或 60 ~ 70℃ 干燥,得精制芸香苷,称重,计算收率。

(3)芸香苷的水解　取芸香苷 1g,研细后置于 250mL 圆底烧瓶中,加入 2% 硫酸溶液 100mL,直火微沸回流约 40min,至析出的黄色沉淀不再增加为止,放冷抽滤,滤液保留作糖检查,沉淀用少量水洗去酸,抽干水分,晾干称重,得粗制槲皮素,然后用乙醇(95% 乙醇约 15mL)重结晶即得精制槲皮素。

4. 鉴定

(1)苷和苷元的化学鉴别　取芸香苷 3 ~ 4mg,加乙醇 5 ~ 6mL 使溶解,分成二份,作以下试验。取槲皮素同样量,同样操作。

盐酸 - 镁粉反应:取上述溶液 1 ~ 2mL,加 2 滴浓盐酸,再加少许镁粉,注意观察颜色变化的情况。

Molisch 反应:取上述溶液 1 ~ 2mL,加 10% 等体积的 α - 萘酚乙醇溶液,摇匀,沿管壁加浓硫酸,注意观察两液面间产生的颜色变化。

(2)苷和苷元的薄层色谱鉴定

吸附剂:硅胶 G(10 ~ 40μm) - 0.4% CMC 水液制板,105 ~ 110℃ 活化 1h

展开剂:氯仿 - 甲醇 - 甲酸(15:5:1)

供试品:实验产品 1% 芸香苷醇溶液及 1% 槲皮素醇溶液

对照品:1% 芸香苷醇溶液及 1% 槲皮素醇溶液

显色剂:1% $FeCl_3$ 和 1% $K_3[Fe(CN)_6]$ 水溶液,临用时等体积混合

【注意事项】

1. 加入石灰乳既可达到碱溶解提取芸香苷目的,又能使槐米中含有的大量黏液质生成钙盐沉淀除去,但应严格控制在 pH = 8 ~ 9,不得超过 10。pH 过高,在加热提取过程中可促使芸香苷水解破坏,造成收率明显下降。酸沉时加浓盐酸调 pH = 3 ~ 4,不宜过低,否则会使芸香苷生成盐溶于水,也会降低收率。

2. 加入硼砂的目的是使其与芸香苷邻二酚羟基络合,这样既保护邻二酚羟基不被氧化破坏,亦保护邻二酚羟基不与钙离子络合,使芸香苷不受损失。同时还有调节碱性水溶液 pH 值的作用。

3. 芸香苷的提取还可利用芸香苷在冷、热水中的溶解度不同,采用沸水提取法。又据报

道将生产工艺改进为95%乙醇回流提取后回收醇得浸膏，然后将粗浸膏除去脂溶性杂质，常水洗净，滤过，干燥即得芸香苷，可提高收率6.96%，并降低了成本。

4. 鉴定所用硅胶G板自行制备，3g硅胶G加入7mLCMC－Na，铺成二块板。

5. 粗制时由于产生的黏液质较多，抽滤之前不要振摇底部固体使成混悬液。抽滤所用时间较长，注意要少量分批抽滤，如果滤纸滤孔被堵住无法滤下，要及时更换滤纸。

【思考题】

1. 根据芸香苷的性质，还可采用何种方法进行提取？试设计槐米中提取芸香苷的另一方法，并说明方法原理。

2. 本实验提取过程中应注意哪些问题？

3. 试解释芸香苷水解过程中出现的混浊→澄清→混浊现象。

4. 怎样正角鉴定芸香苷？

实验二十八　八角茴香中挥发油的提取、分离与鉴定

【实验目的】

1. 通过提取和鉴定八角茴香中的挥发油，学会利用挥发油含量测定器测定和提取药材中挥发油的操作方法；

2. 能对挥发油中的化学成分进行薄层点滴定性检识及单向二次色谱检识。

【实验步骤】

(一) 主要成分

八角茴香为木兰科植物八角茴香干燥成熟的果实，含挥发油约5%，主要成分是茴香脑，约为挥发油的80%~90%，此外，尚有少量甲基胡椒酚、茴香醛、茴香酸等。

(二) 主要成分的性质

茴香脑为白色结晶，熔点21.4℃，溶于苯、醋酸乙酯、丙酮、二硫化碳及石油醚，几乎不溶于水。

(三) 基本原理

依据挥发油具有挥发性，能随水蒸气蒸馏的性质，利用水蒸气蒸馏法提取挥发油。本实验采用挥发油含量测定器提取挥发油。

挥发油的组成成分复杂，常含有烷烃、烯烃、醇、醛、酮、酸等官能团。因此可选择适宜的检识试剂在薄层板上进行点滴试验，从而了解组成挥发油的成分。

挥发油中各类成分的极性不相同，一般不含氧的烃类和萜类化合物极性小，在薄层板上可被石油醚较好地展开；而含氧的烃类和萜类化合物极性较大，可被石油醚与醋酸乙酯的混合溶剂较好地展开。为了使挥发油中各成分能在同一块薄层板上进行分离，可采用单向二次色谱法展开。

（四）操作步骤

1. 提取

取八角茴香25g，置挥发油含量测定器烧瓶中，加适量的水，连接挥发油测定器与回流冷凝管。自冷凝管上端加水使充满挥发油测定器的刻度部分，并使溢流入烧瓶时为止。缓缓加热至沸。至测定器中油量不再增加，停止加热，放冷，分取油层计算得率。

2. 鉴定

（1）油斑试验：取适量八角茴香油，滴于滤纸片上，常温（或加热烘烤）观察油斑是否消失。

（2）色谱点滴反应：取硅胶G薄层板1块，用铅笔按实验表画线。将挥发油试样用95%乙醇稀释成5～10倍溶液，然后用毛细管分别滴加于各挥发油样品斑点上，观察颜色变化。初步推测每种挥发油中可能含有化学成分的类型。

点滴试剂：

1. 三氯化铁试液	2. 2,4－二硝基苯肼试液	3. 碱性高猛酸钾试液
4. 香草醛－浓硫酸试液	5. 0.05%溴酚蓝乙醇溶液	6. 硝酸铈铵试剂

（3）挥发油单向二次展开薄层色谱：取硅胶G薄层板（自制）一块，在距底边0.5cm及5cm处分别用铅笔画出起始线和中线。将挥发油点在起始线上，先在石油醚－醋酸乙酯（85∶15）展开剂中展开至薄层板中线时取出，挥去展开剂。再放入石油醚中展开，至接近薄层板顶端时取出，挥去展开剂，用香草醛－浓硫酸显色剂显色，观察斑点的数量、位置及颜色，推测每种挥发油中可能含有化学成分的数量。

【注意事项】

1. 挥发油含量测定装置一般分为两种。一种适用于相对密度小于1.0的挥发油测定；另一种用于测定相对密度大于1.0的挥发油。《中国药典》规定，测定相对密度大于1.0的挥发油，也可在相对密度小于1.0的测定器中进行，其法是在加热前，预先加入1mL二甲苯于测定器内，然后进行水蒸气蒸馏，使蒸出的相对密度大于1.0的挥发油溶于二甲苯中，由于二甲苯的相对密度为0.8969，一般能使挥发油与二甲苯的混合溶液浮于水面。计算挥发油含量时，扣除加入二甲苯的体积即可。

2. 提取完毕，须待油水完全分层后，再将油放出。

3. 进行单向二次展开时，在第一次展开后，应将展开剂完全挥去，再进行第二次展开，否则将改变第二次展开剂的极性，从而影响分离效果。

4. 挥发油易挥发逸失，应置于冰箱中冷藏保存。进行层析检识时，操作应及时，不宜久放。

5. 喷洒香草醛－浓硫酸显色剂时，应于通风橱内进行。

【思考题】

1. 用挥发油含量测定器提取挥发油应注意什么问题？

2. 挥发油的单向二次展开时，为什么先用石油醚与醋酸乙酯的混合溶剂进行第一次展开，再用石油醚进行第二次展开？

第三章 药物合成

实验二十九 对溴苯胺的制备

对溴苯胺从60%乙醇中析出者为正交晶系双锥体针状结晶。不溶于水，易溶于乙醇和乙醚。可用作染料原料，如偶氮染料、喹啉染料等，医药及有机合成中间体。有毒，其毒性较氯苯胺类更严重，可经皮吸收。具有溶血性、能引起膀胱癌。

（一）对溴乙酰苯胺合成

【实验目的】

学习芳烃卤化反应理论，掌握芳烃溴化方法，熟悉溴的物理化学性质及其使用操作方法，巩固重结晶及熔点测定技术。

【实验原理】

反应式：

$$C_6H_5NHCOCH_3 \xrightarrow[HAc]{Br_2} p\text{-}BrC_6H_4NHCOCH_3\ (95\%) + o\text{-}BrC_6H_4NHCOCH_3\ (5\%) + HBr$$

【仪器试剂】

仪器：电动搅拌器、水浴锅、250mL 三颈烧瓶、恒压滴液漏斗、100℃温度计 2 支、5mL/10mL 量杯、500mL 烧杯、250mL 抽滤瓶、ϕ60mm 布氏漏斗、玻璃棒、刮刀、剪子。

试剂：乙酰苯胺、溴、冰醋酸、乙醇、亚硫酸氢钠。

【实验步骤】

在 250mL 三颈烧瓶上配置电动搅拌器、温度计、恒压滴液漏斗，并在恒压滴液漏斗上连接气体吸收装置，以吸收反应中产生的溴化氢。

向三颈烧瓶中加入 6.75g 乙酰苯胺和 15mL 冰醋酸，用温水浴稍稍加热使乙酰苯胺溶解,然后在45℃水浴温度条件下,边搅拌边滴加2.5mL溴和3mL冰醋酸配成的溶液,滴加速度以棕红色的溴色较快褪去为宜。

滴加完毕,在45℃浴温下,继续搅拌反应1h,然后将浴温提高至60℃,在搅拌一段时间,直到反应混合物液面不再有红棕色蒸气溢出为止。

将反应混合物倾入盛有100mL冷水的烧杯中(如果产物带有黄色,可加入亚硫酸钠使溶液黄色恰好褪去),用玻璃棒搅拌10min,放在冰水中彻底冷却后,抽滤,并用冷水洗涤滤饼并抽干,放在空气中自然晾干后,用乙醇重结晶,得到白色针状晶体。理论产量10.7g,实际产率68%左右。

【注意事项】

1. 搅拌器与三颈烧瓶连接处的密封要好,以防溴化氢从瓶口处逸出。
2. 溴具有强腐蚀性和刺激性,必须在通风橱中量取,操作时应戴乳胶手套。
3. 滴溴时滴速不易过快,否则反应太剧烈会导致一部分溴来不及参与反应就与溴化氢一起逸出,用时也可能会产生二溴代产物。

【思考题】

1. 乙酰苯胺的一溴代产物为什么以对位异构体为主?
2. 在溴化反应种,反应温度的高低对反应结果有何影响?
3. 在反应混合物的后处理过程中,加入亚硫酸氢钠的目的是什么?
4. 产物中可能存在哪些杂质,如何除去?

【附】

对溴乙酰苯胺:沸点167~168℃,白色晶体。

(二)对溴苯胺的合成

【实验目的】

掌握脱氨基保护基乙酰基的方法,巩固重结晶、熔点测定。

【实验原理】

$$\text{Br-}C_6H_4\text{-NHCOCH}_3 \xrightarrow{H^+} \text{Br-}C_6H_4\text{-NH}_2 + CH_3COOH$$

【仪器试剂】

仪器:100mL三颈烧瓶、直形冷凝管、25mL恒压滴液漏斗、玻璃转接头19/14、75°弯头、尾接管、100mL锥形瓶、250mL烧杯、pH试纸、刮刀、玻璃棒、250mL抽滤瓶、ϕ60mm布氏漏斗。

试剂:对溴乙酰苯胺、95%乙醇、浓盐酸、20%氢氧化钠溶液。

【实验步骤】

在100mL三颈烧瓶上，配置回流冷凝管和恒压滴液漏斗，向三口烧瓶中加入6.5g对溴乙酰苯胺，15mL95%乙醇和三粒沸石，加热至沸，自滴液漏斗慢慢滴加8.5mL浓盐酸。加毕，回流30min，加入25mL水使反应混合物稀释。将回流装置改为蒸馏装置，加热蒸馏。将残余物对溴苯胺盐酸盐倒入盛有50mL冰水的烧杯中，在搅拌下滴加20%氢氧化钠溶液，使之刚好呈碱性。抽滤，水洗，抽干后，自然晾干（可用乙醇－水重结晶）。理论产量8.6g左右。

【注意事项】

1. 滴加浓盐酸不宜太快。
2. 对溴苯胺易氧化，不能烘干。

实验三十　扑炎痛的合成

【实验目的】

1. 学习二氯亚砜在制备酰氯化合物中的应用；
2. 复习药物设计的结构修饰原理；
3. 巩固有机溶剂重结晶和有毒尾气的吸收方法。

【实验原理】

解热镇痛药扑炎痛是阿司匹林和扑热息痛的酯化物，它既保留二者原有的治疗作用，又有协同作用，用于风湿性关节炎及其它发热而引起的中等疼痛的治疗。本品对胃的刺激较小，毒性低，作用时间长。

合成路线：

$$\text{(COOH, }OCOCH_3\text{)} + SOCl_2 \xrightarrow{DMF} \text{(COCl, }OCOCH_3\text{)} + HCl + SO_2$$

$$\text{(OH, }H_3COCHN\text{)} + NaOH \longrightarrow \text{(ONa, }H_3COCHN\text{)}$$

$$\text{(COCl, }OCOCH_3\text{)} + \text{(ONa, }H_3COCHN\text{)} \longrightarrow \text{(C(=O)O, }OCOCH_3\text{; }NHCOCH_3\text{)}$$

【实验步骤】

1. 乙酰水杨酰氯的制备

将4.5g(0.025mol)阿司匹林和1～2滴DMF加入到100mL干燥三颈烧瓶中,搅拌下缓缓滴入3.5g新蒸二氯亚砜,滴加速度控制在内温≤30℃,滴加完后继续搅拌,并缓缓加热至65℃,保温至无尾气产生,水泵减压蒸出过量二氯亚砜,冷却即得乙酰水杨酰氯(此物可不经进一步处理直接用于下步反应),备用。

2. 扑炎痛粗品的制备

将刚制备的乙酰水氧酰氯转移到滴液漏斗中,用3mL无水丙酮洗涤三颈烧瓶,合并于滴液漏斗中。于100mL三颈烧瓶中,加18mL水、1.4g氢氧化钠。搅拌溶解后,在0℃左右缓缓加入3.2g(0.021mol)扑热息痛,待溶液澄清后冰盐浴冷却,均匀滴加上步制得的乙酰水杨酰氯,滴加速度控制在内温0～5℃。滴加完毕后,调节溶液pH≥13.5,保温搅拌0.5h。抽滤,所得沉淀用冰水洗至中性,得扑炎痛粗品。

3. 重结晶

将粗品加于适量的95%的乙醇中(约为粗品量的6～7倍),水浴加热回流溶解,稍冷,加入适量的活性炭脱色0.5h,趁热抽滤,滤液放置自然降温至10℃以下,析出结晶,抽滤,少量乙醇洗涤、干燥,称量,用熔点仪测熔点(文献值175～176℃),计算收率。

【注意事项】

1. 二氯亚砜对眼有刺激性,对皮肤有腐蚀性,应在通风橱中取用。酰氯化反应中产生的尾气有毒,要安装尾气吸收装置。

2. 制备酰氯需无水操作。仪器必须干燥,回流时需采用防潮装置。

3. 用20%氢氧化钠溶液调节pH≥13.5。

【思考题】

1. 本实验反应为何需pH>13.5?

2. 用$SOCl_2$作酰氯化反应试剂的优点是什么?放出什么尾气?设计一种简单的气体吸收装置。

3. 在反应中为什么要将扑热息痛的酚羟基转化成酚钠?

4. 试解释DMF催化酰氯化反应的机理。

实验三十一　二苯丙酸的合成

二苯丙酸又名3,3－二苯基丙酸、β－苯基苯丙酸、二苯甲基乙酸、β－苯基氢化肉桂酸,为白色粉末状固体。其熔点157℃,溶于乙醇和苯,不溶于水,用于制备冠心病药物心可定,也是用于合成解痉药米尔维林的主原料及其他医药中间体。

【实验目的】

1. 掌握以 $AlCl_3$ 为催化剂进行无水操作的一般规律；

2. 了解以烯烃为烃化剂的反应原理。

【实验原理】

卤代烃、烯烃、醇、环氧乙烷等在 Lewis 酸催化剂的作用下，都能产生烷基碳正离子，因此卤代烃、烯烃、醇是常用的烃化剂，常用的 Lewis 酸有 $AlCl_3$、BF_3 等。当卤代烃或烯烃为烃化剂时，只需催化量的 Lewis 酸即可；当环氧乙烷为烃化剂时，至少要用等物质的量的 Lewis 酸催化剂才行。质子酸也能使烯烃和醇产生烷基碳正离子，因此也能做烃化反应的催化剂。常用的质子酸有 HF，H_2SO_4、H_3PO_4 等。

二苯丙酸可由苯和肉桂酸在无水 $AlCl_3$ 存在下进行烃化反应制得的，反应式如下：

$$C_6H_6 + C_6H_5\text{—CH═CH—COOH} \xrightarrow{AlCl_3} (C_6H_5)_2\text{CH—CH}_2\text{—COOH}$$

（肉桂酸）　　（二苯丙酸）

【仪器试剂】

仪器：三颈烧瓶（250mL、500mL）、圆底烧瓶（500mL）、电加热套、搅拌器、冰浴锅、温度计（0～200℃）、球形冷凝器、干燥管、导气管、烧杯（100mL、500mL）、抽滤瓶、蒸馏头、直形冷凝器、尾接管、恒温烘箱。

试剂：肉桂酸、无水苯、无水三氯化铝、无水碳酸钠、盐酸、冰。

【实验步骤】

1. 在干燥的备有温度计、搅拌器和带氯化钙干燥管（上接有 HCl 导气管）的球形冷凝管的 250mL 三颈烧瓶中，投入 10g 肉桂酸，85mL 无水苯。

2. 启动搅拌，外用冰浴冷却，使内温降到 0℃左右时，迅速投入 9g 无水 $AlCl_3$，在 0～4℃搅拌 1h。

3. 将剩余的 9g 无水 $AlCl_3$ 全部投入，控制内温在 10～15℃，保温搅拌 2h。

4. 搅拌下，将反应液缓慢地加到盛有 20mL 盐酸和 100mL 水配成的冷却至 5℃左右的酸水液的 500mL 烧杯中，并使其逐渐降温，进行水解。

5. 将水解物移送到 500mL 圆底烧瓶中，搅拌冷却到 18℃左右，加热，常压蒸除苯，直到内温达 100℃时停止蒸馏。

6. 冷却至室温，过滤，将滤饼压碎，用适量冰水洗涤至洗出液 pH＝3～4。

7. 将滤饼转入备有温度计、搅拌器、球形冷凝管的 500mL 三颈烧瓶中，缓慢地加入 150mL15% 的 Na_2CO_3 水溶液。

8. 启动搅拌，逐渐地升温到内温达 90℃时，搅拌 10min，再用 15% 的 Na_2CO_3 水溶液调至 pH＝8。

9. 向反应瓶中加入适量的90℃左右热水，搅拌20min，趁热过滤，滤液用浓盐酸调至pH=2~3析出白色晶体，静置，冷却，过滤，置烘箱中100℃干燥，即得产品，熔点151~155℃，收率85%~90%。

【结果讨论】

为使价格较贵的肉桂酸尽可能转化成产物，别一价格相对便宜的反应物苯的量大大过量，过量的苯可通过蒸馏回收再用。二苯丙酸收率以肉桂酸计，计算式如下：

$$y = \frac{\text{实际产量}}{\text{理论产量}} \times 100\% = \frac{W_{\text{二苯丙酸}} \times M_{\text{肉桂酸}}}{W_{\text{肉桂酸}} \times M_{\text{二苯丙酸}}} \times 100\%$$

式中 $W_{\text{二苯丙酸}}$——二苯丙酸的实际产量，g；

$M_{\text{二苯丙酸}}$——二苯丙酸的摩尔质量，g/mol；

$M_{\text{肉桂酸}}$——肉桂酸的摩尔质量，g/mol；

$W_{\text{肉桂酸}}$——肉桂酸的用量，g。

【注意事项】

1. $AlCl_3$ 易吸潮，称料、碾磨时，要迅速。
2. 滤饼要尽量压碎，以便进行中和时，效果较好。
3. 产品的钠盐溶于一定量的热水中，为避免过滤途中析出晶体，可在反应中途添加适量的热水。
4. 趁热过滤前，应先备有250mL90~100℃左右的热水，以便洗涤漏斗中析出的晶体。

【思考题】

1. 在进行烃基化反应时为什么要忌水？
2. 试解释先后调节pH的原因。

实验三十二 甲基硫氧嘧啶的合成

甲基硫氧嘧啶为白色或淡黄色结晶状粉末，无臭，味苦。极微溶于水或乙醇，溶于氨溶液或氢氧化钠溶液。能阻止甲状腺内酪氨酸碘化以及碘化酪氨酸的缩合，从而抑制甲状腺激素的合成，但不影响机体对碘的摄取，不能对抗已形成的激素，故口服后需数天待体内原有激素消耗快完才能显效。口服后代谢较快，故维持时间短。药物广布于全身各组织，能通过胎盘，也出现在乳汁中。主要用于轻度甲状腺机能亢进、甲状腺危象、甲状腺机能亢进的手术前准备及术后治疗。

【实验目的】

1. 了解缩合生成嘧啶环的常用原料与方法；
2. 掌握本反应原理及常用催化剂。

【实验原理】

嘧啶是分子中含有 2 个杂氮原子的六元含氮杂环芳香化合物，其合成方法一般是乙酰乙酸乙酯、丙二醛、丙二酸二酯等与尿素或硫脲通过缩合反应合成的。甲基硫氧嘧啶是由乙酰乙酸乙酯与硫脲缩合得到的，乙酰乙酸乙酯先与硫脲进行胺解反应，然后在碱催化下，与胺进行缩合反应。

$$CH_3-\overset{\overset{O}{\|}}{C}-CH_2-\overset{\overset{O}{\|}}{C}-OEt + H_2N-\overset{\overset{S}{\|}}{C}-NH_2 \xrightarrow{-EtOH} CH_3-\overset{\overset{O}{\|}}{C}-CH_2-\overset{\overset{O}{\|}}{C}-NH-\overset{\overset{S}{\|}}{C}-NH_2$$

$$\xrightarrow[\text{无水 } Na_2CO_3]{-H_2O}$$

O　NH　S　N　CH_3

【仪器试剂】

仪器：三颈烧瓶（250mL）、电加热套、搅拌器、温度计（0～200℃）、球形冷凝器、烧杯（100mL，250mL）、抽滤瓶、恒温烘箱。

试剂：硫脲、乙酰乙酸乙酯、无水三氯化铝、无水碳酸钠、浓盐酸、溴试液、氯化钡、蒸馏水、冰水。

【实验步骤】

1. 在备有温度计、搅拌器和回流冷凝管的 250mL 三颈烧瓶中，投入 10g 的硫脲和 20mL 的蒸馏水。

2. 加热至硫脲全溶解后（70℃左右），再加入 25.7g（约 30mL）乙酰乙酸乙酯，搅拌混匀。

3. 强力搅拌下迅速地投入研磨细的 26.6g 无水碳酸钠，反应放热，并放出 CO_2，反应液变成浅黄色。

4. 继续加温至 100℃，搅拌反应 1h，常压蒸除反应生成的乙醇，反应物固化。

5. 趁热用玻棒将瓶中的固体物打碎，静置冷却后，过滤，将滤饼压碎。

6. 将压碎后的滤饼转移到 250mL 的烧杯中，加入 80mL 的蒸馏水。

7. 搅匀后，缓缓地加入浓盐酸（约 40mL）调 pH 至 4，静置，冷却过滤，用少量的冰水洗涤产品，压干，置烘箱中 110～120℃干燥至恒重，即得甲基流氧嘧啶粗品（类白色），计算甲基硫氧嘧啶收率。

【结果讨论】

由于硫的电负性小于氧，故硫脲中的氨基—NH_2 的亲核性大于尿素中手工艺氨基—NH_2 的亲核性，硫脲与乙酰乙酸乙酯反应比脲素与乙酰乙酸乙酯反应要容易，前者可用较弱的碱如无水碳酸钠作催化剂，而后者必须用更强的碱如 $NaOC_2H_5$ 作催化剂。

【注意事项】

1. 本反应属非均相反应，应加强搅拌效率。

2. 固体冷却后，性质较坚硬，不便倾出过滤，需在产物没全凝之前搅碎倾出。

3. 中和前，尽量将滤饼压碎，以使中和完全。

【思考题】

1. 本反应属什么类型的反应？具有什么特点？

2. 试考虑其他甲基硫脲嘧啶的合成路线。

实验三十三　巴比妥的合成

【实验目的】

1. 通过巴比妥的合成了解药物合成的基本过程；

2. 掌握无水操作技术。

【实验原理】

巴比妥，亦称鲁米那，白色结晶粉末，无臭微苦，熔点 174.5～178℃。在空气中稳定。微溶于水，溶于热水和乙醇，易溶于碱性溶液。巴比妥为长时间作用的催眠药。主要用于神经过度兴奋、躁狂或忧虑引起的失眠。

合成路线：

$$CH_2(COOC_2H_5)_2 \xrightarrow[C_2H_5ONa]{C_2H_5Br} (C_2H_5)_2C(COOC_2H_5)_2 \xrightarrow[C_2H_5ONa]{H_2NCONH_2}$$

$$\text{5,5-二乙基巴比妥酸钠（}C_2H_5, C_2H_5, \text{O, NH, ONa, N, O）} \xrightarrow{HCl} \text{（}C_2H_5, C_2H_5, \text{O, NH, ONa, N, O）}$$

【实验步骤】

1. 绝对乙醇的制备

在装有球形冷凝器（顶端附氯化钙干燥管）的 250mL 圆底烧瓶中，加入无水乙醇 180mL、金属钠 2g 及沸石几粒，加热回流 30min，加入邻苯二甲酸二乙酯 6mL，再回流 10min。将回流装置改为蒸馏装置，蒸去前馏分。用干燥圆底烧瓶做接收器，蒸馏至几乎无液滴流出位置。量其体积，计算回收率，密封贮存。

检验乙醇是否有水分的常用方法是：取一支干燥试管，加入制得的绝对乙醇 1mL，随即加入少量无水硫酸铜粉末。如乙醇中含有水分，则无水硫酸铜变为蓝色硫酸铜。

2. 二乙基丙二酸二乙酯的制备

在装有球形冷凝器、滴液漏斗及球形冷凝管（顶端附氯化钙干燥管）的 250mL 三颈烧瓶中，加入制备的绝对乙醇 75mL，分次加入金属钠 6g。待反应缓慢时，开始搅拌，用油浴加热

(油浴温度不高于90℃),金属钠消失后,由滴液漏斗加入丙二酸二乙酯18mL,10~15min内加完,然后回流15min,当油浴温度降至50℃以下时,慢慢滴加溴乙烷20mL,约15min加完,然后继续回流2.5h。将回流装置改为蒸馏装置,蒸去乙醇(但不要蒸干),放冷,残渣用40~45mL水溶解,转到分液漏斗中,分取酯层,水层用乙醚萃取3次(每次用乙醚20mL),合并酯与醚的提取液,再用20mL的水洗涤1次,醚液倾入125mL锥形瓶内,加无水硫酸钠5g,放置。

3. 二乙基丙二酸二乙酯的蒸馏

将上一步制得的二乙基丙二酸二乙酯乙醚液,过滤,滤液蒸去乙醚。瓶内剩余液用装有空气冷凝管的蒸馏装置于沙浴上蒸馏,收集218~222℃馏分(用预先称量的50mL锥形瓶接收),称重,计算收率,密封贮存。

4. 巴比妥的制备

在装有搅拌、球形冷凝管(顶端附氯化钙干燥管)及温度计的250mL三颈烧瓶中加入绝对乙醇50mL,分次加入金属钠2.6g,待反应缓慢进行时,开始搅拌。金属钠消失后,加入二乙基丙二酸二乙酯10g,尿素4.4g,加完后,随即使内浴升温至80~82℃。停止搅拌,保温反应80min(反应正常时,停止搅拌5~10min后,料液中有小气泡逸出,并逐渐呈微沸状态,有时较激烈)。反应毕,将回流装置改为蒸馏装置,在搅拌下慢慢蒸去乙醇,至常压不易蒸出时,再减压蒸馏尽。残渣用80mL水溶解,倾入盛有18mL稀盐酸(盐酸:水=1:1)的250mL烧杯中,调pH=3~4之间,析出结晶,抽滤,得粗品。

5. 精制

粗品称重,置于150mL锥形瓶中,用水(16mL/g)加热使溶,加入少许活性炭,脱色15min,趁热抽滤,滤液冷至室温,析出白色结晶,抽滤,水洗,烘干,测熔点,计算收率。

【思考题】

1. 制备无水试剂时应注意什么问题？为什么在加热回流和蒸馏时冷凝管的顶端和接收器支管上要装置氯化钙干燥管？

2. 对于液体产物,通常如何精制？本实验用水洗涤提取液的目的时什么？

实验三十四 地巴唑的合成

【实验目的】

1. 熟悉合成杂环药物的方法;

2. 掌握脱水反应原理及操作技术。

【实验原理】

地巴唑为白色结晶性粉末,无臭、熔点182~186℃,几乎不溶于氯仿和苯,略溶于热水或乙醇。有舒张血管、降低血压及解除平滑肌痉挛和兴奋脊髓作用。用于高血压、心绞痛、妊娠毒血症、胃肠道痉挛、脊髓灰质炎后遗症及外周性面神经麻痹等。

合成路线：

$$NH_2,\ NH_2 \ (\text{苯环}) + HCl \longrightarrow NH_2,\ NH_2 \ (\text{苯环}) \cdot HCl$$

$$NH_2,\ NH_2 \ (\text{苯环}) \cdot HCl + CH_2COOH \ (\text{苯环}) \longrightarrow NH,\ N,\ CH_2 \ (\text{苯环}) \cdot HCl$$

【实验步骤】

1. 成盐

将浓盐酸 11.2mL 稀释至 17.4mL，取其半量加入 50mL 烧杯中，盖上表面皿，于石棉网上加热至近沸。一次加入邻苯二胺用玻璃棒搅拌，使固体溶解，然后加入余下的盐酸和活性炭 1g，搅匀，趁热抽滤。滤液冷却后，析出结晶，抽滤，结晶用少量乙醇洗 3 次，抽干，干燥，得白色或粉红色针状结晶，即为邻苯二胺单盐酸盐。测熔点，计算收率。

2. 环合

在装有搅拌器、温度计和蒸馏装置的 60mL 三颈烧瓶中，加入苯乙酸适量（苯乙酸与邻苯二胺单盐酸盐的物质的量比为 1.06∶1），沙浴加热，使内温达 99～100℃。待苯乙酸熔化后，在搅拌下加入邻苯二胺单盐酸盐（将上一步产品全部投料）。升温至 150℃ 开始脱水，然后慢慢升温，于 160～240℃ 反应 3h（大部分时间控制在 200℃ 左右）。反应结束后，使反应液冷却到 150℃ 以下，趁热慢慢向反应液中加入 4 倍量的沸水（按邻苯二胺单盐酸盐计算），搅拌溶解，加活性炭脱色，趁热抽滤，将滤液立即转移到烧杯中，搅拌，冷却，结晶（防止结成大块）抽滤，结晶用少量水洗 3 次，得地巴唑盐基粗品。

3. 盐基的精制

取约为地巴唑盐基湿粗品 5.5 倍量的水，加入烧杯中，加热煮沸，投入地巴唑盐基粗品，加热溶解后，用 10% 氢氧化钠调节到 pH = 9，冷却，抽滤，结晶用少量蒸馏水洗至中性，抽干，即得地巴唑盐基精品。

4. 成盐

将地巴唑盐基湿品用 1.5 倍量蒸馏水调成糊状，加热，抽滤，结晶用盐酸调节 pH = 4～5，使完全溶解。加活性炭脱色，趁热抽滤，使滤液冷却，析出结晶，用蒸馏水洗 3 次，得地巴唑盐粗品。

5. 盐的精制

将地巴唑盐粗品用 2 倍量蒸馏水加热溶解，加活性炭脱色，趁热抽滤，滤液冷却，析出结晶。抽滤，用蒸馏水洗 3 次，抽干，干燥，测熔点，计算收率。

【注意事项】

1. 用盐酸溶解邻苯二胺时，温度不宜过高，约 80～90℃ 即可，否则所生成的邻苯二胺单盐酸盐颜色变深。由于邻苯二胺单盐在水中溶解度较大，故所用仪器应尽量干燥。邻苯二胺单盐酸盐制好后，应先在空气中吹去大部分溶媒，然后再于红外灯下干燥。否则，产品长时间在红外灯下照射，易被氧化成浅红色。

2. 在环合反应过程中，气味较大，可将出气口导至水槽，温度上升速度视蒸出水的速度而定。开始由160℃逐渐升至200℃，较长时间维持在200℃左右，最后半小时升至240℃，但不得超过240℃，否则邻苯二胺被破坏，产生黑色树脂状物，收率明显下降。在加入沸水前，反应液须冷却到150℃以下，以防反应瓶破裂。

3. 在精制地巴唑盐基时，结晶用少量蒸馏水洗至中性的目的是洗去未反应的苯乙酸。

【思考题】

1. 在邻苯二胺单盐酸盐制备中，取半量盐酸加热近沸，此时为什么温度不宜过高？

2. 环合反应温度太高有何不利？为什么？

实验三十五　亚胺－154的合成

【实验目的】

掌握缩合、环合反应基本的操作和反应原理。

【实验原理】

亚胺－154为抗肿瘤药物，对胃癌、肺癌等有一定的缓解作用，对肝癌、网状细胞肉瘤也有缓解作用，也用于银屑病的治疗。亚胺－154化学名为1,2－双(3,5－二氧哌－1嗪)乙烷，化学结构式为：

(结构式：两个3,5-二氧代哌嗪环（环上 O、HN、O）经 N－CH_2CH_2－N 相连)

亚胺－154为白色针状结晶。难溶于水及乙醇，碱中不稳定，熔点290～292℃(分解)。

合成路线：

$$ClCH_2COOH + NaOH \longrightarrow ClCH_2COONa \xrightarrow[NaOH]{H_2NCH_2CH_2NH_2}$$

$$(NaOOC{-}CH_2)_2N{-}CH_2CH_2{-}N(CH_2COONa)_2 \xrightarrow{H^+}$$

$$(HOOC{-}CH_2)_2N{-}CH_2CH_2{-}N(CH_2COOH)_2 \xrightarrow{HCONH_2}$$

(产物结构式：两个3,5-二氧代哌嗪环（O、HN、O）经 N－CH_2CH_2－N 相连)

【实验步骤】

1. 乙二胺四乙酸的制备

在装有温度计、搅拌器及滴液漏斗的250mL三颈烧瓶中，投入氯乙酸22.5g，加45mL水溶解。另将氢氧化钠22g溶于60mL水中，再加入乙二胺盐酸盐6.6g，混匀后，置于滴液漏斗中，在搅拌下滴加到氯乙酸溶液中（约1～2min）。加料完毕后，温度上升至102～106℃，pH约为9。将滴液漏斗换成冷凝器，搅拌保温2h。于前半小时内，分次测定反应液的pH值。当pH低于9时，补加少量30%氢氧化钠，使pH维持9左右。2h后，加入活性炭脱色，抽滤。滤液用盐酸酸化至pH=1，放置，析出结晶，抽滤，结晶用水洗涤至氯离子呈阴性反应。干燥，得乙二胺四乙酸，熔点210℃（分解）。

2. 乙二胺四乙酰亚胺的制备

将乙二胺四乙酸14.6g、甲酰胺26g置于装有搅拌器、温度计和直型冷凝器（除水用）的三颈烧瓶中。加热至140℃左右，保温反应90min，再升温至160±1℃，保温反应4h。反应过程中逸出的气体的pH由3逐渐上升，当升至8～9时，即为反应终点，趁热将反应液倒入冷水中，析出结晶，抽滤。结晶分别用水、乙醇洗涤，烘干，得乙二胺四乙酰亚胺白色结晶，熔点295～300℃（分解）。

【思考题】

1. 在乙二胺和氯乙酸钠缩合反应中，为何pH控制在9左右？

2. 在乙二胺四乙酸与甲酰胺环合反应中，最初逸出的气体时为何pH约为3，而当结束时pH变为8～9？

实验三十六　乙酰水杨酸的合成

【实验目的】

1. 学习酚酰化成酯的原理及方法；
2. 了解阿斯匹林的药用价值；
3. 熟悉重结晶和测熔点的操作。

【实验原理】

阿斯匹林是由水杨酸（邻羟基苯甲酸）与醋酸酐进行酯化反应而得的。水杨酸可由水杨酸甲酯，即冬青油（由冬青树提取而得）水解制得。本实验就是用邻羟基苯甲酸（水杨酸）与乙酸酐反应制备乙酰水杨酸。反应式为：

$$\text{HOC}_6\text{H}_4\text{COOH} + (CH_3CO)_2O \xrightarrow{\text{浓}H_2SO_4} CH_3COOC_6H_4COOH + CH_3COOH$$

在反应中，除了生成乙酰水杨酸主产物外，还因副反应的发生可能生成水杨酰水杨酸酯、乙酰水杨酰水杨酸酯等副产物。

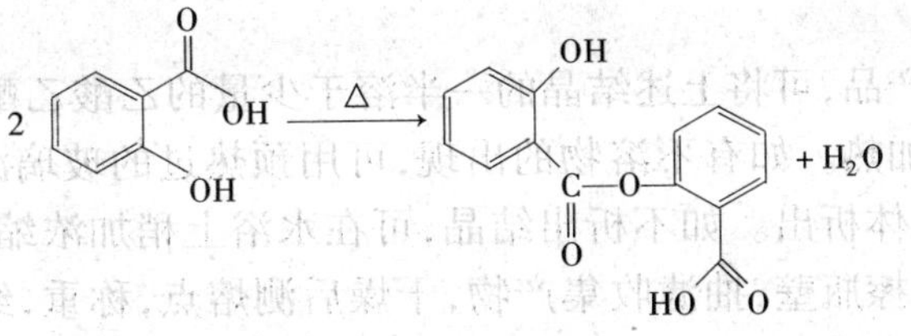

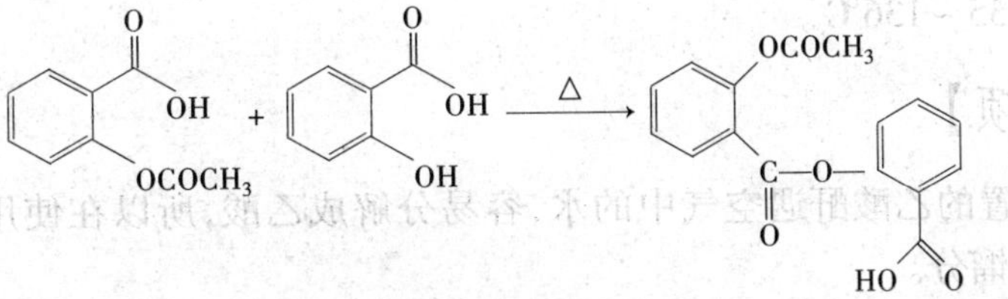

由于分子内氢键的作用，水杨酸与乙酸酐直接反应需在150～160℃才能生成乙酰水杨酸。加入酸的目的主要是破坏氢键的存在，使反应在较低的温度下（90℃）就可以进行，而且可以大大减少副产物，因此实验中要注意控制好温度。

由于水杨酸本身具有两个不同的官能团，反应中可形成少量的高分子聚合物，造成产物的不纯。为了除去这部分杂质，可使乙酰水杨酸变成钠盐，利用高聚物不溶于水的特点将它们分开，达到分离的目的。至于反应的完成与否则可以通过三氯化铁进行检测：由于酚羟基可与三氯化铁水溶液反应形成深紫色的溶液，所以未反应的水杨酸与稀的三氯化铁溶液反应呈正结果；而纯净的乙酰水杨酸不会产生紫色。

【仪器试剂】

仪器：水浴锅、布氏漏斗、抽气瓶、水泵、滤纸、烧杯、温度计（150℃）、冰浴、熔点测定仪、试管、玻棒、台称、量筒。

试剂：水杨酸、乙酸酐（新蒸）、浓硫酸、95%乙醇、蒸馏水、0.1%三氯化铁。

【实验步骤】

1. 反应

在干燥的150mL锥形瓶中加入2g水杨酸、5mL乙酸酐和5滴浓硫酸，旋摇锥形瓶使水杨酸全部溶解后，在水浴上加热5～10min，控制浴温85～90℃。冷却至室温后，即有水杨酸结晶析出。加入50mL水，将混合物继续在冰水浴中冷却结晶完全。减压过滤后将粗产物转移至表面皿上，在空气中风干，得粗产物，称重。若冷却时出现油状物，可将析出油状物的溶液加热重新溶解，然后慢慢冷却。一当油状物析出时便剧烈搅拌混合物，使油状物在均匀分散的状况下固化。

2. 精制

将粗产物转移至150mL烧杯中，在搅拌下加入25mL饱和碳酸氢钠溶液，加完后继续搅拌几分钟，直至无二氧化碳气泡产生。抽气过滤，副产物聚合物应被过滤出，用5～10mL水冲洗漏斗，合并滤液，倒入预先盛有4～5mL浓盐酸和10mL水配成溶液的烧杯中，搅拌均匀，即有乙酰水杨酸沉淀析出。将烧杯置于冰浴中冷却，使结晶完全。减压过滤，将结晶移至表面皿上，干燥后称量。取几粒结晶加入盛有5mL水的试管中，加入1～2滴1%三氯化铁溶液，观察有无颜色变化。

3. 提纯

为了得到更纯的产品，可将上述结晶的一半溶于少量的乙酸乙酯（约需2～3mL）中，溶解时应在水浴上小心加热。如有不溶物的出现，可用预热过的玻璃漏斗趁热过滤。将滤液冷至室温，阿斯匹林晶体析出。如不析出结晶，可在水浴上稍加浓缩，并将溶液置于冰水浴中冷却，或用玻璃棒摩擦瓶壁，抽滤收集产物，干燥后测熔点，称重，纯粹乙酰水杨酸为白色针状晶体，熔点135～136℃。

【注意事项】

1. 长时间放置的乙酸酐遇空气中的水，容易分解成乙酸，所以在使用前必须重新蒸馏，收集139～140℃馏分。

2. 因为无水反应，实验前必须先将实验所用锥形瓶等仪器烘干！药品也要事先经过干燥处理。

3. 粗产品可用乙醇－水，或1:1（体积比）的稀盐酸，或苯和石油醚（30～60℃）的混合溶剂进行重结晶。

4. 乙酰水杨酸受热后易发生分解，因此熔点不很明显，它的分解温度为128～135℃，因此在烘干、重结晶、熔点测定时均不宜长时间加热，用毛细管测熔点时宜先加热至120℃左右，再放入样品管测定。

5. 在重结晶时，其溶液不宜加热过久，也不宜用高沸点溶剂，因为在高温下乙酰水杨酸易发生分解。

【思考题】

1. 制备阿斯匹林时，加入浓硫酸的目的何在？

2. 反应中有哪些副产物？如何除去？

3. 阿斯匹林在沸水中受热时，分解而得到一种溶液，后者对三氯化铁呈阳性试验，试解释之，并写出反应方程式。

4. 水杨酸与乙酸酐的反应过程中浓硫酸起什么作用？

5. 纯的乙酰水杨酸不会与三氯化铁溶液发生显色反应。然而，在乙醇－水混合溶剂中经重结晶的乙酰水杨酸，有时反而会与三氯化铁溶液发生显色反应，这是为什么？

实验三十七　对乙酰氨基酚的合成

【实验目的】

1. 了解选择性乙酰化的方法，掌握药物的精制、杂质检查、结构鉴定等方法与技能；

2. 掌握易被氧化产品的重结晶精制方法。

【实验原理】

对乙酰氨基酚为白色结晶性粉末；无臭味，微苦。在热水或乙醇中易溶，在丙酮中溶解，在水中略溶。熔点 168～172℃。

合成路线：

$$\text{HO-}C_6H_4\text{-}NH_2 \xrightarrow{(CH_3CO)_2O} \text{HO-}C_6H_4\text{-}NHCOCH_3$$

【实验步骤】

1. 对乙酰氨基酚的制备

于干燥的 100mL 锥形瓶中加入对氨基苯酚 10.6g，水 30mL，醋酐 12mL，轻轻振摇使成均相。再于 80℃水浴中加热反应 30min，放冷，析晶，过滤，滤饼以 10mL 冷水洗 2 次，抽干，干燥，得白色结晶性对乙酰氨基酚粗品。

2. 精制

于 100mL 锥形瓶中加入对乙酰氨基酚粗品，每克用水 5mL，加热使溶解，稍冷后加入活性炭 1g，煮沸 5min，在吸滤瓶中先加入亚硫酸氢钠 0.5g，趁热过滤，滤液放冷析晶，过滤，滤饼以 0.5% 亚硫酸氢钠溶液 5mL 分 2 次洗涤，抽干，得白色对乙酰氨基酚纯品。

3. 对乙酰氨基酚的鉴别

(1) 取对乙酰氨基酚 0.1g，加稀盐酸 5mL，置水浴中加热 40min，放冷；取 0.5mL，滴加亚硝酸钠试液 5 滴，摇匀，用水 3mL 稀释后，加碱性 β－萘酚试液 2mL，振摇，即显红色。

(2) 红外光吸收图谱应与对照的图谱一致。

(3) 熔点 168～172℃。

4. 对乙酰氨基酚的检查

(1) 有关物质　取对乙酰氨基酚 1.0g，置具塞离心管或试管中，加乙醚 5mL，立即密塞，振摇 30min，离心或放置至澄清，取上清液作为供试品溶液；另取每 1mL 中含对氯苯乙酰胺 1.0mg 的乙醇溶液适量，用乙醚稀释成每 1mL 中含 50μg 的溶液作为对照溶液。吸取供试品溶液 200μL 与对照溶液 40μL，分别点于同一硅胶 GF254 薄层板上。以三氯甲烷－丙酮－甲苯(13∶5∶2)为展开剂，展开，晾干，置紫外灯(254nm)下检视，供试品溶液如显杂质斑点，与对照溶液的主斑点比较，不得更深。

(2) 对氨基酚　取对乙酰氨基酚 1.0g，加甲醇溶液 20mL 溶解后，加碱性亚硝基铁氰化钠试液 1mL，摇匀，放置 30min；如显色，与对乙酰氨基酚对照品 1.0g 加对氨基酚 50μg 用同一方法制成的对照液比较，不得更深(0.005%)。

【注意事项】

1. 对氨基苯酚的质量是影响对乙酰氨基酚产量、质量的关键。

2. 酰化反应中，加水 30mL。有水存在，醋酐可选择性地酰化氨基而不与酚羟基作用。若以醋酸代替醋酐，则难以控制氧化副反应，反应时间长，产品质量差。

3. 加亚硫酸氢钠可防止对乙酰氨基酚被空气氧化，但亚硫酸氢钠浓度不宜过高，否则会影响产品质量。

【思考题】

1. 酰化反应为何选用醋酐而不用醋酸作酰化剂？
2. 加亚硫酸氢钠的目的何在？
3. 对乙酰氨基酚中的特殊杂质是何物？它是如何产生的？

实验三十八　盐酸普鲁卡因的合成

【实验目的】

1. 学习酯化、还原等反应，掌握药物的精制、鉴别、结构鉴定等方法与技能；
2. 掌握利用水和二甲苯共沸脱水的原理进行羧酸的酯化操作；
3. 掌握使用铁粉还原硝基制备氨基的反应原理及操作，以及用硫化钠除铁、用盐酸除去硫的原理及操作；
4. 掌握水溶性大的盐类用盐析法进行分离及精制的方法。

【实验原理】

盐酸普鲁卡因为白色细微针状结晶或结晶性粉末，无臭，味微苦而麻。熔点 153 ~ 157℃。易溶于水，溶于乙醇，微溶于氯仿，几乎不溶于乙醚。

临床上为局部麻醉药，作用强，毒性低。临床上主要用于浸润、脊椎及传导麻醉。盐酸普鲁卡因化学名为对氨基苯甲酸 2 - 二乙胺基乙酯盐酸盐。

合成路线：

$$O_2N-C_6H_4-COOH \xrightarrow[\text{二甲苯}]{HOCH_2CH_2N(C_2H_5)_2} O_2N-C_6H_4-COOCH_2CH_2N(C_2H_5)_2$$

$$\xrightarrow{Fe,HCl} H_2N-C_6H_4-COOCH_2CH_2N(C_2H_5)_2\cdot HCl \xrightarrow{20\%\ NaOH}$$

$$H_2N-C_6H_4-COOCH_2CH_2N(C_2H_5)_2 \xrightarrow{\text{浓盐酸}} H_2N-C_6H_4-COOCH_2CH_2N(C_2H_5)_2\cdot HCl$$

【实验步骤】

1. 对硝基苯甲酸 - β - 二乙胺基乙醇（俗称硝基卡因）的制备

在装有温度计、分水器及回流冷凝器的 500mL 三颈烧瓶中，投入对硝基苯甲酸 20g、β - 二乙胺基乙醇 14.7g、二甲苯 150mL 及止爆剂，油浴加热至回流（注意控制温度，油浴温度约为 180℃，内温约为 145℃），共沸带水 6h。撤去油浴，稍冷，将反应液倒入 250mL 锥形瓶中，放置冷却，析出固体。将上清液用倾泻法转移至减压蒸馏烧瓶中，水泵减压蒸除二甲苯，残留物以 3% 盐酸 140mL 溶解，并与锥形瓶中的固体合并，过滤，除去未反应的对硝基苯甲酸，滤液（含硝基卡因）备用。

2. 对氨基苯甲酸-β-二乙胺基乙醇酯的制备

将上步得到的滤液转移至装有搅拌器、温度计的500mL三颈烧瓶中，搅拌下用20%氢氧化钠调pH=4.0~4.2。充分搅拌下，于25℃分次加入经活化的铁粉，反应温度自动上升，注意控制温度不超过70℃(必要时可冷却)，待铁粉加毕，于40~45℃保温反应2h。抽滤，滤渣以少量水洗涤两次，滤液以稀盐酸酸化至pH=5。滴加饱和硫化钠溶液调pH=7.8~8.0，沉淀反应液中的铁盐，抽滤，滤渣以少量水洗涤两次，滤液用稀盐酸酸化至pH=6。加少量活性炭，于50~60℃保温反应10min，抽滤，滤渣用少量水洗涤一次，将滤液冷却至10℃以下，用20%氢氧化钠碱化至普鲁卡因全部析出(pH=9.5~10.5)，过滤，得普鲁卡因，备用。

3. 盐酸普鲁卡因的制备

(1)成盐

将普鲁卡因置于烧杯中，慢慢滴加浓盐酸至pH=5.5，加热至60℃，加精制食盐至饱和，升温至60℃，加入适量保险粉，再加热至65~70℃，趁热过滤，滤液冷却结晶，待冷至10℃以下，过滤，即得盐酸普鲁卡因粗品。

(2)精制

将粗品置烧杯中，滴加蒸馏水至维持在70℃时恰好溶解。加入适量的保险粉，于70℃保温反应10min，趁热过滤，滤液自然冷却，当有结晶析出时，外用冰浴冷却，使结晶析出完全。过滤，滤饼用少量冷乙醇洗涤两次，干燥，得盐酸普鲁卡因，熔点153~157℃，以对硝基苯甲酸计算总收率。

4. 盐酸普鲁卡因鉴别

(1)取盐酸普鲁卡因约0.1g，加水2mL溶解后，加10%氢氧化钠溶液1mL，即生成白色沉淀；加热，变为油状物；继续加热，发生的蒸气能使湿润的红色石蕊试纸变为蓝色；热至油状物消失后，放冷，加盐酸酸化，即析出白色沉淀。

(2)取盐酸普鲁卡因约0.05g，加稀盐酸1mL，使溶解，加0.1mol/L亚硝酸钠溶液数滴，滴加碱性β-萘酚试液数滴，生成猩红色。

(3)红外光吸收光谱应与对照的图谱一致。

5. 盐酸普鲁卡因检查

(1)取盐酸普鲁卡因约0.4g，加水10mL溶解后，加甲基红指示液1滴，如显红色，加氢氧化钠滴定液(0.02mol/L)0.20mL，应变为橙色。

(2)取本品2.0g，加水10mL溶解后，溶液应澄清。

【注意事项】

1. 羧酸和醇之间进行的酯化反应是一个可逆反应。反应达到平衡时，生成酯的量比较少(约65.2%)，为使平衡向右移动，需向反应体系中不断加入反应原料或不断除去生成物。本反应利用二甲苯和水形成共沸混合物的原理，将生成的水不断除去，从而打破平衡，使酯化反应趋于完全。由于水的存在对反应产生不利的影响，故实验中使用的药品和仪器应事先干燥。

2. 考虑到教学实验的需要和可能，将分水反应时间定6h，若延长反应时间，收率尚可提高。

3. 也可不经放冷，直接蒸去二甲苯，但蒸馏至后期，固体增多，毛细管堵塞操作不方便。回收的二甲苯可以套用。

4. 对硝基苯甲酸应除尽，否则影响产品质量，回收的对硝基苯甲酸经处理后可以套用。

5. 铁粉活化的目的是除去其表面的铁锈，方法是：取铁粉 47g，加水 100mL，浓盐酸 0.7mL，加热至微沸，用水倾泻法洗至近中性，置水中保存待用。

6. 该反应为放热反应，铁粉应分次加入，以免反应过于激烈，加入铁粉后温度自然上升。铁粉加毕，待其温度降至45℃进行保温反应。在反应过程中铁粉参加反应后，生成绿色沉淀 $Fe(OH)_2$，接着变成棕色 $Fe(OH)_3$，然后转变成棕黑色的 Fe_3O_4。因此，在反应过程中应经历绿色、棕色、棕黑色的颜色变化。若不转变为棕黑色，可能反应尚未完全。可补加适量铁粉，继续反应一段时间。

7. 除铁时，因溶液中有过量的硫化钠存在，加酸后可使其形成胶体硫，加活性炭后过滤，便可使其除去。

8. 盐酸普鲁卡因水溶性很大，所用仪器必须干燥，用水量需严格控制，否则影响收率。

9. 严格掌握 pH = 5.5，以免芳胺基成盐。

10. 保险粉为强还原剂，可防止芳胺基氧化，同时可除去有色杂质，以保证产品色泽洁白，若用量过多，则成品含硫量不合格。

【思考题】

1. 在盐酸普鲁卡因的制备中，为何用对硝基苯甲酸为原料先酯化，然后再进行还原，能否反之，先还原后酯化，即用对硝基苯甲酸为原料进行酯化？为什么？

2. 酯化反应中，为何加入二甲苯做溶剂？

3. 酯化反应结束后，放冷除去的固体是什么？为什么要除去？

4. 在铁粉还原过程中，为什么会发生颜色变化？说出其反应机制。

5. 还原反应结束，为什么要加入硫化钠？

6. 在盐酸普鲁卡因成盐和精制时，为什么要加入保险粉？解释其原理。

实验三十九　乙酰苯胺的合成

【实验目的】

1. 掌握苯胺乙酰化反应的原理和方法；

2. 巩固分馏的原理和操作；

3. 巩固固体有机物的提纯方法——重结晶操作。

【实验原理】

乙酰苯胺，白色有光泽片状结晶或白色结晶粉末，是磺胺类药物的原料，可用作止痛剂、退热剂（俗称“退热冰”）、防腐剂和染料中间体。

芳胺的乙酰化在有机合成中具有重要意义：①作为一种保护措施，将一级和二级芳胺（就是伯胺和仲胺）在合成中转化为其乙酰衍生物，降低芳胺对氧化性试剂的敏感性，使其不被反应试剂破坏；②氨基经酰化后，降低了氨基在亲电取代反应（特别是卤化）中的活化能力，使其由很强的第Ⅰ类定位基变成中等强度的第Ⅰ类定位，使反应由多元取代变为有用的一元取代;③由于乙酰基的空间效应,往往选择性地生成对位取代产物;④在某些情况下,酰化可以避免氨基与其它功能基或试剂(如 RCOCl,—SO_2Cl,HNO_2 等)之间发生不必要的反应。

芳胺可用酰氯、酸酐或冰醋酸加热来进行酰化,反应活性是乙酰氯 > 乙酐 > 乙酸。使用冰醋酸试剂易得,价格便宜,但需要较长的反应时间,适合于规模较大的制备。酸酐一般来说是比酰氯更好的酰化试剂,用游离苯胺与纯乙酸酐进行酰化时,常伴有二乙酰胺[$ArN(COCH_3)_2$]副产物的生成,如果在醋酸-醋酸钠缓冲溶液中酰化,由于酸酐水解速度比酰化速度慢得多,可得到高纯度产物,但此方法不适用于硝基苯胺和其它碱性很弱的芳胺的酰化。酰氯价格较为昂贵,反应激烈,反应不易被控制。

实验常采用以下两种方法制备乙酰苯胺。

方法一:

$$C_6H_5NH_2 + CH_3C(=O)OH \rightleftharpoons C_6H_5NHCOCH_3 + H_2O$$

冰醋酸与苯胺的反应速率较慢,且反应是可逆的,为了提高乙酰苯胺的收率,一般采用冰醋酸过量的方法,同时利用分馏柱将反应中生成的水从平衡中移去。由于苯胺易氧化,加入少量锌粉,防止苯胺在反应过程中氧化。

方法二:

$$C_6H_5NH_2 + (CH_3CO)_2O \xrightarrow[CH_3COONa]{HCl} C_6H_5NHCOCH_3$$

【仪器试剂】

仪器:圆底烧瓶、锥形瓶、分馏柱、蒸馏头、接引管、温度计、布氏漏斗、抽滤瓶、水循环真空泵、烧杯、表面皿、电热套、天平、量筒。

试剂:苯胺、冰醋酸、醋酸酐、锌粉、活性炭、滤纸。

【实验步骤】

方法一:冰醋酸法合成乙酰苯胺

1. 酰化

在 50mL 圆底烧瓶中加入新蒸馏过的苯胺 10mL,过量冰醋酸约 15mL 以及少量锌粉约 0.1g,安装仪器,如图 3-1 所示。在烧瓶上装一分馏柱,并用锥形瓶收集分出的水和乙酸。将烧瓶置于热源上小火加热,使反应溶液在微沸状态下回流,调节加热温度,使温度为 105℃左右,反应约 60min,反应生成的水及少量醋酸被蒸出,当柱顶温度下降或烧瓶内出现白色雾状时,反应已基本完成,停止加热。

2. 结晶抽滤

在不断搅拌下,趁热将烧瓶中的物料以细流状倒入盛有 200mL 冰水的烧杯中,剧烈搅拌,并使烧杯冷却至室温,粗乙酰苯胺结晶析出,抽滤。用玻璃瓶子塞将滤饼压干,再用 5~10mL 冷水洗涤以除去残留的酸液,再抽干,得到乙酰苯胺粗产品。

3. 重结晶

将此粗乙酰苯胺滤饼放入盛有 150mL 热水的烧杯中不,加热,使粗乙酰苯胺溶解。若溶液沸腾时仍有未溶解的油珠,应补加热水,直至油珠消失为止。稍冷后,加入适量活性炭,在搅拌下加热煮沸5min，趁热用保温漏斗过滤或用预先加热好的布氏漏斗减压过滤，将滤液慢慢冷至室温，待结晶完全后抽滤，尽量压干滤饼。产品放在干净的表面皿中在水浴上干燥，如图3-2所示。称重，计算收率。

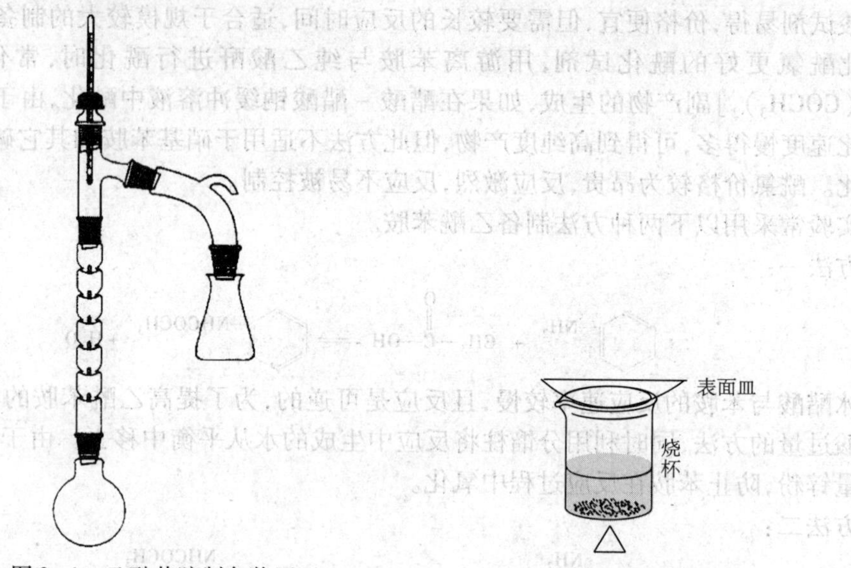

图3-1　乙酰苯胺制备装置　　图3-2　干燥装置

纯乙酰苯胺是无色片状晶体，熔点114℃。

方法二：醋酸酐法合成乙酰苯胺

1. 酰化

在一个100mL的锥形瓶中加入6mL苯胺，再倒入40mL水，在摇动过程中分批加入7mL醋酸酐，搅拌摇匀。若果出现结块，应将块状物用玻璃棒捣碎后，再搅拌均匀。

2. 结晶抽滤

将混合物进行抽滤，收集乙酰苯胺粗品，挤干滤液后，应用冷水洗涤至少两次。

3. 重结晶

将粗乙酰苯胺放入500mL烧杯中进行重结晶。

【注意事项】

1. 久置的苯胺色深，会影响乙酰苯胺的质量，所以应用新蒸过的苯胺。

2. 锌粉的作用是防止苯胺在反应过程中被氧化。但必须注意，不能加得过多，否则在后处理中会出现不溶于水的氢氧化锌。

3. 如果反应混合物冷却后，则固体析出，沾在烧瓶壁上，不易倒出。

4. 此油珠是熔融状态的含水的乙酰苯胺（83℃时含水13%），如果溶液温度在83℃以下，溶液中未溶解的乙酰苯胺以固体存在。

5. 在沸腾的溶液中加入活性炭，会引起突然暴沸，致使溶液冲出容器。

6. 事先将布氏漏斗及抽滤瓶应放在水浴中充分预热（不可直接在电热套上加热），否则乙酰苯胺晶体将在布氏漏斗及抽滤瓶内析出，引起操作上的麻烦和造成损失。

【思考题】

1. 本反应为什么要控制分馏柱顶端温度在105℃？

2. 合成乙酰苯胺时,锌粉起什么作用？加多少合适？

3. 合成乙酰苯胺时,为什么选用分馏装置而不用蒸馏？

4. 从苯胺制备乙酰苯胺时可采用哪些化合物作酰化剂？各有什么优缺点？

5. 重结晶操作中,活性炭起什么作用？为什么不能在溶液沸腾时加入？

6. 在制备乙酰苯胺的饱和溶液进行重结晶时,在杯下有一油珠出现,试解释原因。怎样处理才算合理？

实验四十 氯霉素的合成

【实验目的】

1. 熟悉溴化、Delepine 反应、乙酰化、羟甲基化、Meerwein – Ponndorf – Verley 羰基还原、水解、拆分、二氯乙酰化等反应的原理；

2. 掌握各步反应的基本操作和终点的控制；

3. 熟悉氯霉素及其中间体的立体化学；

4. 了解播种结晶法拆分外消旋体的原理,熟悉操作过程；

5. 掌握利用旋光仪测定光学异构体质量的方法。

【实验原理】

氯霉素分子中有两个手性碳原子,有四个旋光异构体。化学结构式为：

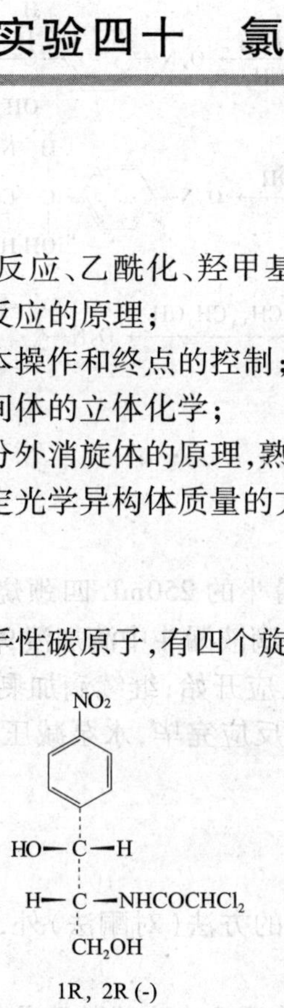

NO_2 HO—C—H H—C—NHCOCHCl$_2$ CH_2OH
1R, 2R (-)

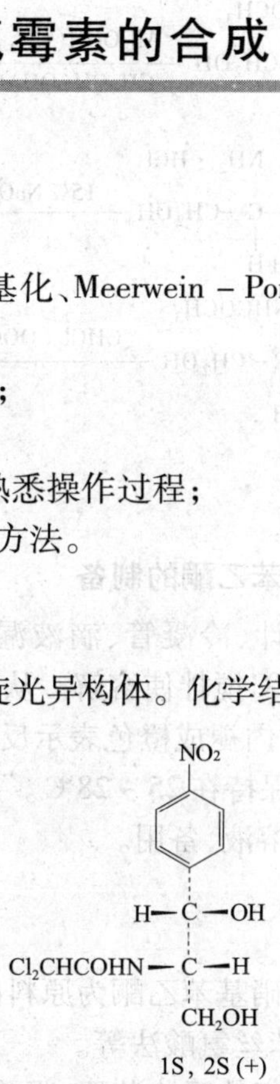

NO_2 H—C—OH Cl$_2$CHCOHN—C—H CH_2OH
1S, 2S (+)

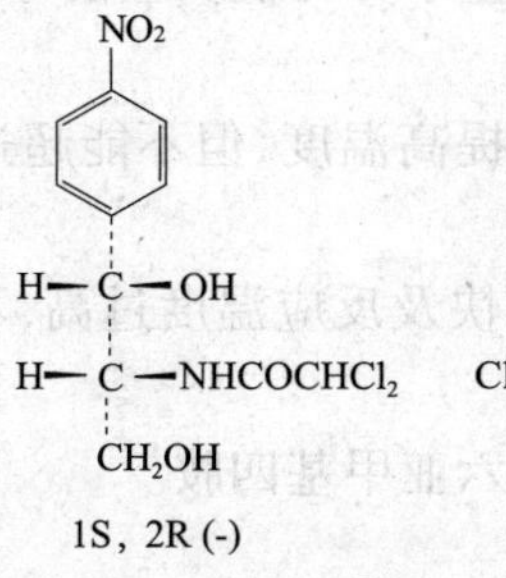

NO_2 H—C—OH H—C—NHCOCHCl$_2$ CH_2OH
1S, 2R (-)

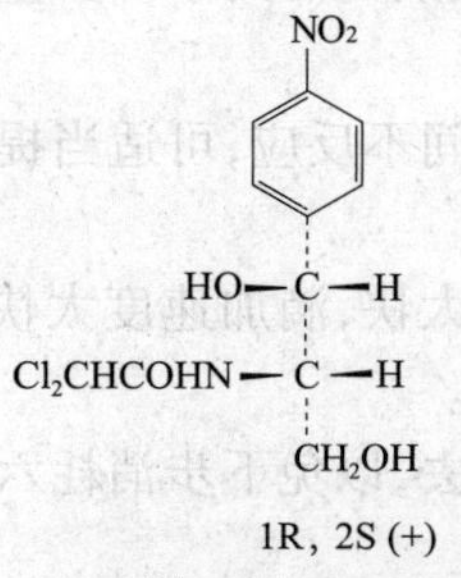

NO_2 HO—C—H Cl$_2$CHCOHN—C—H CH_2OH
1R, 2S (+)

上面四个异构体中仅 1R,2R(–)[或 D(–)苏阿糖型]有抗菌活性,为临床使用的氯霉素。

氯霉素为白色或微黄色的针状、长片状结晶或结晶性粉末，熔点 149～153℃。易溶于甲醇、乙醇、丙酮或丙二醇中，微溶于水；比旋度[α]25°～25.5°（乙酸乙酯）；[α]D25 +18.5°～21.5°（无水乙醇）。

合成路线如下：

$$O_2N-C_6H_4-COCH_3 \xrightarrow{Br_2,C_6H_5Cl} O_2N-C_6H_4-COCH_2Br \xrightarrow{(CH_2)_6N_4,C_6H_5Cl} O_2N-C_6H_4-COCH_2Br(CH_2)_6N_4$$

$$\xrightarrow[HCl,H_2O]{C_2H_5OH} O_2N-C_6H_4-COCH_2NH_2\cdot HCL \xrightarrow[CH_3COONa]{(CH_3CO)_2O} O_2N-C_6H_4-COCH_2NHCOCH_3 \xrightarrow[C_2H_5OH]{HCHO}$$

$$O_2N-C_6H_4-COCH(NHCOCH_3)-CH_2OH \xrightarrow[CH_3CH(OH)CH_3]{Al[OCH(CH_3)_2]_3} O_2N-C_6H_4-CH(OH)-CH(NHCOCH_3)-CH_2OH \xrightarrow{HCl,H_2O}$$

$$O_2N-C_6H_4-CH(OH)-CH(NH_2\cdot HCl)-CH_2OH \xrightarrow{15\%\,NaOH} O_2N-C_6H_4-CH(OH)-CH(NH_2)-CH_2OH \xrightarrow{拆分}$$

$$O_2N-C_6H_4-CH(OH)-CH(NHCOCH_3)-CH_2OH \xrightarrow{CHCl_2COOCH_3,\ CH_3OH} O_2N-C_6H_4-CH(OH)-CH(NHCOCHCl_2)-CH_2OH$$

【实验步骤】

（一）对硝基 α－溴代苯乙酮的制备

在装有搅拌器、温度计、冷凝管、滴液漏斗的 250mL 四颈烧瓶中，加入对硝基苯乙酮 10g，氯苯 75mL，于 25～28℃搅拌使溶解。从滴液漏斗中滴加溴 9.7g。首先滴加溴 2～3 滴，反应液即呈棕红色，10min 内褪成橙色表示反应开始；继续滴加剩余的溴，约 1～1.5h 加完，继续搅拌 1.5h，反应温度保持在 25～28℃。反应完毕，水泵减压抽去溴化氢约 30min，得对硝基 α－溴代苯乙酮氯苯溶液，备用。

【注意事项】

1. 制备氯霉素除以对硝基苯乙酮为原料的方法（对酮法）外，还有成肟法、苯乙烯法、肉桂醇法、溴苯乙烯法以及苯丝氨酸法等。

2. 冷凝管口上端装有气体吸收装置，吸收反应中生成的溴化氢。

3. 所用仪器应干燥，试剂均需无水。少量水分将使反应诱导期延长，较多水分甚至导致反应不能进行。

4. 若滴加溴后较长时间不反应，可适当提高温度，但不能超过 50℃，当反应开始后要立即降低到规定温度。

5. 滴加溴的速度不宜太快，滴加速度太快及反应温度过高，不仅使溴积聚易逸出，而且还导致二溴化合物的生成。

6. 溴化氢应尽可能除去，以免下步消耗六亚甲基四胺。

【思考题】

1. 溴化反应开始时有一段诱导期，使用溴化反应机理说明原因？操作上如何缩短诱导期？

2. 本溴化反应不能遇铁，铁的存在对反应有何影响？

（二）对硝基 α－溴化苯乙酮六亚甲基四胺盐的制备

在装有搅拌器、温度计的 250mL 三颈烧瓶中，依次加入上步制备好的对硝基 α－溴代苯乙酮和氯苯 20mL，冷却至 15℃以下，在搅拌下加入六亚甲基四胺（乌洛托品）粉末 8.5g，温度控制在 28℃以下，加毕，加热至 35～36℃，保温反应 1h，测定终点。如反应已到终点，继续在 35～36℃反应 20min，即得对硝基 α－溴代苯乙酮六亚甲基四胺盐（简称成盐物），然后冷至 16～18℃，备用。

【注意事项】

1. 此反应需无水条件，所用仪器及原料需经干燥，若有水分带入，易导致产物分解，生成胶状物。

2. 反应终点测定：取反应液少许，过滤，取滤液 1mL，加入等量 4% 六亚甲基四胺氯仿溶液，温热片刻，如不呈混浊，表示反应已经完全。

3. 对硝基 α－溴代苯乙酮六亚甲基四胺盐在空气中及干燥时极易分解，因此制成的复盐应立即进行下步反应，不宜超过 12h。

4. 复盐成品：熔点 118～120℃（分解）。

【思考题】

1. 对硝基－α－溴代苯乙酮与六亚甲基四胺生成的复盐性质如何？

2. 成盐反应终点如何控制？根据是什么？

（三）对硝基－α－氨基苯乙酮盐酸盐的制备

在上步制备的成盐物氯苯溶液中加入精制食盐 3g，浓盐酸 17.2mL，冷至 6～12℃，搅拌 3～5min，使成盐物呈颗粒状，待氯苯溶液澄清分层，分出氯苯。立即加入乙醇 37.7mL，搅拌，加热，0.5h 后升温到 32～35℃，保温反应 5h。冷至 5℃以下，过滤，滤饼转移到烧杯中加水 19mL，在 32～36℃搅拌 30min，再冷至 －2℃，过滤，用预冷到 2～3℃的 6mL 乙醇洗涤，抽干，得对硝基－α－氨基苯乙酮盐酸盐（简称水解物），熔点 250℃（分解），备用。

【注意事项】

1. 对硝基－α－溴代苯乙酮与六亚甲基四胺（乌洛托品）反应生成季铵盐，然后在酸性条件下水解成对硝基－α－氨基苯乙酮盐酸盐。该反应称 Delepine 反应。

2. 加入精盐在于减小对硝基－α－氨基苯乙酮盐酸盐的溶解度。

3. 成盐物水解要保持足够的酸度，所以与盐酸的摩尔比应在 3 以上。用量不仅导致生成醛等副反应，而且对硝基－α－氨基苯乙酮游离碱本身亦不稳定，可发生双分子缩合，然后在空气中氧化成紫红色吡嗪化合物。此外，为保持水解液有足够酸度，应先加盐酸后加乙醇，以免生成醛等副反应。

4. 温度过高也易发生副反应，增加醛等副产物的生成。

【思考题】

1. 本实验中 Delepine 反应水解时为什么一定要先加盐酸后加乙醇，如果次序颠倒，结果会怎样?

2. 对硝基 – α – 氨基苯乙酮盐酸盐是强酸弱碱生成的盐,反应需保持足够的酸度,如果酸度不足对反应有何影响?

(四)对硝基 – α – 乙酰胺基苯乙酮的制备

在装有搅拌器、回流冷凝器、温度计和滴液漏斗的 250mL 四颈烧瓶中,放入上步制得的水解物及水 20mL,搅拌均匀后冷至 0 ~ 5℃。在搅拌下加入醋酐 9mL。另取 40% 的醋酸钠溶液 29mL,用滴液漏斗在 30min 内滴入反应液中,滴加时反应温度不超过 15℃。滴毕,升温到 14 ~ 15℃,搅拌 1h(反应液始终保持在 pH = 3.5 ~ 4.5),再补加醋酐 1mL,搅拌 10min,测定终点。如反应已完全,立即过滤,滤饼用冰水搅成糊状,过滤,用饱和碳酸氢钠溶液中和至pH = 7.2 ~ 7.5,抽滤,再用冰水洗至中性,抽干,得淡黄色结晶(简称乙酰化物),熔点161 ~ 163℃。

【注意事项】

1. 该反应需在酸性条件下(pH = 3.5 ~ 4.5)进行,因此必须先加醋酐,后加醋酸钠溶液,次序不能颠倒。

2. 反应终点测定:取反应液少许,加入 $NaHCO_3$ 中和至碱性,于 40 ~ 45℃ 温热 30min,不应呈红色。若反应未达终点,可补加适量的醋酐和醋酸钠继续酰化。

3. 乙酰化物遇光易变红色,应避光保存。

【思考题】

1. 乙酰化反应为什么要先加醋酐后加醋酸钠溶液,次序不能颠倒?

2. 乙酰化反应终点怎样控制,根据是什么?

(五)对硝基 – α – 乙酰胺基 – β – 羟基苯丙酮的制备

在装有搅拌器、回流冷凝管、温度计的 250mL 三颈烧瓶中,投入乙酰化物及乙醇 15mL,甲醛 4.3mL,搅拌均匀后用少量 $NaHCO_3$ 饱和溶液调 pH = 7.2 ~ 7.5。搅拌下缓慢升温,大约 40min 达到 32 ~ 35℃,再继续升温至 36 ~ 37℃,直到反应完全。迅速冷却至 0℃,过滤,用 25mL 冰水分次洗涤,抽滤,干燥得对硝基 – α – 乙酰胺基 – β – 羟基苯丙酮(简称缩合物),熔点 166 ~ 167℃。

【注意事项】

1. 本反应碱性催化的 pH 值不宜太高,pH = 7.2 ~ 7.5 较适宜。pH 过低反应不易进行,pH 大于 7.8 时有可能与两分子甲醛形成双缩合物。

甲醛的用量对反应也有一定影响,如甲醛过量太多,亦有利于双缩合物的形成;用量过少,可导致一分子甲醛与两分子乙酰化物缩合。

$$O_2N\text{—}C_6H_4\text{—}COCH_2NHCOCH_3 + 2HCHO \longrightarrow O_2N\text{—}C_6H_4\text{—}COC(CH_2OH)_2NHCOCH_3$$

$$O_2N\text{—}C_6H_4\text{—}COCH_2NHCOCH_3 + HCHO \longrightarrow \begin{array}{l} O_2N\text{—}C_6H_4\text{—}COCHNHCOCH_3 \\ \qquad\qquad\qquad\quad | \\ \qquad\qquad\qquad\ CH_2 \\ \qquad\qquad\qquad\quad | \\ O_2N\text{—}C_6H_4\text{—}COCHNHCOCH_3 \end{array}$$

为了减少上述副反应，甲醛用量控制在过量40%左右（摩尔比约为1:1.4）为宜。

2. 反应温度过高也有双缩合物生成，甚至导致产物脱水形成烯烃。

3. 反应终点测定：用玻棒蘸取少许反应液于载玻片上，加水1滴稀释后置显微镜下观察，如仅有羟甲基化合物的方晶而找不到乙酰化物的针晶，即为反应终点（约需3h）。

【思考题】

1. 影响羟甲基化反应的因素有哪些？如何控制？

2. 羟甲基化反应为何选用 $NaHCO_3$ 作为碱催化剂？能否用NaOH，为什么？

3. 羟甲基化反应终点如何控制？

（六）异丙醇铝的制备

在装有搅拌器、回流冷凝管、温度计的三颈烧瓶中依次投入剪碎的铝片2.7g，无水异丙醇63mL和无水三氯化铝0.3g。在油浴上回流加热至铝片全部溶解，冷却到室温，备用。

【注意事项】

1. 所用仪器、试剂均应干燥无水。

2. 回流开始要密切注意反应情况，如反应太剧烈，需撤去油浴，必要时采取适当降温措施。

3. 如果无水异丙醇、无水三氯化铝质量好，铝片剪得较细，反应很快进行，约需1~2h即可完成。

（七）DL-苏阿糖型-1-对硝基苯基-2-氨基-1,3-丙二醇的制备

在上步制备异丙醇铝的三颈烧瓶中加入无水三氯化铝1.35g，加热到44~46℃，搅拌30min。降温到30℃，加入缩合物10g。然后缓慢加热，约30min内升温到58~60℃，继续反应4h。冷却到10℃以下，滴加浓盐酸70mL。滴毕，加热到70~75℃，水解2h（最后0.5h加入活性炭脱色），趁热过滤，滤液冷至5℃以下，放置1h。过滤析出的固体，用少量20%盐酸（预冷至5℃以下）8mL洗涤。然后将固体溶于12mL水中，加热到45℃，滴加15% NaOH溶液到pH=6.5~7.6。过滤，滤液再用15% NaOH调节到pH=8.4~9.3，冷却至5℃以下，放置1h。抽滤，用少量冰水洗涤，干燥，得DL-苏阿糖型-1-对硝基苯基-2-氨基-1,3-丙二醇（DL-氨基物），熔点143~145℃。

【注意事项】

1. 滴加浓盐酸时温度迅速上升，注意控制温度不超过50℃。滴加浓盐酸促使乙酰化物水解，脱乙酰基，生成DL-氨基物盐酸盐，反应液中盐酸浓度大致在20%以上，此时 $AL(OH)_3$ 形成了可溶性的 $AlCl_3-HCl$ 复合物，而DL-氨基物盐酸盐在50℃以下溶解度小，过滤除去铝盐。

2. 用20%盐酸洗涤的目的是除去附着在沉淀上的铝盐。

3. 用15% NaOH溶液调节反应液到pH=6.5~7.6，可以使残留的铝盐转变成 $Al(OH)_3$ 絮状沉淀过滤除去。

4. 还原后所得产物除DL-苏阿糖型异构体外，尚有少量DL-赤藓糖型异构体存在。

由于后者的碱性较前者强，且含量少，在 pH = 8.4 ~ 9.3 时，DL－苏阿糖型异构体游离析出，而 DL－赤藓糖型异构体仍留在母液中而分离。

【思考题】

1. 制备异丙醇铝的关键有哪些？

2. Meerwein-Ponndorf-Verley 还原反应中加入少量 $AlCl_3$ 有何用？

3. 试解释异丙醇铝－异丙醇还原 DL－对硝基－α－乙酰胺基－β－羟基苯丙酮主要生成 DL－苏阿糖型氨基物的理由。

4. 还原产物 1－对硝基苯基－2－乙酰氨基－1,3－丙二醇水解脱乙酰基，为什么用 HCl 而不用 NaOH 水解？水解后产物为什么用 20% 盐酸洗涤？

5. "氨基醇"盐酸盐碱化时为什么要二次碱化？

（八）D－(－)－1－对硝基苯基－α－氨基－1,3－丙二醇的制备

1. 拆分

在装有搅拌器、温度计的 250mL 三颈烧瓶中投入 DL－氨基物 5.3g，L－氨基物 2.1g，DL－氨基物盐酸盐 16.5g 和蒸馏水 78mL。搅拌，水浴加热，保持温度在 61 ~ 63℃ 反应约 20min，使固体全部溶解。然后缓慢自然冷却至 45℃，开始析出结晶。再在 70min 内缓慢冷却至 29 ~ 30℃，迅速抽滤，用热蒸馏水 3mL（70℃）洗涤，抽干，干燥，得微黄色结晶（粗 L－氨基物），熔点 157 ~ 159℃。滤液中再加入 DL－氨基物 4.2g，按上法重复操作，得粗 D－氨基物。

2. 精制

在 100mL 烧杯中加入 D－或 L－氨基物 4.5g，1mol/L 稀盐酸 25mL。加热到 30 ~ 35℃ 使溶解，加活性炭脱色，趁热过滤。滤液用 15% NaOH 溶液调至 pH = 9.3，析出结晶。再在 30 ~ 35℃ 保温 10min，抽滤，用蒸馏水洗至中性，抽干，干燥，得白色结晶，熔点 160 ~ 162℃。

3. 旋光测定

取本品 2.4g，精密称定，置 100mL 容器中加 1mol/L 盐酸（不需标定）至刻度，按照旋光度测定法测定，应为 (＋)/(－)1.36° ~ (＋)/(－)1.40°。

根据旋光度计算物质含量：

$$含量 = (100 \times \alpha)/(2 \times 2.4 \times 29.5) \times 100\%$$

式中 α——旋光度；

29.5——换算系数；

2——管长为 2dm；

2.4——样品的质量分数

【注意事项】

1. DL－氨基物盐酸盐的制备：在 250mL 烧杯中放置 DL－氨基物 30g，搅拌下加入 20% 盐酸 39mL（浓盐酸 22mL，水 17mL）。加毕，置水浴中加热至完全溶解，放置，自然冷却，当有固体析出时不断缓慢搅拌，以免结块。最后冷至 5℃，放置 1h，过滤，滤饼用 95% 乙醇洗涤，干燥，即得 DL－氨基物盐酸盐。

2. 固体必须全溶，否则结晶提前析出。

3. 严格控制降温速度，仔细观察初析点和全析点，正常情况下初析点为 45 ~ 47℃。

（九）氯霉素的制备

在装有搅拌器、回流冷凝器、温度计的100mL三颈烧瓶中，加入D－氨基物4.5g，甲醇10mL和二氯乙酸甲酯3mL。在60～65℃搅拌反应1h，随后加入活性炭0.2g，保温脱色3min，趁热过滤，向滤液中滴加蒸馏水（每分钟约1mL的速度滴加）至有少量结晶析出时停止加水，稍停片刻，继续加入剩余蒸馏水（共33mL）。冷至室温，放置30min，抽滤，滤饼用4mL蒸馏水洗涤，抽干，105℃干燥，即得氯霉素，熔点149.5～153℃。

【注意事项】

1. 反应必须在无水条件下进行，有水存在时，二氯乙酸甲酯水解成二氯乙酸，与氨基物成盐，影响反应的进行。

2. 二氯乙酰化除用二氯乙酸甲酯作为酰化剂外，二氯乙酸酐、二氯乙酸胺、二氯乙酰氯均可作酰化剂，但用二氯乙酸甲酯成本低，酰化收率高。

3. 二氯乙酸甲酯的质量直接影响产品的质量，如有一氯或三氯乙酸甲酯存在，同样能与氨基物发生酰化反应，形成的副产物带入产品，致使熔点偏低。

4. 二氯乙酸甲酯的用量略多于理论量，以弥补因少量水分水解的损失，保证反应完全。

【思考题】

1. 二氯乙酰化反应除用二氯乙酸甲酯外，还可用哪些试剂，生产上为何采用二氯乙酸甲酯？

2. 二氯乙酸甲酯的质量和用量对产物有何影响？

3. 试对我国生产氯霉素的合成路线和其他合成路线作一评价。

（十）结构确证

1. 红外吸收光谱法、标准物TLC对照法。

2. 核磁共振光谱法。

实验四十一　2,6－二氯－4－硝基苯胺的合成

【实验目的】

1. 掌握2,6－二氯－4－硝基苯胺的制备方法；

2. 掌握氯化反应的机理和氯化条件的选择；

3. 了解2,6－二氯－4－硝基苯胺的性质和用途。

【实验原理】

根据引入卤素的不同，卤化反应可分为氯化、溴化、碘化和氟化。因为氯代衍生物的制备成本低，所以氯代反应在精细化工生产中应用广泛；碘化应用较少；由于氟的活泼性过高，通常以间接方法制得氟代衍生物。

卤化剂包括卤素(氯、溴、碘)、盐酸和氧化剂(空气中的氧、次氯酸钠、氯化钠等)、金属和非金属的氯化物(三氯化铁、五氯化磷等)。硫酰二氯(SO_2Cl_2)是高活性氯化剂。也可用光气、卤酰胺(RSO_2NHCl)等作为卤化剂。

卤化反应有三种类型,即取代卤化、加成卤化、置换卤化。

由对硝基苯胺制备2,6-二氯-4-硝基苯胺有多种合成方法,直接氯气法、氯酸钠氯化法、硫酰二氯法、次氯酸法、过氧化氢法。

工业生产一般采用直接氯气法。其优点是原材料消耗低、氯吸收率高、产品收率高、盐酸可回收循环使用。

直接氯气法的反应式为:

$$\text{4-}NH_2C_6H_4NO_2 + 2Cl_2 \xrightarrow{HCl} \text{2,6-}Cl_2\text{-4-}NO_2C_6H_2NH_2 + 2HCl$$

氯酸钠氯化法是由对硝基苯胺氯化、中和而得,反应式为:

$$\text{4-}NH_2C_6H_4NO_2 \xrightarrow[HCl]{NaClO_3} \text{2,6-}Cl_2\text{-4-}NO_2C_6H_2NH_2$$

过氧化氢法是由对硝基苯胺在浓盐酸中与过氧化氢反应而得,反应式为:

$$\text{4-}NH_2C_6H_4NO_2 + 2H_2O_2 + 2HCl \longrightarrow \text{2,6-}Cl_2\text{-4-}NO_2C_6H_2NH_2 + 4H_2O$$

【实验步骤】

方法一:氯酸钠氯化法

在装有搅拌器、温度计和滴液漏斗(预先检查滴液漏斗是否严密,不能泄漏)的250mL四颈烧瓶中,加入5.5g(质量分数为100%)对硝基苯胺,再加入质量分数36%盐酸100mL,搅拌下升温至50℃左右,使物料全部溶解。然后,慢慢冷却至20℃左右,滴加预先配好的氯酸溶液(3g氯酸钠加水20mL),约在1~1.5h内加完,然后,在30℃下再反应1h。

用50mL水稀释上述反应物,倾入烧杯中,并用少量水冲洗四颈烧瓶,将物料全部转移到烧杯中,过滤。

滤液倒入废酸桶,滤饼以少量水打浆,并用水调整体积至100mL左右,用质量分数为10%的氢氧化钠中和至pH=7~8,再过滤,干燥。产品称重,计算收率。测熔点。

方法二:过氧化氢法

在装有搅拌器、温度计和滴液漏斗(预先检查滴液漏斗是否严密,不能泄漏)的250mL四颈烧瓶中,加入13.8g对硝基苯胺,再加入50mL水,搅拌下慢慢加入45mL浓盐酸,加热至40℃,于搅拌下1h内滴加23mL质量分数30%过氧化氢,滴加过程中温度控制在35~55℃,加完后,在40~50℃下继续反应1.5h。随着反应的进行,逐渐产生黄色沉淀。反应结束后,过滤,水洗,烘干,称重。

方法三：直接氯气法

向带有回流冷凝器和填充氢氧化钠的气体吸收柱的反应器中加入对硝基苯胺138g(1mol)和4.5mol/L的盐酸水溶液1L。悬浮液在搅拌下加热至105℃左右。在该温度下通氯气，约15min后出现沉淀。约2h后逐渐减少氯气量，至不再吸收氯为止(通入约2.2mol的氯气)。反应混合物冷却到70～80℃，过滤，水洗。干燥，称重，计算收率，测熔点。

【思考题】

1. 请简述本实验中三种方法的优缺点。
2. 请简述由对硝基苯胺制备2－氯－4－硝基苯胺合成方法，以及如何控制反应条件。

实验四十二　肉桂酸合成

肉桂酸是生产冠心病药物"心可安"的重要中间体。其酯类衍生物是配制香精和食品香料的重要原料。它在农用塑料和感光树脂等精细化工产品的生产中也有着广泛的应用。

【实验目的】

1. 通过肉桂酸的制备学习并掌握Perkin反应及其基本操作；
2. 掌握水蒸气蒸馏的原理、用处和操作；
3. 学习并掌握固体有机化合物的提纯方法：脱色、重结晶。

【实验原理】

本实验利用Perkin反应，将芳醛和一种羧酸酐混合后，在相应羧酸盐存在下加热，发生羟醛缩合反应，再脱水生成目标产物肉桂酸。本实验用碳酸钾代替乙酸钠，可以缩短反应时间。

$$C_6H_5CHO + (CH_3CO)_2O \xrightarrow[140-180℃]{K_2CO_3} C_6H_5CH{=}CHCOOH$$

【实验试剂】

苯甲醛、无碳酸钾、无水碳酸钠、乙酸酐、浓盐酸25mL、活性炭。主要试剂及产品的物理常数见表3－1。

表3－1　主要试剂及产品的物理常数(文献值)

名称	相对分子质量	性状	折光率	相对密度	熔点/℃	沸点/℃	溶解度(100g水)
苯甲醛	106.12	无色液体	1.5450	1.044	－26	178－179	
乙酸酐	102.08	无色液体	1.3900	1.082	－73	138－140	∞
肉桂酸	148.16	无色结晶		1.248	133－134	300	

【实验步骤】

在 250mL 三颈烧瓶中加入 4.1g 研细的无水碳酸钾，3.0mL 新蒸馏的苯甲醛，5.5mL 乙酸酐，振荡使其混合均匀。三颈烧瓶中间口接上空气冷凝管，侧口其一装上温度计，另一个用塞子塞上。用加热套低电压加热使其回流，反应液始终保持在 150～170℃，使反应进行 40min（回流）。

取下三颈烧瓶，向其中加入 50mL 水，10.0g 碳酸钠，摇动烧瓶使固体溶解。然后进行水蒸气蒸馏。用枝管烧瓶作为水蒸气发生器，用喷灯加热。注意不能用喷灯直接加热烧瓶，烧瓶必须放在石棉网上。要尽可能的使蒸汽产生速度快。水蒸气蒸馏蒸到蒸出液中无油珠为止。

卸下水蒸气蒸馏装置，向三口烧瓶中加入 1.0g 活性炭，加热沸腾 2～3min。然后进行热过滤。将滤液转移至干净的 200mL 烧杯中，慢慢的用浓盐酸进行酸化至明显的酸性（大约用 25mL 浓盐酸）。然后进行冷却至肉桂酸充分结晶，之后进行减压过滤。晶体用少量冷水洗涤。减压抽滤，要把水分彻底抽干，在 100℃ 下干燥，可得 2～2.5g 产品。

【注意事项】

1. 所用仪器必须是干燥的。因乙酐遇水能水解成乙酸，无水 CH_3COOK 遇水失去催化作用，影响反应进行（包括称取苯甲醛和乙酸酐的量筒）。

2. 放久了的醋酐易潮解吸水成乙酸，故在实验前必须将乙酐重新蒸馏，否则会影响收率。

3. 久置后的苯甲醛易自动氧化成苯甲酸，这不但影响产率而且苯甲酸混在产物中不易除净，影响产物的纯度，故苯甲醛使用前必须蒸馏。

4. 无水醋酸钾，必须是新配制的，它的吸水性很强，操作要快。它的干燥程度对反应能否进行和产量的提高都有明显的影响。

5. 加热回流，控制反应呈微沸状态，如果反应液激烈沸腾易使乙酸酐蒸出影响产率。

6. 在反应温度下长时间加热，肉桂酸脱成苯乙烯，进而生成苯乙烯低聚物。

7. 反应物必须趁热倒出，否则易凝成块状。热过滤时必须是真正热过滤，布式漏斗要事先在沸水中取出，动作要快。

8. 进行酸化时要慢慢加入浓盐酸，一定不要加入太快，以免产品冲出烧杯造成产品损失。中和时必须使溶液呈碱性，控制 pH = 8 较合适，不能用 NaOH 中和，否则会发生坎尼查罗反应。生成的苯甲酸难于分离出去，影响产物的质量。

9. 进行脱色操作时一定取下烧瓶，稍冷之后再加热活性炭。

10. 肉桂酸要结晶彻底，进行冷过滤；不能用太多水洗涤产品。

【思考题】

1. 进行水蒸气蒸馏时，蒸汽导入管的末端为什么要插入到接近于容器的底部？

2. 在水蒸气蒸馏过程中，经常要检查什么事项？若安全管中水位上升很高说明什么问题，如何处理才能解决呢？

第四章　日用化学品

实验四十三　洗洁精的配制

洗洁精是最早出现的液体洗涤剂,产量在液体洗涤剂中居第二位。洗洁精又叫餐具洗涤剂或果蔬洗涤剂。洗洁精是无色或淡黄色透明液体,主要用于清洗碗碟和水果蔬菜。特点是去油腻性好、简易卫生、使用方便,世界年总产量为20亿吨。

【实验目的】

1. 掌握洗洁精的配制方法;
2. 了解洗洁精各组分的性质及配方原理。

【实验原理】

设计洗洁精的配方组成时,应根据洗涤方式、污垢特点、被洗物特点,以及其他功能要求,具体可归纳为以下几条:

(1)基本原则

①对人体安全无害。

②能较好的洗净并除去动植物油垢,即使对粘附牢固的油垢也能迅速除去。

③清洗剂和清洗方式不损伤餐具、灶具及其他器具。

④用于洗涤蔬菜和水果时,应物残留物,也不影响其外观和原有风味。

⑤手洗产品发泡性良好。

⑥消毒洗涤剂应能有效地杀灭害菌,而不危害人的安全。

⑦产品长期储存稳定性好,不发霉变质。

(2)配方结构特点

①洗洁精应制成透明状液体,要设法调配成适当的浓度和黏度。

②设计配方时,一定要充分考虑表面活性剂的配伍效应,以及各种助剂的作用。如阴离子表面活性剂烷基聚氧乙烯醚硫酸酯盐与非离子表面活性剂烷基聚氧乙烯醚复配后,产品的泡沫性和去污力均好。配方中加入乙二醇单丁醚,则有助于去除油污。加入月桂酸二乙醇酰胺可以增泡和稳泡,可减轻对皮肤的刺激,并可增加介质的黏度。羊毛脂类衍生物可滋润皮肤。调整产品黏度主要使用无机电解质。

③洗洁精一般都是高碱性,主要为提高去污力和节省活性物,并降低成本。但pH值不能大于10.5。

④高档的餐具洗涤剂要加入釉面保护剂,如醋酸铝、甲酸铝、磷酸铝酸盐、硼酸酐及其混合物。

⑤加入少量香精和防腐剂。

(3)主要原料

洗洁精都是以表面活性剂为主要活性物配制而成的。手工洗涤用的洗洁精主要使用烷基苯磺酸钠盐和烷基聚氧乙烯醚硫酸盐,其活性物含量大约为10% ~15%。

【仪器试剂】

仪器:电炉、水浴锅、电动搅拌器、温度计、烧杯、量筒、托盘天平、滴管、玻璃棒。

试剂:十二烷基苯磺酸钠、脂肪醇聚氧乙烯醚硫酸钠、椰子油酸二乙醇酰胺、壬基酚聚氧乙烯醚、乙醇、甲醛、乙二胺四乙酸、三乙醇胺、香精、pH试纸、苯甲酸钠、氯化钠、硫酸。

【实验步骤】

1. 配方

配方见表4-1。

2. 操作步骤

(1)将水浴锅中加入水并加热,烧杯中加入去离子水加热至50℃左右。

(2)加入AES并不断搅拌至全部溶解,此时水温要控制在50~55℃。

(3)保持温度50~55℃,在不断连续搅拌下加入其他表面活性剂,搅拌至全部溶解为止。

(4)降温至35℃以下加入香精、防腐剂、螯合剂、增溶剂,搅拌均匀。

(5)测溶液的pH值,用硫酸调节pH至9~10。

(6)加入食盐调节到所需粘度。调节之前应把产品冷却到室温或测粘度时的标准温度。调节后即为成品。

表4-1 洗洁精配方 (质量分数) %

名称	配方Ⅰ	配方Ⅱ	配方Ⅲ	配方Ⅳ
ABS-Na(30%)		16.0	12.0	16.0
AES(70%)	16.0		5.0	14.0
尼诺尔(70%)	3.0	7.0	6.0	
OP-10(70%)		8.0	8.0	2.0
EDTA	0.1	0.1	0.1	0.1
乙醇		6.0	0.2	
甲醛			0.2	
三乙醇胺				4.0
二甲基月桂基氧化胺	3.0			
二甲苯磺酸钠	5.0			
苯甲酸钠	0.5	0.5		0.5
氯化钠	1.0			1.5
香精、硫酸	适量	适量	适量	适量
去离子水	加至100	加至100	加至100	加至100

【注意事项】

1. AES 应慢慢加入水中。
2. AES 在高温下极易水解,因此溶解温度不可超过 55℃。

【思考题】

1. 洗洁精配方的配方原则是什么?
2. 洗洁精的 pH 值应控制在什么范围?为什么?

实验四十四 液体洗衣剂的配制

【实验目的】

1. 掌握配制通用液体洗衣剂的工艺;
2. 了解各组分的作用和配方原理。

【实验原理】

1. 主要性质和分类

液体洗洗涤剂是仅次于粉状洗涤剂的第二大类洗涤制品。通常为无色的或淡蓝色均匀的黏稠液体,易溶于水。液体洗涤剂具有诸多显著的优点,由固态洗涤剂向液体洗衣剂发展是一种必然趋势。最早出现的液体洗衣剂是不加助剂的或很少助剂的中性洗衣剂,属于轻垢型,这类液体洗衣剂的配方技术比较简单。而后出现的重垢液体洗衣剂,虽有不加助剂的,但更多的是添加洗涤助剂的。重垢型液体洗衣剂中的表面活性物含量比较高,添加的助剂种类也比较多,配方技术比较复杂。

液体洗衣剂除了上述两种外,还有无水的织物干洗剂,专门用于洗涤毛呢、丝绸、化纤等高档衣物。另外还有预去斑剂,用于衣物局部(如领口、袖口)的重垢洗涤。再有织物漂白剂、柔软整理剂、消毒洗衣剂等。

2. 配置原理

设计这种洗衣剂配方时首先考虑的是洗涤性能,即要有强的去垢力,还不得损伤衣物。其次要考虑的经济性,即要工艺简单、配方合理。再次要考虑的是产品的适用性,即既要适合我国的国情和人们的洗涤习惯,还要考虑配方的先进性等。总之要通过合理的配方设计,使制得的产品性能优良而成本低廉,且有广阔的市场。

液体洗衣剂的配方主要由以下几部分组成:

(1)表面活性剂

液体洗衣剂中使用最多的是烷基苯磺酸钠,但国外已基本实现了液体洗衣剂原料向醇系表面活性剂转向。以脂肪醇为起始原料的各种表面活性剂广泛用于衣用液体洗涤剂中,包括:脂肪醇聚氧乙烯醚、脂肪醇硫酸酯盐、脂肪醇聚氧乙烯醚硫酸盐等。在阴离子表面活性剂中 α-烯基磺酸盐被认为是最有前途的活性物。高级脂肪酸盐已是公认的液体洗衣剂原料。在非离子表面活性剂中,烷基醇酰胺也是重要的一种。

(2)洗涤助剂

液体洗衣剂常用的助剂主要有:①螯合剂。最常用的、性能最好的是三聚磷酸钠,但它的加入会使洗衣剂变浑浊,并会污染水体,近年来逐步被淘汰。乙二胺四乙酸二钠对金属离子的螯合能力最强,而且可使溶液的透明度提高,但价格较高。②增稠剂。常用的有机增稠剂为天然树脂和合成树脂、聚乙二醇酯等。无机增稠剂用氯化钠或氯化铵。③助溶剂。常用的增溶剂或助溶剂除烷基苯磺酸钠外还有低分子醇或尿素。④溶剂。常用的溶剂是软化水或去离子水。⑤柔软剂。常用的柔软剂主要实验离子型和两性离子型(在一般洗衣剂中不用)。⑥消毒剂。目前大量使用的仍是含氯消毒剂,如次氯酸钠、次氯酸钙、氯化磷酸三钠、氯胺T、二氯异氰尿酸钠等(一般洗衣剂中不用)。⑦漂白剂。常用的漂白剂有过氧化盐类,如过硼酸钠、过碳酸钠、过碳酸钾、过焦酸钠等(一般洗衣剂中不用)。⑧酶制剂。常用的有淀粉酶、蛋白酶、脂肪酶等。酶制剂的加入可提高产品的去污力。⑨抗污垢再沉降剂。常用的有羧甲基纤维素钠、硅酸钠等。⑩碱剂。常用的有纯碱、小苏打、乙醇胺、氨水、硅酸钠、磷酸三钠等。

上述各种表面活性剂和洗涤助剂可以根据它们的性能和配制产品的要求选取不同的数量进行复配。

本实验设计了几个通用液体洗衣剂的配方(表4-2),可根据实验原材料和仪器情况,选做其中一个或两个。

【仪器试剂】

仪器:电炉、水浴锅、电动搅拌器、烧杯、量筒、滴管、托盘天平、温度计。

试剂:十二烷基苯磺酸钠[ABS-Na(30%)]、椰子油酸而乙醇酰胺[尼诺尔、FFA(70%)]、壬基酚聚氧乙烯醚[OP-10(70%)]、食盐、纯碱、水玻璃[Na_2SiO_3(40%)]、五钠(STPP)、香精、色素、pH试纸、脂肪醇聚氧乙烯醚硫酸钠[AES(70%)]、硫酸(10%)。

【实验步骤】

1. 按配方将蒸馏水加入250mL烧杯中,再将烧杯放入水浴锅中,加热使水温升到60℃,慢慢加入AES,并不断搅拌,至全部溶解为止。搅拌时间约为20min,在溶解过程中,水温控制在60~65℃。

2. 在连续搅拌下依次加入ABS-Na、OP-10、尼诺尔等表面活性剂,一直搅拌至全部溶解为止,搅拌时间约为20min,保持温度在60~65℃。

3. 在不断搅拌下将纯碱、二甲基苯磺酸钾、荧光增白剂、STPP、CMC等依次加入,并使其溶解,保持温度在60~65℃。

4. 停止加热,待温度降至40℃以下时,加入色素、香精等,搅拌均匀。

5. 测溶液的pH,并用磷酸调节反应液的pH≤10.5。

6. 降至室温,加入食盐调节黏度,使其达到规定黏度。本实验不控制黏度指标。

表4-2　液体洗衣剂配方(质量分数) %

成分配方	A	B	C	D
ABS-Na(30%)	20.0	30.0	30.0	10.0
OP-10(70%)	8.0	5.0	3.0	3.0
尼诺尔(70%)	5.0	5.0	4.0	4.0

续表

成分配方	A	B	C	D
AES(70%)			3.0	3.0
二甲苯磺酸钾			2.0	
BS-12				2.0
荧光增白剂			0.1	0.1
Na_2CO_3	1.0		1.0	
Na_2ASi_3(30%)	2.0	2.0	1.5	
STPP		2.0		
NaCl	1.5	1.5	1.0	2.0
色素	适量	适量	适量	适量
香精	适量	适量	适量	适量
CMC(5%)				5.0
去离子水	加至100	加至100	加至100	加至100

【注意事项】

1. 按次序加料,必须使前一种物料溶解后再加后一种。

2. 注意非离子表面活性剂的溶解温度;添加香精时的温度必须 <40℃,防止挥发和变质。

【思考题】

1. 通用液体洗衣剂有哪些优良的性能?

2. 通用液体洗衣剂配方设计的原则有哪些?

3. 通用液体洗衣剂的 pH 值是怎样控制的? 为什么?

实验四十五 洗发香波的配制

【实验目的】

1. 掌握配制洗发香波的工艺;

2. 了解洗发香波中各组分的作用和配方原理。

【实验原理】

1. 主要性质和分类

洗发香波是洗发用发化妆洗涤用品,是一种以表面活性剂为主要加香产品。它不但有很好的洗涤作用,而且有良好的化妆效果。在洗发过程中不但去油垢、去头屑,不损伤头发、不刺激头皮、不脱脂,而且洗后头发光亮、美观、柔软、易梳理。

洗发香波在液体洗涤剂中产量居第三位。其种类很多,所以其配方和配制工艺也是多种多样的。可按洗发香波的形态、特殊成分、性质和用途来分类。

按香波的主要成分表面活性剂的种类,可将洗发香波分成阴离子型、阳离子型、非离子型和两性离子型。

按不同性质可将洗发香波分为通用型、干性头发用、油性头发用和中性洗发香波等产品。

按液体形态可分为透明洗发香波、乳状洗发香波、胶状洗发香波。

按产品的附加功能,可制成各种功能性产品,如去头屑香波、止痒香波、调理香波、消毒香波等。

在香波中添加特种原料,改变产品的性状和外观,可制成蛋白质香波、菠萝香波、草莓香波、黄瓜香波、柔性香波、珠光香波等。

还有具有多种功能的洗发香波,如兼有洗发护发作用的"二合一"香波,兼有洗发去屑止痒功能的"三合一"香波。

2. 配制原理

现代的洗发香波已突破了单纯的洗发功能,成为洗发、护发、洁发美发等化妆型的多功能产品。

在对产品进行配方设计时要遵循以下原则:①具有适当的洗净力和柔和的脱脂作用;②能形成丰富而持久的泡沫;③具有良好的梳理性;④洗后的头发具有光泽、潮湿感和柔顺性;⑤洗发香波对头发、头皮和眼睑要有高度的安全性;⑥易洗涤、耐硬水,在常温下洗发效果应最好;⑦用洗发香波洗发,不应给烫发和染发操作带来不利影响。

在配方设计时,除应遵循以上原则外,还应注意选择表面活性剂,并考虑其配伍性良好。主要原料要求:①能增进去污力和促进泡沫稳定性,②改善头发梳理性的辅助表面活性剂,其中包括阴离子、非离子、两性离子型表面活性剂。③赋予香波特殊效果的各种添加剂,如去头屑药物、固色剂、稀释剂、螯合剂、增溶剂、营养剂、防腐剂、染料和香精等。

3. 主要原料

洗发香波主要有表面活性剂和一些添加剂组成。表面活性剂分主要表面活性剂和辅助表面活性剂两类。主剂要求泡沫丰富,易扩散、易洗涤,去垢性强,并具有一定的调理作用。辅剂要求具有增强稳定泡沫作用,洗后头发易梳理、易定型、光亮、快干,并有抗静电等功能,与主剂具有良好的配伍性。

常用的主表面活性剂有阴离子型的烷基醚硫酸盐、非离子型的烷基醇基酰胺(如椰子油酸二乙醇酰胺等)。常用的辅助表面活性剂有阴离子型的油酰氨基酸钠(雷米邦)、非离子型的聚氧乙烯山梨酸醇酐单脂(吐温)、两性离子型的十二烷基二甲基甜菜碱等。

香波的添加剂主要有增稠剂烷基醇酰胺、聚乙二醇硬脂酸酯、羧甲基纤维素钠、氯化纳等;遮光剂或珠光剂硬脂酸乙二醇酯、十八醇、十六醇、硅酸铝镁等;香精多为水果香型、花香型和草香型;螯合剂最常用的是乙二胺四乙酸钠(EDTA);常用的去头屑止痒剂有硫、硫化硒、吡啶硫铜锌等;滋润剂和营养剂有液体石蜡、甘油、羊毛脂衍生物、硅酮等;还有胱氨酸、蛋白酸、水解蛋白和维生素等。

【仪器试剂】

仪器:电炉、水浴锅、电动搅拌器、温度计(0℃~100℃)、烧杯(100mL、250mL)、量筒(10mL、100mL)、托盘天平、玻璃棒、滴管。

仪器:脂肪醇聚氧乙烯醚硫酸钠(AES)、脂肪醇二乙醇酰胺(尼诺尔)、硬脂酸乙二醇酯、十二烷基苯磺酸钠(ASBS－Na)、十二烷基二甲基甜菜碱(BS－12)、羊毛酯衍生物、柠檬酸、氯化钠、香精、色素。

【实验步骤】

1. 配方

配方见表4-3。

表4-3　洗发香波的参考配方(质量分数)　%

名称	活性物含量%	配方1	配方2	配方3	配方4
脂肪醇聚氧乙烯醚硫酸钠(AES)	70	8.0	15.0	9.0	4.0
脂肪酸二乙醇酰胺(6501、尼诺尔)	70	4.0		4.0	4.0
十二烷基二甲基甜菜碱(BS－12)	30	6.0		12.0	
十二烷基苯磺酸钠(ABS－Na)	30				15.0
硬脂酸乙二醇酯				2.5	
聚氧乙烯山梨酸醇酐单脂(吐温)	50		90		
柠檬酸		适量	适量	适量	适量
苯甲酸钠		1.0	1.0		
NaCl		1.5	1.5		
色素		适量	适量	适量	适量
香精		适量	适量	适量	适量
去离子水		余量	余量	余量	余量
		调理香波	透明香波	珠光调理香波	透明香波

2. 操作步骤

(1)将去离子水称量后加入250mL烧杯中,将烧杯放入水浴锅中加热至60℃。

(2)加入AES并不断搅拌至全部溶解,控制在60～65℃。

(3)保持水温60～65℃,在连续搅拌下加入其他表面活性剂至全部溶解,再加入羊毛脂、珠光剂或其他助剂,缓解搅拌使其溶解。

(4)降温至40℃以下加入香精、防腐剂、染料、螯合剂等,搅拌均匀。

(5)测pH值,用柠檬酸调节至5.5～7.0。

(6)接近室温时加入食盐调节到所需黏度,并用黏度计测定香波黏度。

【注意事项】

1. 用柠檬酸调节pH值时,柠檬酸需配成50%的溶液。

2. 用食盐增稠时,食盐需配成20%的溶液。食盐的加入量不得超过3%。

3. 加硬脂酸乙二醇酯时,温度控制在60～65℃,且慢速搅拌,缓慢冷却。否则体系则无珠光。

【思考题】

1. 洗发香波配方的原则有哪些?

2. 洗发香波配制的主要原料有哪些?为什么必须控制香波的pH值?

3. 可否用冷水配制洗发香波?如何配制?

【附】洗发香波常用配方

1. 透明液体香波

透明液体香波是最流行的一类香波，一般黏度较低，选择组分时，必须考虑在低温下仍能保持清澈透明。

配方1：

33%三乙醇胺月桂酸基硫酸盐	45%
椰子单乙醇酰胺	2%
香精、色素、防腐剂	适量
蒸馏水	加到100%

配方2：

月桂酸氨基丙酸	10%
33%三乙醇胺月桂酸基硫酸盐	25%
椰子二乙醇酰胺	2.5%
乳酸	调pH至4.5~5.0
香精、色素、防腐剂	适量
蒸馏水	加到100%

2. 液露香波

液露香波也称为液体乳状香波，它与透明液体香波的主要区别是组成中含有一定量的不透明组分。如脂肪酸金属盐或乙二醇酯等。

配方3：

月桂酸硫酸钠	25%
聚乙二醇(400)二硬脂酸酯	5%
硬脂酸镁	2%
脂肪酸烷醇酰胺、香精	适量
蒸馏水	加到100%

3. 儿童香波

儿童香波应采用极温和的表面活性剂，使其具有温和的除油去污作用，不刺激皮肤和眼睛。

配方4：

30% 3-椰子酰胺基丙基二甲基甜菜碱	17.1%
65 三癸醚硫酸盐4,4EtO	8.3%
聚氧乙烯(100)山梨糖醇单月桂酸酯	7.5%
色素、防腐剂	适量
蒸馏水	加到100%

4. 膏状香波及胶凝香波

常使用高浓度月桂酸基硫酸钠膏或其他在室温下难溶解，而高于室温又能溶解的表面活性剂。为增加稠度，需加少量硬脂酸钠或皂类。

配方5：

月桂基硫酸钠	20%
椰子单乙醇酰胺	1%
单丙二醇硬脂酸酯	2%

硬脂酸	5%
苛性钠	0.75%
香精、色素、防腐剂	适量
蒸馏水	加到100%

配方6：

浓 MironolC2M	15%
40%三乙醇月桂基硫酸盐	25%
椰子二乙醇酰胺	10%
羟丙基甲基纤维素	1%
香精、防腐剂等	适量
蒸馏水	加到100%

5. 抗头屑和药物香波

上述各类香波均可以添加适当的药物，制成具有一定功效的药物香波。

配方7：

三乙醇胺月桂基硫酸盐	15%
月桂酸二乙醇酰胺	3%
抗菌剂	0.5% ~10%
色素、香精	适量
蒸馏水	加到100%

实验四十六　润肤膏霜的配制

【实验目的】

1. 了解润肤膏霜的配制原理和各组分的作用；
2. 掌握润肤膏霜的配制方法。

【实验原理】

1. 主要性质

雪花膏是白色膏状类化妆品。乳化体是指一种液体以极细小的液滴分散于另一种互不相溶的液体中所形成的多相分散体系。雪花膏涂在皮肤上，遇热容易消失，像雪花一样，因此又被称为雪花膏。

2. 配制原理和护肤机理

雪花膏通常是以硬脂酸皂为乳化剂的水包油型乳化体系。水相中含有多元醇等水溶性物质，油相中含有脂肪酸、长链脂肪醇、多元醇脂肪酸酯等非水溶性物质。当雪花膏被涂于皮肤上，水分挥发后，吸水性的多元醇与油性组分共同形成一个控制表皮水分过快蒸发的保护膜，它隔离了皮肤与空气的接触，避免皮肤在干燥环境中由于表皮水分过快蒸发导致的皮肤干裂。也可以在配方中加入一些可被皮肤吸收的营养性物质。

多年来，雪花膏的基础配方变化不大，它包括硬脂酸皂(3.0% ~7.5%)、硬脂酸(10% ~

20%）、多元醇（5% ~20%）、水（60% ~80%）。配方中，一般控制碱的加入量，使皂的比例占全部脂肪酸的15% ~25%。

《润肤膏霜》（QB/T 1857—2013）规定，润肤膏霜的感官、理化、卫生指标要求如表4-4所示。

表4-4　感官、理化、卫生指标

<table>
<tr><th colspan="2" rowspan="2">指标名称</th><th colspan="2">指标要求</th></tr>
<tr><th>水包油型（o/w）</th><th>油包水型（w/o）</th></tr>
<tr><td rowspan="2">感官</td><td>外观</td><td colspan="2">膏体应细腻，均匀一致（添加不溶性颗粒或不溶粉末的产品除外）</td></tr>
<tr><td>香气</td><td colspan="2">符合规定香型</td></tr>
<tr><td rowspan="3">理化</td><td>pH（25℃）</td><td>4.0~8.5（pH不在上述范围内的产品按企业标准执行）</td><td>—</td></tr>
<tr><td>耐热</td><td>（40±1）℃保持24h，恢复室温后应无油水分离现象</td><td>（40±1）℃保持24h，恢复室温后渗油率不应大于3%</td></tr>
<tr><td>耐寒</td><td colspan="2">（-8±2）℃保持24h，恢复室温后与试验前无明显性状差异</td></tr>
<tr><td rowspan="8">卫生</td><td>菌落总数/（CFU/g）</td><td colspan="2" rowspan="8">符合《化妆品卫生规范》的规定</td></tr>
<tr><td>霉菌和酵母菌总数/（CFU/g）</td></tr>
<tr><td>粪大肠菌群/g</td></tr>
<tr><td>金黄色葡萄球菌/g</td></tr>
<tr><td>铜绿假单胞菌/g</td></tr>
<tr><td>铅/（mg/kg）</td></tr>
<tr><td>汞/（mg/kg）</td></tr>
<tr><td>砷/（mg/kg）</td></tr>
</table>

3.制造雪花膏的基本原料

（1）硬脂酸

硬脂酸是制造雪花膏的主要原料，其一部分与碱中和生成肥皂，做为乳化剂，其余大部分与水、保湿剂在上述肥皂作用下形成乳化的膏体。

（2）保湿剂

常用的保湿剂有甘油、丙二醇、山梨醇、聚乙二醇、霍霍巴蜡等。目前甘油应用较广，一般应是无色、无气味的纯度在98%以上的为宜，用量为硬脂酸的1.2~1.5倍。保湿剂可防止膏体干缩并增加膏体抗冻能力，且有使皮肤柔软不干裂等效应。

（3）单硬脂酸甘油酯

单硬脂酸甘油酯的主要成份 $C_3H_5(OH)_2(C_{17}H_{35}COO)$，是白或浅黄的蜡状物，具有良好地乳化作用，使膏体洁白细腻、润滑、稳定、光泽等性能。

（4）碱类

碱类能使一部分硬脂酸（约20%）中和为硬脂酸盐作为乳化剂。常用有碱类是纯氢氧化钾，若用氢氧化钠则使膏体发硬；用碳酸钠则出二氧化碳而起泡；用硼砂则膏体银白却易出颗粒。

（5）水和香精

水占膏体的60% ~80%，应选用蒸馏水。香精使膏体有愉快香味且有防腐作用。

制雪花膏时主要的化学反应仅是：

$$C_{17}H_{35}COOH + KOH \longrightarrow C_{17}H_{35}COOK + H_2O$$

皂化反应是碱(通常为强碱)催化下的酯被水解,而生产出醇和羧酸盐,尤指油脂的水解。狭义的讲,皂化反应仅限于油脂与氢氧化钠或氢氧化钾混合,得到高级脂肪酸的钠/钾盐和甘油的反应。这个反应是制造肥皂流程中的一步,因此而得名。它的化学反应机制于1823 年被法国科学家 EugèneChevreul 发现。

【仪器试剂】

仪器:烧杯、量筒、玻璃棒、温度计、托盘天平、水浴锅。

试剂:硬脂酸[别名十八烷酸、十八酸、十八碳烷酸、司的令,呈白色或微黄色颗粒或块,为45%硬脂酸与55%软脂酸的混合物,工业品分一级(旧称三压,经过三次压榨)、二级(旧称二压,经过二次压榨)、三级(旧称一压,经过一次压榨或不经过压榨)]、单硬脂酸甘油酯(单甘油酯,白色蜡状薄片或珠粒固体,不溶于水,与热水经强烈振荡混合可分散于水中,为油包水型乳化剂)、18#白油(通常是指白色矿物油,食品的被模剂,化妆品基础油)、十六醇、氢氧化钾、香精、防腐剂、精密 pH 试纸。

【实验步骤】

1. 配方及作用

润肤膏霜的配方及各组分的作用如表 4-5、表 4-6 所示。

表 4-5 润肤膏霜的配方

原料 \ 配方	A	B	C	D	E	F
三压硬脂酸	14.0	15.0	10.0	10.0	12.0	10.0
单硬脂酸甘油酯	1.0	1.0	1.5	1.5	1.0	2.0
十六醇	1.0	1.0	3.2	2.0	3.0	—
十八醇	—	—	—	—	—	4.0
硬脂酸丁酯	—	—	—	—	—	8.0
丙二醇	—	10.0	—	—	10.0	10.0
18 号白油	2.0	—	—	—	—	—
甘油	8.0	—	10.0	10.0	5.0	—
氢氧化钾	0.5	0.5	0.5	0.5	0.6	0.2
氢氧化钠	—	0.5	—	—	—	—
钛白粉	—	—	—	2.0	—	—
羊毛醇	—	—	—	—	2.0	—
香精	0.5~1	0.5~1	0.5~1	0.5~1	0.5~1	1.0
防腐剂	适量	适量	适量	适量	适量	适量
精制水	73.5	72.5	75	74	64.4	64.8

表 4-6 润肤膏霜各组分的作用

原料	加入量(质量分数)/%	原料	加入量(质量分数)/%
硬脂酸	10.0 主要成分	氢氧化钾	0.5g 提高黏度
单硬脂酸甘油酯	1.5 助乳化剂	尼泊金酯	适量(防腐剂)
十六醇	3.0 滋润	香精	适量　2 滴
甘油	10.0 保湿剂	精制水	75%　75mL

2. 配制方法

按配方中的量分别称量硬脂酸 10g、单硬脂酸甘油酯 1.5g、甘油 10g、十六醇 3g，将称量好的原料加入 250mL 烧杯中（油相），碱 KOH0.5g 和水 75mL 加入另一 250mL 烧杯中（水相）。分别加热至 90℃，使物料熔化、溶解均匀。装水的烧杯在 90℃下保持 20min 灭菌。然后在剧烈搅拌下将水相慢慢加入到油相中，继续搅拌 40min 进行皂化反应，当温度降至 50℃以下，加入防腐剂。降温至 40℃以下，加入香精，搅拌均匀。静置、冷却至室温。调整膏体的 pH，使其在要求的范围内。

制得的雪花膏应是颜色雪白、分散颗粒细腻均匀、稠度适中的膏状物。在皮肤上轻力涂抹容易均匀展开，敷用后不刺激皮肤，久置后不出现渗水、干缩、变色、霉变、发胀等现象。

【注意事项】

1. 加入少量 KOH 有助于增大膏体黏度，也可以不加。

2. 降温至 55℃以下，继续搅拌使油相分散更细，加速皂与硬脂酸结合形成结晶，出现珠光现象。

3. 降温过程中，黏度逐渐增大，搅拌带入膏体的气泡不易逸出，因此，黏度较大时，不易过分搅拌。

4. 使用工业一级硬脂酸，可使产品的色泽及储存稳定性提高。

【思考题】

1. 配方中各组分的作用是什么？

2. 配方中硬脂酸的皂化百分率是多少？

3. 配制雪花膏时，为什么必须两个烧杯中药品分别配制后再混合到一起？

实验四十七　沐浴露的配制

沐浴用品是用于清洁皮肤，并具有一定护肤作用的化妆品，目前比较流行的沐浴用品主要有泡沫浴用沐浴液和淋浴用沐浴液。

淋浴浴剂亦称沐浴露，是由多种表面活性剂为体成分配而成的液态洁身护肤品，浴液与液体香波有许多相似之处，外观为黏稠状液体。对皮肤头发均有洗净去污能力，浴液中常添加对皮肤有滋润、保温和清凉止痒作用的成分。是近年发展较快的浴用制品，具有使用方便、卫生和多功能等特点。随着市场需求的发展，配方和产品种类不断更新。面对市场的激烈竞争，沐浴液正朝着温和、易清洗、泡沫丰富、肤感好、香气宜人等方向发展。

【沐浴露组成】

浴液的主要组分有表面活性剂、保湿剂、调理剂和营养添加剂等；辅助成分常添加珠光剂、防腐剂、香精和色素等。

1. 表面活性剂

主要表面活性剂是阴离子表面活性剂，起起泡和清洁作用，如 AES、AESA、K_{12}、$K_{12}A$、

AOS、MAPK、皂基等。辅助表面活性剂是两性离子表面活性剂和非离子表面活性剂，起增泡、稳泡和增稠作用，如CAB、CHS、6501、氧化胺等。

2. pH值调节剂

表面活性剂型沐浴液的pH值范围为5.5～7，此pH值与人体皮肤pH值一致，而且在此pH值甜菜碱和防腐剂可发挥最佳功效，可用pH值调节剂（如柠檬酸等）调节pH值。但皂基型沐浴液的pH较高，需pH＝8.5以上才能使皂基型沐浴液稳定。

3. 黏度调节剂

黏度调节剂有如下两类：

(1)水溶性聚合物，如双硬脂酸乙二醇酯、Carbopol、纤维素。

(2)有机增稠剂，如烷醇酰胺、甜菜碱型两性表面活性剂、氧化胺等。

4. 无机盐

如氯化钠、氯化铵和硫酸钠等对含有AES盐的体系有很好增稠效果。

5. 其他

为了避免表面活性剂的过分脱脂造成皮肤干燥，除了应加入温和型的表面活性剂之外，还应当加入一定的润肤剂，有的沐浴液中还加入天然提取物、杀菌剂、抗氧剂等制成调理型沐浴液。

【实验步骤】

1. 实验配方（表4-7）。

表4-7　沐浴露配方

原料	质量分数/%	原料	质量分数/%
AES(70%)	11	硼酸	0.1
K_{12}(70%)十二烷基硫酸钠	3	EDTA	0.1
6501 椰子油脂肪酸二乙醇酰胺	4	柠檬酸	0.08
CAB-35 椰油酰胺丙基甜菜碱	6	珠光浆	3.5
氯化钠	1	香精、防腐剂	适量
丙二醇	2	去离子水	70

2. 制备方法

在250mL的烧杯中加入计量的去离子水，再加热至60℃，加入AES和K_{12}用玻璃棒搅拌至透明溶液，搅拌过程保证温度在60～65℃，加入氯化钠、硼酸和EDTA，搅拌至完全溶解（溶液透明），加入CAB-35和丙二醇，搅拌5min至均匀混合，降温至40℃以下，加入香精和珠光剂，搅拌20min至均匀混合，加入6501，搅拌10min至均匀混合，出料，用塑料瓶密封包装，室温自然消泡24h以上。

【思考题】

1. 试说明配方中各组分的功能？
2. 为什么珠光剂要在50℃以下加入？

第五章　胶黏剂及涂料

实验四十八　标签胶的制备和贴标试验

【实验目的】

1. 掌握聚乙烯醇缩甲醛胶黏剂制备的原理及方法；
2. 掌握回流、搅拌的操作；
3. 了解贴标工艺流程及对标签胶性能的要求。

【实验原理】

第一阶段缩醛反应是聚乙烯醇与甲醛在酸催化作用下反应，得到聚乙烯醇缩甲醛，其反应式为：

$$-CH_2-\underset{\displaystyle OH}{\underset{|}{CH}}-CH_2-\underset{\displaystyle OH}{\underset{|}{CH}}\ + HCHO \xrightarrow{\text{酸}} -CH_2-\underset{\displaystyle OCH_2OH}{\underset{|}{CH}}-CH_2-\underset{\displaystyle OH}{\underset{|}{CH}}-$$

$$\begin{array}{c}NH_2\\|\\C{=}O\\|\\NH_2\end{array} + CH_2O \rightleftharpoons \begin{array}{c}NH_2\\|\\C{=}O\\|\\NHCH_2OH\end{array}\quad \begin{array}{c}\text{半缩醛}\\(\text{一羟甲基脲})\end{array}$$

$$\longrightarrow \begin{array}{c}CH_2-CH-CH_2-CH-\\ \quad\ \ \backslash\qquad\quad\ \ \backslash\\ \qquad O\qquad\quad O\\ \qquad\quad \backslash\ \ \ /\\ \qquad\quad CH_2\end{array} + \begin{array}{c}-CH_2-CH-CH_2-CH-\\ |\qquad\qquad |\\ O\qquad\qquad OH\\ |\\ CH_2\\ |\\ O\\ |\\ CH_2-CH-CH_2-CH-\\ \qquad\qquad\qquad |\\ \qquad\qquad\qquad OH\end{array}$$

分子内缩醛　　　　分子间（或链段间）缩醛

第二阶段为尿素改性反应，在酸性环境中，尿素与未反应的甲醛发生反应生成一羟甲基脲和二羟甲基脲，其反应式为：

$$-CH_2-\underset{\displaystyle O-CH_2-O}{CH-CH_2-CH}-CH_2-\underset{\displaystyle OH}{CH}-CH_2-\underset{\displaystyle OH}{CH}-CH_2- + \;C{=}O\,(NH_2)(NHCH_2OH) \longrightarrow$$

$$-CH_2-\underset{\displaystyle O-CH_2-O}{CH-CH_2-CH}-CH_2-\underset{\displaystyle NH-\underset{\displaystyle \overset{\|}{O}}{C}-NCH_2OH}{CH-CH_2-CH}-CH_2- + 2H_2O$$

$$C{=}O\,(NH_2)_2 + CH_2O \rightleftharpoons C{=}O\,(NHCH_2OH)_2 \quad \text{(二羟甲基脲)}$$

由于羟甲基脲分子中存在活泼的羟甲基，它还可以进一步与聚乙烯醇缩甲醛分子中的羟基缩合，生成聚乙烯醇缩脲甲醛。

【仪器试剂】

仪器：数显恒温水浴锅 HH－2 型、JJ－1 型定时电动搅拌器、NDJ－79 型旋转式粘度计、GZX～DH 型电热恒温干燥箱、四颈烧瓶。

试剂：见表 5－1。

表 5－1　试剂

名　称	规　格	用　量/g
PVA	1799，工业级	26.2
甲醛	37%～40%，分析纯	4
盐酸	36%～38%，分析纯	适量
尿素	分析纯	3
氢氧化钠	分析纯	适量
淀粉	工业级	5.4
改性剂	分析纯	3
水	自来水	120

【实验步骤】

1. 将一定量的水、聚乙烯醇和淀粉加入到四颈烧瓶中，在不断搅拌下升温至 95℃以上，使聚乙烯醇完全溶解。

2. 降温至 85℃以下约 15min，用盐酸调 pH 约 2～3，然后将计量好的甲醛在 20min 内滴加完毕，保温反应 1.5h。

3. 加入尿素，继续反应 0.5h，然后再加入改性剂搅拌 0.5h。

4. 降温至 60℃，滴加氢氧化钠，调节 pH＝7 左右，冷却至室温，出料即为成品。

5. 啤酒瓶的贴标试验与产品性能评价。

【产品性能评价方法】

1. 固体含量：按《胶黏剂不挥发分含量测定》（GB2793—1995）的方法测定；

2. 黏度：用旋转黏度计在（30±1）℃下按 GB/T 2794—2013 测定方法测定；

3. pH 值:用 pH1 ~ 14 广泛试纸测定;

4. 抗冻性:将试样置于恒温冰箱内测定;

5. 贮存期:试样密封后置于室内存放一段时间仍保持原样为合格;

6. 耐水性:将标签胶以 $30g/m^2$ 涂布量均匀涂布在标签上,贴在预先洗净的玻璃瓶上并压平,或者是直接从啤酒厂家贴标流水线上取下的贴好标签的啤酒瓶。将贴有标签的玻璃瓶在室温 20℃以上,相对湿度低于 65% 的环境中放置 3 日后,垂直浸在冰水中,每隔 12h 旋转玻璃瓶数次,看标签有无翘边或脱落,以三个平行样品中至少有一个翘边或脱落前的时间为耐水时间。

【思考题】

标签胶中游离的甲醛过多,对操作人员和环境有什么影响?

实验四十九 丙交酯的制备及聚乳酸的合成

【实验目的】

1. 掌握丙交酯制备的原理及方法;
2. 掌握重结晶法纯化丙交酯;
3. 掌握开环聚合法合成聚乳酸的原理及方法;
4. 掌握乙酸乙酯、二氯甲烷的纯化方法。

【实验原理】

聚乳酸是最重要的一类可降解聚合物,由于其广泛的单体来源及环境友好性,近年来在许多领域已部分的代替了传统塑料。聚乳酸的合成方法主要有两种,一是乳酸直接缩聚法,二是丙交酯开环聚合法。

乳酸缩聚法得到的聚合物的相对分子质量往往较低,而且相对分子质量分布较宽,相对而言,丙交酯开环聚合法得到的聚合物的相对分子质量、相对分子质量分布都能通过引发体系得到很好的控制,所以近年来的研究中往往采用第二种方法(图 5-1)。

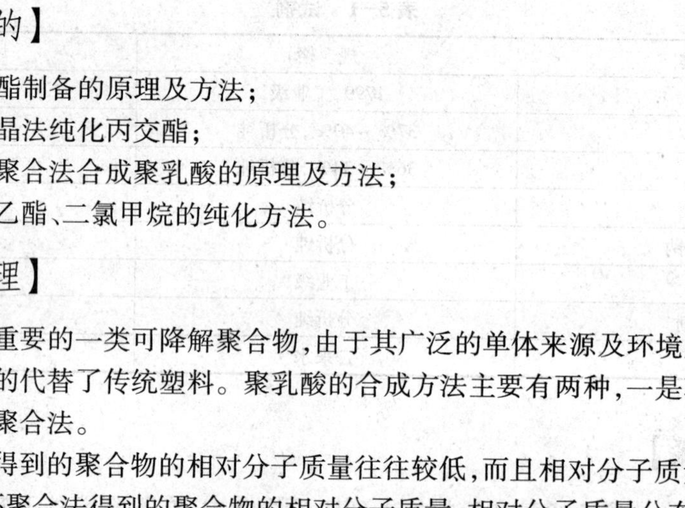

$$HO\text{-}CH(CH_3)\text{-}COOH \xrightarrow{-H_2O} H\text{-}[O\text{-}CH(CH_3)\text{-}CO]_n\text{-}O\text{-}H \quad (1)\ 乳酸缩合聚合$$

$$丙交酯 \xrightarrow{催化剂/引发剂} H\text{-}[O\text{-}CH(CH_3)\text{-}CO]_n\text{-}O\text{-}H \quad (2)\ 丙交酯开环聚合$$

图 5-1 聚乳酸的合成方法

开环聚合需要高纯的丙交酯,所以制备丙交酯是进行聚合的前提,丙交酯制备一般采用乳酸寡聚物热解环化合成(图 5-2),粗产品的纯度一般在 70% ~80%之间,更高纯度的丙交酯需要通过对粗产品进行重结晶,溶剂一般采用乙酸乙酯。由于丙交酯分子内有两个酯键,且环张力较大,对水敏感,所以重结晶的溶剂需要进行无水处理。

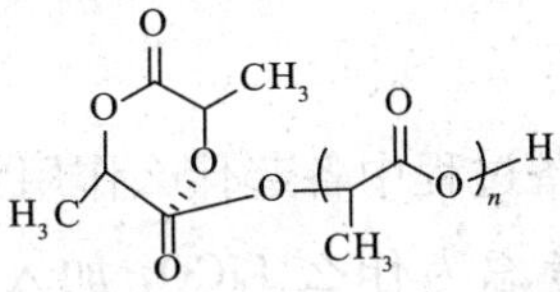

图5-2 寡聚乳酸热解环化制备丙交酯的示意图

此外由于聚合物中的单体靠酯键连接,所以反应对水较敏感,需要对溶剂(二氯甲烷)进行无水处理。

【实验仪器】

油浴、500mL 圆底烧瓶、蒸馏头、直形冷凝管、空气冷凝管、三叉燕尾管、100mL 圆底烧瓶、接液管、500mL 锥形瓶。

【实验步骤】

1. 丙交酯的制备

(1)量取一定量的乳酸置于 500mL 圆底烧瓶中,油泵减压下于 180℃减半下脱水至无液体产生。

(2)降温至 100℃,加入催化剂 $LaCl_3$,KCO_3 各 1%,控制真空度,逐渐升温至 180℃真空下继续反应 1h,然后升温至 200℃。

(3)200℃真空下继续反应,至无丙交酯(白色晶体)产生,粗产品为白色晶体同时还有黄色液体,计算粗产品产率,用气相色谱表征产品纯度。

2. 丙交酯的纯化

称取一定量的丙交酯粗产品,溶于经过无水处理的乙酸乙酯中,搅拌至回流,继续加热 10min。

3. 冷却至室温,过滤。

4. 重复步骤 1,2 直至产品无黄色,用气相色谱表征产品纯度。

5. 丙交酯开环聚合反应

称取 2g 丙交酯,20mg 对苯二甲醇,经真空处理后,加入 6mL 经过无水处理的二氯甲烷,置于 40℃油浴中,加入 1mL 催化剂(1,5,7 - 三氮杂二环[4.4.0]癸 - 5-烯)溶液。0.5min 后,聚合反应完成,加入终止剂苯甲酸,冷却后,将产物滴加至 50mL 甲醇中,沉淀析出聚合物,真空干燥后,计算聚合物产率。

【注意事项】

1. 真空度是制备丙交酯中的一个重要因素,只有足够高的真空度才能保证丙交酯的蒸出。

2. 加入 $LiCO_3$ 真空度要控制好,过高的真空度容易引起体系的暴沸,需通过放空阀逐渐的增加真空度。

3. 产生丙交酯的过程中，部分产品可能凝结在冷凝管壁上，长时间可能引起冷凝管的堵塞，可以采用吹风机加热。

4. 丙交酯的纯度是保证聚合正常进行的关键，不纯丙交酯可能使催化剂失活。

【思考题】

1. $LaCl_3$、KCO_3 在丙交酯的制备过程中各起什么作用？

2. 根据丙交酯制备的原理，考虑为什么 $LiCO_3$ 加入后，真空度过高容易引起体系的暴沸？

实验五十　聚醋酸乙烯乳胶涂料的配制

【实验目的】

1. 进一步熟悉自由基聚合反应的特点；

2. 了解乳胶涂料的特点，掌握配制方法。

【实验原理】

聚醋酸乙烯酯乳液（白乳胶）是将醋酸乙烯在水介质中，以聚乙烯醇作保护胶体，加入阴离子或非离子型表面活性剂，在一定的 pH 下，采用游离型引发系统，进行乳液聚合制得。它广泛用作木材、纸张、皮革的黏合剂和建筑涂料等。 般反应式如下：

$$n\,CH_2{=}\underset{\displaystyle OOCCH_3}{CH} \xrightarrow{\text{引发剂}} \left[CH_2-\underset{\displaystyle OOCCH_3}{CH} \right]_n$$

$$-CH_2-\underset{\displaystyle O-\overset{\displaystyle O}{\overset{\|}{C}}-CH_3}{CH}- + CH_2{=}\underset{\displaystyle O-\overset{\displaystyle O}{\overset{\|}{C}}-CH_3}{CH} \longrightarrow -CH_2-\underset{\displaystyle OH}{CH}-CH_2-\underset{\displaystyle O-\overset{\displaystyle O}{\overset{\|}{C}}-CH_3}{CH}-CH_2-\underset{\displaystyle O-\overset{\displaystyle O}{\overset{\|}{C}}-CH_2\left(CH_2-\underset{\displaystyle O-\overset{\displaystyle O}{\overset{\|}{C}}-CH_3}{CH}\right)_n}{CH}-$$

接枝PVA

$$\left(CH_2-\underset{\displaystyle OH}{CH}\right)_n + m\,CH_2{=}\underset{\displaystyle O-\overset{\displaystyle O}{\overset{\|}{C}}-CH_3}{CH} \longrightarrow \left(CH_2-\underset{\displaystyle OH}{CH}\right)_n\left(CH_2-\underset{\displaystyle O-\overset{\displaystyle O}{\overset{\|}{C}}-CH_3}{CH}\right)_m$$

（完全皂化）　　　　接枝PVA

1. 主要性能和用途

聚醋酸乙烯乳胶涂料为白色黏稠液体，可加入各色色浆配成不同颜色的涂料。主要用于建筑物的内外墙涂饰。该涂料以水为溶剂，所以具有完全无毒、施工方便的特点，易喷涂、刷涂和滚涂，干燥快、保色性好、透气性好，但光泽较差。

2. 配制原理

传统涂料（油漆）都要使用易挥发的有机溶剂，例如汽油、甲苯、二甲苯、酯、酮等，以帮助形成漆膜。这不仅浪费资源，污染环境，而且给生产和施工场所带来危险性，如火灾和爆炸。而乳胶涂料的出现是涂料工业的重大革新。它以水为分散介质，克服了使用有机溶剂的许多缺点，因而得到了迅速的发展。目前乳胶涂料广泛用作建筑涂料，并已进入工业涂装的领域。

通过乳液聚合得到聚合物乳液，其中聚合物以微胶粒的状态分散在水中。当涂刷在物体表面时，随着水分的挥发，微胶粒的状态分散在水中。当涂刷在物体表面时，随着水分的挥发，微胶粒互相挤压而形成连续而干燥的涂膜。这是乳胶涂料的基础。另外，还要配入颜料、填料以及各种助剂如成膜助剂、颜料分散剂、增稠剂、消泡剂等，经过高速搅拌、均质而成乳胶涂料。

【仪器试剂】

仪器：三颈烧瓶（250mL）、电动搅拌器、温度计（0～100℃）、球形冷凝管、滴液漏斗（60mL）、电炉、水浴锅、高速均质搅拌机、砂磨机、搪瓷或塑料杯、调漆刀、漆刷、水泥石棉样板。

试剂：醋酸乙烯酯、聚乙烯醇、乳化剂 OP－10、去离子水、过硫酸铵、碳酸氢钠、邻苯二甲酸二丁酯、六偏磷酸钠、丙二醇、钛白粉、碳酸钙、磷酸三丁酯。

【实验步骤】

1. 聚醋酸乙烯酯乳液的合成

（1）聚乙烯醇的溶解　在装有电动搅拌器、温度计和球形冷凝管的 250mL 三颈烧瓶中加入 30mL 去离子水和 0.35g 乳化剂 OP－10，搅拌，逐渐加入 2g 聚乙烯醇。加热升温，在 80～90℃保温 1h，直至聚乙烯醇全部溶解，冷却备用。

将 0.2g 过硫酸铵溶于水中，配成 5% 的溶液。

（2）聚合　把 17g 蒸馏过的醋酸乙烯酯和 2mL 5% 过硫酸铵水溶液加至上述三颈烧瓶中。开动搅拌器，水浴加热，保持温度在 65～75℃。当回流基本消失时，温度自升至 80～83℃时用滴液漏斗在 2h 内缓慢地、按比例地滴加 23g 醋酸乙烯酯和余下的过硫酸铵水溶液，加料完毕后升温至 90～95℃，保温 30min 至无回流为止。冷却至 50℃，加入 3mL5% 碳酸氢钠水溶液，调整 pH 至 5～6。然后慢慢加入 3.4g 邻苯二甲酸二丁酯。搅拌冷却 1h，即得白色稠厚的乳液。

2. 聚醋酸乙烯乳胶涂料的配制

（1）涂料的配制　把 20g 去离子水、5g10% 六偏磷酸钠水溶液以及 2.5g 丙二醇加入搪瓷杯中，开动高速均质搅拌机，逐渐加入 18g 钛白粉、8g 滑石粉和 6g 碳酸钙，搅拌分散均匀后加入 0.3g 磷酸三丁酯，继续快速搅拌 10min，然后在慢速搅拌下加入 40g 聚醋酸乙烯酯乳液,直至搅匀为止,即得白色涂料。

(2)成品要求

外观:白色稠厚流体

固含量:50%

干燥时间:25℃表干 10min,实干 24h

性能测定:涂刷水泥石棉样板,观察干燥速度,测定白度、光泽,并作耐水性实验。

制备好作耐湿擦性的样板,作耐湿擦性试验。

【产品性能评价方法】

1. 固体含量:按《胶黏剂不挥发分含量测定》(GB 2793—1995)的方法测定;
2. 黏度:用旋转黏度计在 30℃下按 GB/T 2794—2013 测定方法测定;
3. pH 值:用 pH = 1 ~ 14 广泛试纸测定;
4. 抗冻性:将试样置于恒温冰箱内测定;
5. 耐水性:主要测试纸管粘合干燥后的吸潮情况;
6. 贮存期:试样密封后置于室内存放一段时间仍保持原样为合格;
7. 粘接强度:取 25mm × 100mm 的卷管纸二张,将其中的一张均匀的涂刷一层纸管胶,然后与另一张纸粘合,立即用胶辊滚压一遍,30s 后剥离,观察到纸纤维全部被破坏为合格。

【注意事项】

1. 聚乙烯醇溶解速度较慢,必须溶解完全,并保持原来的体积。如使用工业品聚乙烯醇,可能会有少量皮屑状不溶物悬浮于溶液中,可用粗孔铜丝网过滤除去。
2. 滴加单体的速度要均匀,防止加料太快发生爆聚冲料等事故。过硫酸铵水溶液数量少,注意均匀,按比例地与单体同时加完。
3. 搅拌速度要适当,升温不能过快。
4. 瓶装的试剂级醋酸乙烯酯需蒸馏后才能使用。
5. 在搅匀颜料、填充料时,若黏度太大难以操作,可适量加入乳液至能搅匀为止。
6. 最后加乳液时,必须控制搅拌速度,防止产生大量泡沫。

【思考题】

1. 聚乙烯醇在反应中起什么作用?为什么要与乳化剂 OP - 10 混合使用?
2. 为什么大部分的单体和过硫酸铵用逐步滴加的方式加入?
3. 过硫酸铵在反应中起什么作用?其用量过多或过少对反应有何影响?
4. 为什么反应结束后要用碳酸氢钠调整 pH 为 5 ~ 6?
5. 试说出配方中各种原料所起的作用。
6. 在搅拌颜料、填充料时为什么要高速均质搅拌?用普通搅拌器或手工搅拌对涂料性能有何影响?

【附】聚醋酸乙烯乳胶涂料常用配方及色浆配方

聚醋酸乙烯乳胶涂料常用配方如表 5-2 所示。

表 5-2　聚醋酸乙烯乳胶涂料常用配方举例(质量分数)　　%

物料名称	配方一	配方二	配方三	配方四
聚醋酸乙烯	42	36	30	26
钛白	26	10	7.5	20
锌钡白	—	18	7.5	—
碳酸钙	—	—	—	10
硫酸钡	—	—	15	—
滑石粉	8	8	5	—
瓷　土	—	—	—	9
乙二醇	—	—	3	—
磷酸三丁酯	—	—	0.4	—
一缩乙二醇丁醚	—	—	—	2
醋酸酯	0.1	0.1	0.17	—
羧甲基纤维素	—	—	—	0.3
羟乙基纤维素	0.08	0.08	—	—
聚甲基丙烯酸钠	0.15	0.15	0.2	0.1
六偏磷酸钠	—	0.1	0.2	0.3
五氯酚钠	—	—	0.17	—
苯甲酸钠	0.3	0.3	0.02	—
亚硝酸钠	0.1	—	—	—
醋酸苯汞	23.27	27.27	30.84	32.3
水	1:1.62	1:2	1:2.33	1:3
基料:颜料				

配方一颜料用量较大而体质颜料用量较小,颜料中全部用金红石型钛白,乳液用量也较大,因此涂料的遮盖力强,耐洗刷性也好,用以一般要求较高的室内墙面涂装,也能做为一般的外用平光涂料使用。如果增加聚醋酸乙烯乳液的用量,能得到稍微有光的涂膜,但一般的聚醋酸乙烯乳液很难制得半光以上的涂膜。

配方二用部分锌钡白代替钛白,遮盖力比配方一要差一些,是稍微经济大一般室内平光墙涂料,耐洗刷性也差些。如钛白用金红石型的话,也仅能勉强用于室外要求不高的场合。

配方三颜料用量较低,体质颜料用量增加很多,乳液用量也少,所以遮盖力、耐洗刷性能都要差一些,是一种较为经济的室内用涂料。

配方四颜料的比例较大,主要是用于室内要求白度遮盖力较好,而对洗刷性要求不高的场合。

配方中所列举不同的助剂及不同用量,说明乳胶涂料在不同配方中可以使用不同品种的助剂,可根据不同的要求和生产成本等因素综合考虑。

乳胶涂料的生产一般可以用球磨机、快速平石磨、高速分散机等设备,如加入有效得消泡剂且配方恰当的话,也可以用砂磨机。先将分散剂、增稠剂的一部分或全部、防锈剂、消泡剂、防霉剂等溶解成水溶液和颜料、体质颜料一起加入球磨机或用上述其它设备研磨,使颜料分散到一定程度，然后再搅拌下加入聚醋酸乙烯乳液，搅拌均匀后再慢慢加入防冻剂、增稠剂的一部分和成膜助剂，最后加入氨水、氢氧化钾或氢氧化钠，调 pH 值至呈微碱性。

如果配制色涂料，则在最后加入各色色浆配色，表5-3 列出三种色浆的配方。色浆用的各种颜料必须先研磨分散得很好，否则在配色时不能得到均匀的色彩。如颜料分散不好，色浆加入乳胶涂料中后，用手指研磨颜色会变深，这种情况在将来施工涂刷时，涂刷次数多少或方向不同时会出现颜色不均一的情况。颜料分散不好，加入乳胶漆里在贮存过程中有时会产生凝聚现象，使涂料的颜色发生变化，影响乳胶涂料的贮存稳定性。有机颜料所用的表面活性剂(润滑剂)有乳化剂 OP 等。将乳化剂 OP-10 溶于水中，加入各色颜料后，在砂磨机研磨数次，至颜料分散至相当程度。在配方中可以加入部分乙二醇，在研磨时泡沫较易消失，而且色浆也不易干燥和冰冻。

表5-3　色浆常用配方举例

	黄色浆	蓝色浆	绿色浆
耐晒黄	35	—	—
酞菁蓝	—	38	—
酞菁绿	—	—	37.5
乳化剂 OP-10	14	11.4	15
水	51	50.6	47.5

大量的润滑剂加入乳胶涂料中会对涂膜的耐水性带来影响，但由于乳胶涂料绝大多数是白色和浅色的，如果上述有机颜料分散得很好的话，着色力也是相当好的，一般情况下色浆的用量都不会太多，对乳胶涂料耐水性带来的影响也不会很大。

实验五十一　聚丙烯酸酯乳胶涂料的配制

【实验目的】

1. 熟悉聚丙烯酸酯乳液的合成方法，进一步熟悉乳液聚合的原理；
2. 了解聚丙烯酸酯乳胶涂料的性质和用途；
3. 掌握聚丙烯酸酯乳胶涂料的配制方法。

【实验原理】

1. 主要性能和用途

聚丙烯酸酯乳胶涂料为黏稠液体。其耐候性、保色性、耐水性、耐碱性等性能均比聚醋酸乙烯乳胶涂料好。聚丙烯酸酯乳胶涂料是主要的外用乳胶涂料。由于聚丙烯酸酯乳胶涂料有许多优点，所以近年来品种和产量增长很快。

2. 配制原理

(1) 聚丙烯酸酯乳液

聚丙烯酸酯乳液通常是指丙烯酸酯、甲基丙烯酸酯，有时也有用少量的丙烯酸或甲基丙烯酸等共聚的乳液。丙烯酸酯乳液比醋酸乙烯酯乳液有许多优点：对颜料的粘接能力强，耐水性、耐碱性、耐光性、耐候性均比较好，施工性能优良。在新的水泥或石灰表面上用聚丙烯酸酯乳胶涂料比用聚醋酸乙烯乳胶涂料好得多。因聚丙烯酸酯乳胶的涂膜遇碱皂化后生成的钙盐不溶于水，能保持涂膜的完整性。而醋酸乙烯乳液皂化后的产物是聚乙烯醇，是水溶性的，其局部水解的产物是高乙酰基聚乙烯醇，水溶性更大。

各种不同的丙烯酸酯单体都能共聚，也可以和其它单体（如苯乙烯和醋酸乙烯等）共聚。乳液聚合一般和前述醋酸乙烯乳液相仿，引发剂常用的也是过硫酸盐，如过硫酸盐－重亚硫酸钠等，单体可分三四次分批加入。

表面活性剂也和聚醋酸乙烯相仿，可以用非离子型或阴离子型的乳化剂。操作也可采取逐步加入单体的方法，主要是为了使聚合时产生的大量热能很好地扩散，使反应能均匀进行。在共聚乳液中也必须用缓慢均匀地加入混合单体的方法，以保证共聚物的均匀。

常用的乳液单体配比可以是丙烯酸乙酯65%、甲基丙烯酸甲酯33%、甲基丙烯酸2%，或者是丙烯酸丁酯55%、苯乙烯43%、甲基丙烯酸2%。甲基丙烯酸甲酯或苯乙烯都是硬单体，用苯乙烯可降低成本；丙烯酸乙酯或丙烯酸丁酯两者都是软性单体，但丙烯酸丁酯要比丙烯酸乙酯用量少些。

在共聚乳液中，加入少量丙烯酸或甲基丙烯酸，对乳液的冻融稳定性有帮助。此外，在生产乳胶涂料时加氨或碱液中和也起增稠作用。但在与醋酸乙烯共聚时，如制备丙烯酸丁酯49%、醋酸乙烯49%、丙烯酸2%的碱增稠的乳液时，单体应分两个阶段加入，在第一阶段加入丙烯酸和丙烯酸丁酯，在第二阶段加入丙烯酸丁酯及醋酸乙烯，因为醋酸乙烯和丙烯酸共聚时有可能在反应中有酯交换发生，产生丙烯酸乙烯，它能起交联作用而使乳液的黏度不稳定。

（2）聚丙烯酸酯乳胶涂料

聚丙烯酸酯乳胶涂料的配制和聚醋酸乙烯酯涂料一样，除了颜料以外要加入分散剂、增稠剂、消泡剂、防霉剂、防冻剂等助剂，所用品种也基本上和聚醋酸乙烯酯乳胶涂料一样。

聚丙烯酸酯乳胶涂料由于耐候性、保色性、耐水耐碱性都比聚醋酸乙烯酯乳胶涂料要好些，因此主要用作制造外用乳胶涂料。在外用时，钛白就需选用金红石型，着色颜料也需选用氧化铁等耐光性较好的品种。

分散剂都用六偏磷酸钠和三聚磷酸盐等，也有介绍用羧基分散剂，如二异丁烯顺丁烯二酸酐共聚物的钠盐。增稠剂除聚合时加入少量丙烯酸、甲基丙烯酸加碱中和后起一定增稠作用外，还加入羧甲基纤维素、羟乙基纤维素、羟丙基纤维素等作为增稠剂。消泡剂、防冻剂、防锈剂、防霉剂和聚醋酸乙烯酯乳胶涂料一样，但作为外用乳胶涂料，防霉剂的量要适当多一些。

【仪器试剂】

仪器：三颈烧瓶（250mL）、电动搅拌器、温度计（0～100℃）、球形冷凝管、滴液漏斗（60mL）、电热套、烧杯（250mL、800mL）、水浴锅、点滴板。

试剂：丙烯酸丁酯、甲基丙烯酸甲酯、甲基丙烯酸、过硫酸铵、非离子表面活性剂、丙烯酸乙酯、亚硫酸氢钠、苯乙烯、丙烯酸、十二烷基硫酸钠、金红石型钛白粉、碳酸钙、云母粉、二异丁烯、顺丁烯二酸酐共聚物、烷基苯基聚米黄酸钠、环氧乙烷、羧甲基纤维素、羟乙基纤维素、消泡剂、防霉剂、乙二醇、松油醇、丙烯酸酯共聚入夜(50%)、碱溶丙烯酸共聚乳液(45%)、氨水、颜料。

【实验步骤】

配方1(见表5-4)。

表5-4 配方1(质量分数) %

丙烯酸丁酯	33	水	63
甲基丙烯酸甲酯	17	烷基苯聚醚硫黄酸钠	1.5
甲基丙烯酸	1	过硫酸铵	0.2

操作:乳化剂在水中溶解后加热升温到60℃,加入过硫酸铵和10%的单体,升温至70℃,如果没有显著的放热反应,逐步升温直至放热反应开始,待温度升至80~82℃,将余下的混合单体缓慢而均匀加入,约2h加完,控制回流温度,单体加完后,在30min内将温度升至97℃,保持30min,冷却,用氨水调pH至8~9。

配方2(见表5-5)。

表5-5 配方2 g

	第一部分	第二部分
水	1000	
非离子型表面活性剂	31.6	35
丙烯酸乙酯	253	283
甲基丙烯酸甲酯	168	188
甲基丙烯酸	4	5
过硫酸铵	0.5	0.6
亚硫酸氢钠	0.6	0.8

操作:将第一部分(除引发剂外)混合在一起,冷却至15℃,将引发剂溶于少量水中分别加入,加热升温在15min左右升至65℃,恒温5min,冷却到15~20℃后加第二部分混合单体和第二部分引发剂,再升温至65℃,维持1h,再冷却至30℃以下,用氨水调节pH值至9.5。实验时按配方的1/10加入。

配方3(见表5-6)。

表5-6 配方3 g

苯乙烯	25	过硫酸铵	0.2
丙烯酸丁酯	25	十二烷基硫酸钠	0.25
丙烯酸	1	烷基酚聚氧乙烯醚	1.0
水	50		

操作:用烧杯将表面活性剂溶解在水中加入单体,在强力的搅拌下,使之乳化成均匀的

乳化液，取1/6乳化液放入三口烧瓶中，加入引发剂的1/2，慢慢升温至放热反应开始，将温度控制在70～75℃之间，慢慢连续地加入乳化液，并每小时补加部分引发剂控制热量平衡，使温度和回流速度保持稳定，加完单体后升温至95～97℃，恒温30min，或抽真空除去为反应的单体，冷却，用氨水调pH至8～9。

上述三个配方介绍了三个不同的配方和三个不同的操作方法，这是几个典型的例子，可变的地方是很多的。配方1、配方2用甲基丙烯酸甲酯为硬单体，而分别用丙烯酸乙酯和丙烯酸丁酯为塑性单体，丙烯酸乙酯的用量比丙烯酸丁酯大些。配方3用苯乙烯硬性单体代替甲基丙烯酸甲酯，价格可便宜很多，基本上也能达到外用乳胶漆的要求。也可以采用其他不同的单体，调整其配比来达到相近的质量要求。

操作工艺也不同。配方2的工艺不用连续加单体方法，而用两步或三步分批加单体的方法，虽有优点，但操作控制比较困难些。通常用氧化还原法在较低的温度反应。配方3用单体和乳化剂水溶液乳化，再通过连续加乳化液的方法进行乳液聚合，这样乳液的颗粒度比较均匀，但增加一道先乳化的工序。

【注意事项】

1. 乳液配制时要严格控制温度和反应时间。
2. 加入单体时要缓慢滴加，否则要产生暴聚而使合成失败。
3. 乳液的pH值一定要控制好，否则乳液不稳定。
4. 涂料的配方与聚醋酸乙烯酯乳胶涂料相仿。所不同的是碱溶丙烯酸酯共聚乳液必须用少量水冲淡后加氨水调pH至8～9，才能溶于水中。可在磨颜料浆时作为分散剂一起加入。

【思考题】

1. 聚丙烯酸酯乳胶涂料有哪些优点？主要应用于哪些方面？
2. 影响乳液稳定的因素有哪些？如何控制？

实验五十二　酚醛树脂胶黏剂的合成及粘接性能的测试

【实验目的】

1. 了解酚醛树脂胶黏剂的配制原理和性能测试；
2. 掌握酚醛树脂胶黏剂的制备工艺；
3. 以苯酚和甲醛为原料，综合酚醛树脂胶黏剂的合成机理，设计热固性酚醛树脂胶黏剂的合成方法、在线检测方法以及粘接性能的测试方法。

【实验原理】

(1)在碱性催化剂作用下，生成热固性甲阶酚醛树脂，一般情况下酚/醛比小于1，即甲醛过量。

机理如下：

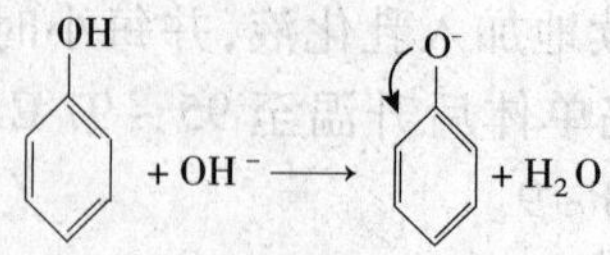

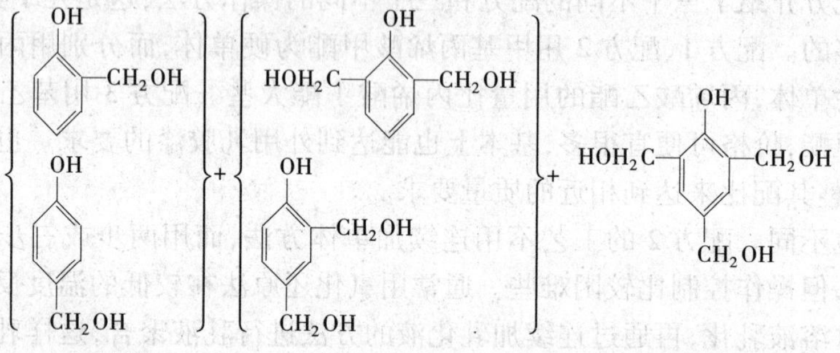

OH + OH^- ⟶ O^- + H_2O

OH, CH_2OH; OH, CH_2OH + HOH_2C, OH, CH_2OH; OH, CH_2OH, CH_2OH + HOH_2C, OH, CH_2OH, CH_2OH

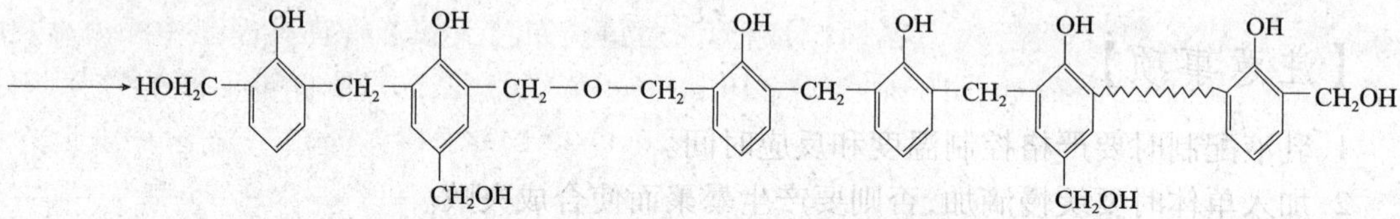

一羟甲基酚　　二羟甲基酚　　三羟甲基酚

⟶ HOH_2C … CH_2 … CH_2—O—CH_2 … CH_2 … CH_2 … CH_2OH

一羟甲基酚

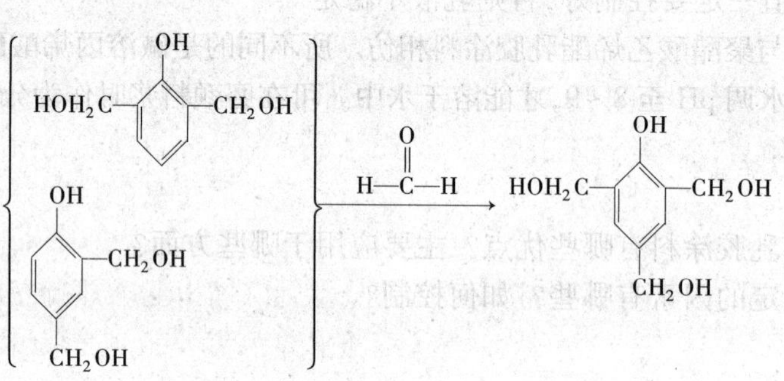

HOH_2C, OH, CH_2OH; OH, CH_2OH, CH_2OH —(H—C(=O)—H)⟶ HOH_2C, OH, CH_2OH, CH_2OH

二羟甲基酚　　三羟甲基酚

—△⟶ … CH_2 … CH_2—O—CH_2 … CH_2 … CH_2 … CH_2 …

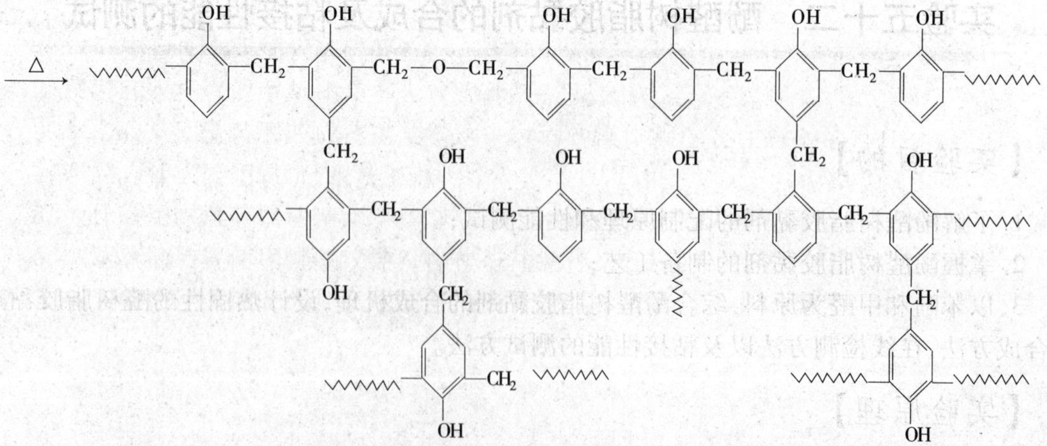

首先碱使苯酚邻对位活性增加，在碱性情况下优先发生的是甲醛对苯酚的加成反应（快反应）。而缩聚反应则较加成反应慢的多，因此，碱性条件可生成多羟甲基苯酚。加成反应

后就开始缩聚反应(慢反应)。随着缩聚反应的继续进行,生产更复杂的产物。控制一定的反应时间使反应生产主要是线型的甲阶酚醛树脂。

甲阶酚醛树脂中还含有大量的羟甲基,不同于热塑性酚醛树脂,在加热时,不用加入固化剂就可以进一步缩聚成不溶不熔的体型结构树脂(丙阶树脂)。

(2)在酸性条件下的反应,有利于缩合反应,在酚/醛 >1 时,由于甲醛合苯酚加成反应速度远低于随后的羟甲基酚进一步缩合的速度。因此在酸性条件下得不到含羟甲基的热固性树脂,只能得到热塑性树脂。

$$H-\overset{O}{\overset{\|}{C}}-H \xrightarrow{H^+} H-\overset{OH}{\overset{|}{\underset{+}{C}}}-H \xrightarrow[\text{慢}]{C_6H_5OH} \text{(邻位)}\ C_6H_4(OH)-CH_2O^+H_2 \longrightarrow C_6H_4(OH)-CH_2OH$$

【实验步骤】

该酚醛树脂是苯酚与甲醛在氢氧化钠催化剂作用下缩聚而成的热固性酚醛树脂。该胶黏剂供生产耐水胶合板、纤维板等用(若作耐水胶合板用胶,则涂胶的单板需在低温下干燥,然后再热压。因该树脂渗透力较强,成膜速度较慢)。配方中苯酚与甲醛的摩尔比为1∶1.50。

1. 将熔化的苯酚加入反应器内,开启搅拌,加入氢氧化钠和水,在40~45℃保温20min。

2. 加第1次甲醛,在40~50℃下,保温30min。

3. 在70min内,由50℃升至87℃(平均1min升0.5℃)。

4. 24min内,由87℃升至95℃(平均1min升0.3℃)。

5. 在95~96℃保温18~20min。

6. 保温后在24min内冷却至82℃

7. 加第2次甲醛,在82℃保温13min。

8. 在30min内由82℃升温至92℃,并在92~96℃下继续反应约20~60min,当粘度达到要求后,立即冷却至40℃以下放料。

【树脂质量指标】

外观:红棕色透明黏稠液体

固体含量:45%~50%

游离酚含量:<2.5%

可被溴化物含量:>12%

黏度:0.5~1.0Pa·s(20℃)

【思考题】

1. 酸催化酚醛树脂的合成原理是什么?

2. 酚醛树脂的固化原理?

3. 酚醛树脂的主要用途有那些?

实验五十三　聚乙烯醇缩甲醛胶水的制备及性能

【实验目的】

1. 熟悉聚合物中官能团反应的原理；

2. 利用聚合物化学反应制备聚乙烯醇缩甲醛。

【实验原理】

聚乙烯醇可以与醛类(甲醛、乙醛、丁醛)进行特征反应——缩醛反应,生成六元环缩醛结构。聚乙烯醇缩甲醛是由聚乙烯醇相邻的羟基之间与甲醛作用,生成1,3－二氧六环的环状物,其反应可表示为:

$$\sim CH(OH)-CH_2-CH(OH)-CH_2\sim + HCHO \xrightarrow{H^+} \sim CH-CH_2-CH-CH_2\sim\ (\text{1,3-二氧六环},\ -O-CH_2-O-) + H_2O$$

当然醛的羰基也可能与两个聚乙烯醇大分子中的两个羟基进行缩醛反应,这样就会形成大分子之间交联的网型结构的聚合物。甲醛化反应可分为两种,一种是在聚乙烯醇的水溶液中进行;另一种是利用固体的聚乙烯醇进行反应。聚乙烯醇纤维在水溶液反应中,醛基沿着聚乙烯醇的链呈不规则性地与羟基反应。但是在固体反应中情况就不同了,试剂进入聚乙烯醇的非结晶部分进行反应,结晶部分则不反应。低温下,聚乙烯醇若经200℃进行热处理,结晶度可达50%以上。结晶度低的易溶于水,结晶度高的则不易溶于水,经200℃热处理的聚乙烯醇固体,即使在80℃的热水中也不溶。维尼纶纤维的生产,就是利用将聚乙烯醇纤维延伸、热处理,使结晶度提高之后再甲醛化反应。经适度的甲醛化后,有少量的交联发生,变成热水不溶、也不收缩的纤维。

【仪器试剂】

仪器:三颈烧瓶、回流冷凝管、温度计、恒温水浴、搅拌器、烧杯、薄木板(12cm×2.5cm×0.5cm)。

试剂:聚乙烯醇、36%甲醛溶液、2.5mol/L的盐酸溶液、10%氢氧化钠溶液、蒸馏水。

【实验步骤】

1. 在装有搅拌器、回流冷凝管的三颈烧瓶中加入9g聚乙烯醇及80mL水,搅拌下在95℃加热使其完全溶解。

2. 降温至90℃,加入5g36%的甲醛溶液,搅拌10min后加入2.5mol/L的盐酸溶液调pH值为1～2,搅拌下进行保温反应。随着反应的进行,溶液逐渐变黏调,变浑浊,当有气泡或絮状物产生时,迅速加入10%的NaOH溶液调pH值为7～8,再加60～70g蒸馏水稀释后冷却降温,得黏稠透明状液体。

3. 将透明状液体涂于木板表面(2.5cm×2.5cm),将两块木板涂胶面对粘,加重物,室温下放置 30min 后 80℃烘箱 30min，取出后降至室温，测粘接强度。

【思考题】

1. 聚乙烯醇缩甲醛的改性原理是什么？
2. 聚乙烯醇缩醛化的反应除用来制备胶黏剂或涂料外，还可制备哪些材料？

实验五十四　甲基丙烯酸甲酯的本体聚合

本体聚合是指单体在少量引发剂下或者直接在热、光和辐射作用下进行的聚合反应，因此本体聚合具有产品纯度高、无需后处理，尤其是可以制得透明样品，其缺点是散热困难，易发生凝胶效应，工业上常采用分段聚合的方式。

【实验目的】

1. 了解自由基本体聚合的特点和实验方法；
2. 掌握和了解有机玻璃的制造和操作技术的特点，并测定制品的透光率。

【实验原理】

有机玻璃板就是甲基丙烯酸甲酯通过本体聚合方法制成。聚甲基丙烯酸甲酯（PMMA）具有优良的光学性能、密度小、机械性能、耐候性好。在航空、光学仪器，电器工业、日用品方面有着广泛用途。

聚合原理为：

1. 引发剂分解

$$C_6H_5-\overset{O}{\overset{\|}{C}}-O-O-\overset{O}{\overset{\|}{C}}-C_6H_5 \xrightarrow{\triangle} 2\,C_6H_5-\overset{O}{\overset{\|}{C}}-O\cdot \xrightarrow{\triangle} 2\,C_6H_5\cdot + 2CO_2\uparrow$$

2. 链引发

$$C_6H_5\cdot + H_2C=\overset{CH_3}{\overset{|}{C}}-COOCH_3 \longrightarrow C_6H_5-CH_2-\overset{CH_3}{\overset{|}{\underset{\bullet}{C}}}-COOCH_3$$

3. 链增长

$$C_6H_5-CH_2-\overset{CH_3}{\overset{|}{\underset{\bullet}{C}}}-COOCH_3 + nH_2C=\overset{CH_3}{\overset{|}{C}}-COOCH_3 \longrightarrow C_6H_5\!\left[CH_2-\underset{COOCH_3}{\underset{|}{\overset{CH_3}{\overset{|}{C}}}}\right]_n\!-CH_2-\underset{COOCH_3}{\underset{|}{\overset{CH_3}{\overset{|}{C}}}}\cdot$$

4. 链终止

偶合终止：

$$\sim\!\sim CH_2-\overset{CH_3}{\overset{|}{\underset{\bullet}{C}}}-COOCH_3 + \sim\!\sim CH_2-\overset{CH_3}{\overset{|}{\underset{\bullet}{C}}}-COOCH_3 \longrightarrow \sim\!\sim CH_2-\underset{COOCH_3}{\underset{|}{\overset{CH_3}{\overset{|}{C}}}}-\underset{COOCH_3}{\underset{|}{\overset{CH_3}{\overset{|}{C}}}}-CH_2\sim\!\sim$$

歧化终止：

$$\sim\!\!\sim CH_2-\overset{\displaystyle CH_3}{\underset{\bullet}{C}}-COOCH_3+\sim\!\!\sim CH_2-\overset{\displaystyle CH_3}{\underset{\bullet}{C}}-COOCH_3\longrightarrow \sim\!\!\sim CH_2-\underset{\displaystyle COOCH_3}{\overset{\displaystyle CH_3}{CH}}\quad \underset{\displaystyle COOCH_3}{\overset{\displaystyle CH_3}{C}}=CH\sim\!\!\sim$$

MMA 是含不饱和双键、结构不对称的分子，易发生聚合反应，其聚合热为 56.5kJ/mol。MMA 在本体聚合中的突出特点是有"凝胶效应"，由于本体聚合没有稀释剂存在，聚合热的排散比较困难，"凝胶效应"放出大量反应热，使产品含有气泡影响其光学性能。因此在生产中要通过严格控制聚合温度来控制聚合反应速率，以保证有机玻璃产品的质量。

甲基丙烯酸甲酯本体聚合制备有机玻璃常常采用分段聚合方式，先在聚合釜内进行预聚合，后将聚合物浇注到制品型模内，再开始缓慢后聚合成型。预聚合有几个好处，一是缩短聚合反应的诱导期并使"凝胶效应"提前到来，以便在灌模前移出较多的聚合热，以利于保证产品质量；二是可以减少聚合时的体积收缩，因 MMA 由单体变成聚合体体积要缩小 20% ~ 22%，通过预聚合可使收缩率小于 12%，另外浆液粘度大，可减少灌模的渗透损失。

【仪器试剂】

仪器：三口圆底烧瓶、搅拌装置、球形冷凝管、内卡尺游标、硅玻璃片。

试剂：甲基丙烯酸甲酯（MMA）、过氧化二苯甲酰（BPO）。

【实验步骤】

1. 有机玻璃板的制备

（1）制模：取两块玻璃板洗净，烘干，在玻璃板的一面涂一层硅油做为脱膜剂。玻璃板外沿垫上适当厚度的垫片（涂硅油面朝内），并在四周糊上厚牛皮纸，并预留一注料口。在烘箱中烘干后，取出垫片。

（2）预聚合（制浆）；准确称取 50mg 的过氧化苯甲酰，50g 甲基丙烯酸甲酯，混合均匀，加入到配有冷凝管和通氮管的三颈瓶中，通氮，加热并开动电磁搅拌，升温至 75℃，反应约 30min，体系达到一定黏度（相当于甘油黏度的两倍，转化率为 7% ~17%），停止加热，冷却至 50℃，补加 10mg 的过氧化二碳酸环辛酯。

（3）灌浆：将上述预混物浆液通过注料口缓缓注入膜腔内，垂直放置 10min 赶出气泡，待膜腔灌满后用牛皮纸密封。

（4）后聚合：将模子的注料口朝上垂直放入烘箱内，于 40℃继续聚合 20h，体系固化失去流动性。再升温至 100℃保温 1h。打开烘箱，自然冷却至室温。

（5）脱模：除去牛皮纸，小心撬开玻璃板，取出制品，洗净，吹干。

2. 有机玻璃透光率测定

利用分光光度计可测定所制产品的透明度。

（1）试样制备：

试样尺寸为 10mm × 50mm，厚度按原厚度，用内卡尺测定其厚度。

（2）71 型或 72 型的测定方法（或者参见说明书）

①接通 220V 恒压电源。

②打开仪器电源，打开恒压器及光源开关。

③开启样品盖，打开工作开关。将检流计光点调至透明度0点位置。

④调节所要波长。

⑤将光度调节到满刻度100%位置。

⑥放入试样，关上样品盖。所测得的透光度即为样品的透光度。

⑦逐一关闭各开关，再关闭总开关。

【思考题】

1. 本体聚合的主要优缺点是什么？如何克服本体聚合中的"凝胶效应"？
2. 本实验的关键是预聚合，如果预聚合反应进行的不够会出现什么问题？
3. 为什么制备有机玻璃板引发剂一般使用BPO而不用AIBN？
4. 自动加速效应是怎样产生的？对聚合反应有哪些影响？
5. 制备有机玻璃，各阶段的温度应怎样控制，为什么？

【附】

凝胶效应：即在聚合过程中，当转化率达10%～20%时，聚合速率突然加快，物料的黏度骤然上升，以致发生局部过热现象。其原因是由于随着聚合反应的进行，物料的黏度增大，活性增长链移动困难，致使其相互碰撞而产生的链终止反应速率常数下降；相反，单体分子扩散作用不受影响，因此活性链与单体分子结合进行链增长的速率不变，总的结果是聚合总速率增加，以致发生爆发性聚合。

实验五十五　环氧树脂的制备及性能测试

【实验目的】

1. 通过双酚A型环氧树脂的制备，掌握一般缩聚反应的机理；
2. 了解环氧树脂的固化机理及一般粘接及技术。

【实验原理】

凡分子内含有环氧基的树脂统称为环氧树脂。它是一种多品种、多用途的新型合成树脂，且性能很好，对金属、陶瓷、玻璃等许多材料具有优良的粘接能力，所以有万能胶之称，又因为它的电绝缘性能好、体积收缩小、化学稳定性高、机械强度大，所以广泛的被用作黏接剂、增强塑料（玻璃钢）电绝缘材料、铸型材料等。

双酚A型环氧树脂是环氧树脂中产量最大、使用最广的一个品种，它是由双酚A和环氧氯丙烷在氢氧化钠存在下反应生成的。

从环氧树脂的结构来看，线型环氧树脂的两端带有活泼的环氧基，链中间有羟基，当加入固化剂时，线型高聚物就转变为体型高聚物，一般常用的固化剂有多元胺和酸酐类，如乙二胺、间苯二胺、三乙烯二胺和邻苯二甲酸酐等。固化反应可在室温或加热下进行。

【仪器试剂】

仪器：三颈烧瓶、回流冷凝管、减压蒸馏装置、电动搅拌器、恒温水浴、分液漏斗、滴液漏斗、油浴、量筒（10mL、50mL）、烧杯（50mL）、温度计（0～100℃）、移滴管。

试剂：苯、环氧氯丙烷、双酚 A、氢氧化钠、邻苯二甲酸二丁酯、乙二胺、玻璃片、螺旋夹。

【实验步骤】

1. 双酚 A 型环氧树脂的制备

将 12g 双酚 A 和 14g 环氧氯丙烷依次加入装有搅拌器、滴液漏斗和温度计的 250mL 三颈烧瓶中。用水浴加热，并开动搅拌器，使双酚 A 完全溶解，当温度升至 55℃时，开始滴加 20mL 20% 的 NaOH 溶液（滴加速度要慢），约 0.5h 滴加完毕。此时温度不断升高，必要时可用冷水冷却，保持反应温度 55～60℃滴加完毕后，继续保持 55～60℃，反应 3h。此时溶液呈乳黄色。直接在前面反应制备的乳黄色的溶液中接入苯 30mL，搅拌，使树脂溶解后移入分液漏斗，静置后分去水层，再用水洗两次，将上层苯溶液倒入加压蒸馏装置中。

2. 环氧树脂的提纯

将上述减压蒸馏装置中的混合物先在常压下蒸去苯，然后在减压下蒸馏以除去所有挥发物，直到油浴的温度达到 130℃而没有馏出物时为止，趁热将树脂倒出，冷却后得琥珀色透明黏稠的环氧树脂。

3. 粘接技术

将玻璃片用铬酸洗液浸泡 10～15min，洗干后烘干，称取 5g 环氧树脂，加入 2～3 滴邻苯二甲酸二丁酯和一定量的（按过量 10% 计算）乙二胺于小烧杯中，用玻璃棒搅匀后，在玻璃片上涂一薄层，然后将玻璃片用螺旋夹夹紧，在室温下放置 48h 后，在 105℃烘箱内烘 1h 或 40～80℃烘箱中烘 3h，用于测试粘接强度。

【思考题】

1. 写出双酚 A 型环氧树脂制备过程的化学反应式。
2. 用反应式表述环氧树脂的固化反应机理（固化剂用乙二胺固化）。

第六章　染料及香料

实验五十六　Ⅱ号橙染料的合成及染色

【实验目的】

1. 通过实验，加深对重氮化、偶合反应的理解；

2. 掌握重氮盐制备时应严格控制的操作条件；

3. 了解纺织品的还原性染色、还原清洗、漂白过程。

【反应原理】

1. Ⅱ号橙染料的结构、性质和用途

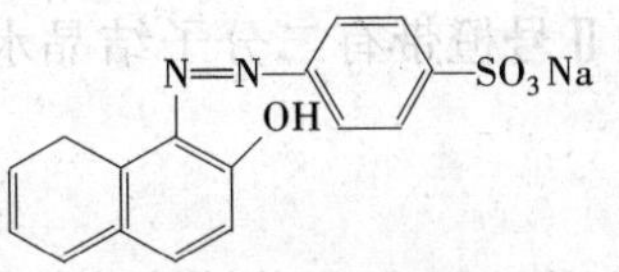

Ⅱ号橙染料是一种偶氮类染料。分子中的磺酸基是极性的，因而能与纤维上的极性位置相结合，结合紧密，广泛用于羊毛及丝织品的染色。

2. 合成的原理

(1) 对氨基苯磺酸的重氮化

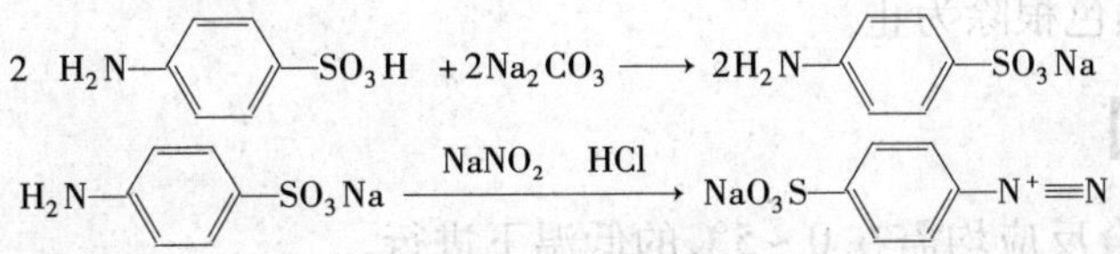

$$2\ H_2N-C_6H_4-SO_3H + 2Na_2CO_3 \longrightarrow 2H_2N-C_6H_4-SO_3Na$$

$$H_2N-C_6H_4-SO_3Na \xrightarrow{NaNO_2\quad HCl} NaO_3S-C_6H_4-N^+\equiv N$$

(2) 2－萘酚的偶联

$$C_{10}H_7OH \xrightarrow[NaOH]{} N{=}N-C_6H_4-SO_3Na\ (OH)$$

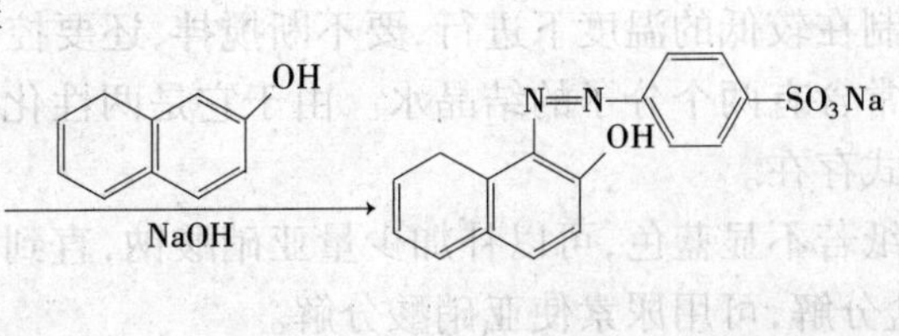

【实验试剂】

4－苯胺磺酸(对氨基苯磺酸)、2－萘酚(β－萘酚，2－羟基萘，乙萘酚)、2.5%碳酸钠、盐酸、亚硝酸钠、保险粉(连二亚硫酸钠，强还原剂，一级遇湿易燃物品)。

【实验步骤】

1. 对氨基苯磺酸的重氮化

在125mL的锥形瓶中(瓶口小,小心爆沸),将4.8g对氨基苯磺酸结晶(慢慢加入)溶解在沸腾的50mL2.5%碳酸钠溶液里。将溶液冷却(必须冷却,否则得不到白色重氮盐),再加入1.9g亚硝酸钠搅拌使之溶解。将此溶液到入装有约25g冰(1块)及5mL浓盐酸的烧瓶中,在1~2min内应有粉状白色的重氮盐沉淀析出,用淀粉-碘化钾试纸检验,保持溶液温度在0~5℃,放置15min,以保证反应完全。此物料准备后面使用,产物不用收集。

2. 2-萘酚的偶联

在400mL烧杯里将3.6g2-萘酚溶20mL冷10%氢氧化钠溶液中,并在搅拌下将重氮化的对氨基苯磺酸的悬浮体倒入(并冲洗)。偶联发生得很快,由于存在着相当过量的钠离子(由于加入碳酸钠、亚硝酸钠和碱所产生的),染料很容易以钠盐形式从溶液中分离出来。将这种结晶浆彻底搅拌使之很好混合,在5~10min后将此混合物加热至固体溶解,再加10g氯化钠以进一步减小产物的溶解度,加热并在搅拌下使它完全溶解,再将此静置稍稍冷却后,用冰水浴冷却。减压抽滤,用饱和氯化钠溶液把物料从烧杯中洗出来,洗去滤饼上的暗色母液。

产物滤出后慢慢地干燥之,它含有约20%氯化钠。粗产率是无足轻重的,所得物料在纯化前无需干燥。这一固体的偶氮染料在水中的溶解度太大而不能从水中结晶出来,可以加饱和氯化钠溶液于已经滤过的热水中,再冷却,即得到满意的晶形。

最好的结晶是从乙醇水溶液中得到。

从乙醇水溶液中分离出来的Ⅱ号橙带有二分子结晶水。如果在120℃干燥时失去结晶水则此产物变成火红色。

3. 染色试验

(1)用0.5gⅡ号橙染料(粗产品),5mL硫酸钠溶液(1:10),300mL水及5滴浓硫酸一起配成染料浴,在接近沸点的温度下把一片试布放在浴中浸5min,然后将试布捞出并让它冷却。

(2)将这片染过的布取一半重新放入浴中加碳酸钠将溶液变成碱性,再加保险粉(连二亚硫酸钠)至浴的颜色根除为止。

【注意事项】

1. 重氮化和偶合反应均需在0~5℃的低温下进行。

2. 偶合反应也要控制在较低的温度下进行,要不断搅拌,还要控制反应介质的pH。

3. 对氨基苯磺酸通常含有两个分子的结晶水。由于它是两性化合物,且酸性比碱性强,所以它以酸性内盐的形式存在。

4. 淀粉-碘化钾试纸若不显蓝色,可以补加少量亚硝酸钠,直到试纸刚呈蓝色。若亚硝酸钠过量,能加速重氮盐分解,可用尿素使亚硝酸分解。

【思考题】

1. 什么叫重氮化反应? 在本实验制备重氮盐时,为什么要把对氨基苯磺酸变成钠盐?

如改成先将对氨基苯磺酸与盐酸混合,再滴加亚硝酸钠溶液进行重氮化反应,可以吗?为什么?

2. 什么叫偶联反应?试结合本实验讨论偶联反应的条件。

3. 用Ⅱ号橙染料染色过的布,重新放入浴中加碳酸钠将溶液变成碱性,再加保险粉至浴的颜色会褪除,为什么?

实验五十七 染料甲基橙的制备

脂肪族、芳香族和杂环的一级胺都可进行重氮化反应。通常,重氮化试剂是由亚硝酸钠与盐酸作用临时产生的。除盐酸外,也可使用硫酸、过氯酸和氟硼酸等无机酸。脂肪族重氮盐很不稳定,能迅速自发分解,芳香族重氮盐较为稳定。芳香族重氮基可以被其他基团取代,生成多种类型的产物,所以芳香族重氮化反应在有机合成上很重要。

重氮化反应的机理是首先由一级胺与重氮化试剂结合,然后通过一系列质子转移,最后生成重氮盐。重氮化试剂的形式与所用的无机酸有关。当用较弱的酸时,亚硝酸在溶液中与三氧化二氮达成平衡,有效的重氮化试剂是三氧化二氮。当用较强的酸时,重氮化试剂是质子化的亚硝酸和亚硝酰正离子。因此重氮化反应中,控制适当的pH值是很重要的。芳香族一级胺碱性较弱,需要用较强的亚硝化试剂,所以通常在较强的酸性下进行反应。

【实验目的】

1. 了解芳香族伯胺的重氮化反应及其偶联反应;
2. 学习重氮化反应和偶合反应的实验操作;
3. 掌握冰盐浴低温反应操作,巩固盐析和重结晶的原理和操作。

【实验原理】

$$HO_3S-C_6H_4-NH_2 \longrightarrow {}^-O_3S-C_6H_4-\overset{+}{N}H_3 \xrightarrow{NaOH} NaO_3S-C_6H_4-NH_2 + H_2O$$

$$NaO_3S-C_6H_4-NH_2 \xrightarrow[HCl]{NaNO_2} \left[HO_3S-C_6H_4-\overset{+}{N}\equiv N\right]Cl^- \xrightarrow[HOAc]{C_6H_5N(CH_3)_2}$$

$$\left[HO_3S-C_6H_4-\underset{+}{\overset{H}{N}}=N-C_6H_4-N(CH_3)_2\right]OAc^- \xrightarrow{原子迁移} NaO_3S-C_6H_4-N=N-C_6H_4-N(CH_3)_2$$

红色(酸式甲基橙)　　　　甲基橙

【仪器试剂】

仪器:200mL烧杯、恒温水浴、布氏漏斗、吸滤瓶、表面皿(沸水干燥)、滤纸、水循环式真空泵、淀粉-KI试纸。

试剂:对氨基苯磺酸、亚硝酸钠、乙醚少量、5%氢氧化钠、*N*,*N*-二甲基苯胺、氯化钠(冰盐浴用)、浓盐酸、稀盐酸、冰醋酸、稀氢氧化钠、乙醇少量、氢氧化钠固体。

【实验步骤】

1. 对氨基苯磺酸重氮盐的制备

在100mL烧杯中,加入2.1g对氨基苯磺酸晶体,加10mL5% NaOH,热水浴温热溶解。另溶0.8g亚硝酸钠于6mL水中,加入上述烧杯中,用冰盐浴冷至0~5℃。在搅拌下,将3mL浓盐酸与10mL水配成的溶液缓慢滴加到上述混合溶液中,并控制温度在5℃以下。滴加完后用淀粉-碘化钾试纸检验(若试纸不显蓝色,尚需补充亚硝酸钠溶液。)然后在冰盐浴中放置15min以保证反应完全。此时,往往析出对氨基苯磺酸的重氮盐。这是因为在重氮盐在水中可以电离,形成中性内盐,在低温时难溶于水而形成小晶体析出。

2. 偶合

在一支试管中加入1.3mL*N*,*N*-二甲基苯胺和1mL冰醋酸,振荡混合。搅拌下,将此液慢慢加到上述冷却重氮盐中,搅拌10min。冷却搅拌,慢慢加入25mL 5% NaOH至为橙色(若反应物中含有未反应的*N*,*N*-二甲基苯胺醋酸盐,在加入氢氧化钠后,就会有难溶于水的*N*,*N*-二甲基苯胺析出,影响产物的纯度。湿的甲基橙的空气中受光的照射后,颜色很快变深,所以一般得紫红色粗产物)。这时反应液呈碱性,粗制的甲基橙呈细粒状沉淀析出。将反应物在沸水浴上加热5min,溶解后,稍冷,置于冰水浴中冷却,使甲基橙全部重新结晶析出后,抽滤收集结晶。依次用少量水、乙醇、乙醚洗涤,压干。

3. 精制

若要得到较纯的产品,可用溶有少量氢氧化钠(0.1~0.2g)的沸水(每克粗产物约需25mL)进行重结晶。待结晶析出完全后,抽滤收集,沉淀依次用少量乙醇、乙醚洗涤。得到橙色的小叶片状甲基橙结晶。

称重产品并溶解少许产品,加几滴稀HCl,然后用稀NaOH中和,观察颜色变化。甲基橙溶解于水中得到橙色液体,遇酸变红,遇碱变黄。

4. 理论产量为:0.01mol,3.2g。

【注意事项】

1. 对氨基苯磺酸为两性化合物,酸性强于碱性,它能与碱作用成盐而不能与酸作用成盐。

2. 重氮化过程中,应严格控制温度,反应温度若高于5℃,生成的重氨盐易水解为酚,降低收率。

3. 若试纸不显色,需补充亚硝酸钠溶液。

4. 重结晶操作要迅速,否则由于产物呈碱性,在温度高时易变质,颜色变深。用乙醇和乙醚洗涤的目的是使其迅速干燥。

【思考题】

1. 在重氮盐制备前为什么还要加入氢氧化钠? 如果直接将对氨基苯磺酸与盐酸混合后,再加入亚硝酸钠溶液进行重氮化操作行吗? 为什么?

2. 制备重氮盐为什么要维持0~5℃的低温,温度高有何不良影响?

3. 重氮化为什么要在强酸条件下进行? 偶合反应为什么要在弱酸条件下进行?

实验五十八 硝基芳烃的制备

【实验目的】

1. 掌握硝硫混酸的配制技术;
2. 掌握硝化反应的基本操作。

【实验原理】

1. 硝酸与硫酸反应,生成进攻试剂 NO_2^+

$$HNO_3 + 2H_2SO_4 \longrightarrow H_3O^+ + HSO_4^- + NO_2^+$$

2. 由甲苯与硝硫混酸反应,生成一硝基甲苯(MNT)

$$C_6H_5CH_3 + HNO_3 \xrightarrow{H_2SO_4} C_6H_4(NO_2)CH_3 + H_2O$$

3. 由一硝基甲苯与硝硫混酸反应,生成二硝基甲苯(DNT)

$$C_6H_4(NO_2)CH_3 + HNO_3 \xrightarrow{H_2SO_4} C_6H_4(NO_2)_2CH_3 + H_2O$$

【实验内容】

(一)硝硫混酸的配制

1. 仪器试剂

仪器:冰浴装置、三颈烧瓶 250mL、电动搅拌器、梨形分液漏斗、温度计 0~100℃。

试剂:硝酸(98%)、硫酸(98%)、蒸馏水。

2. 实验步骤

根据反应所需混酸的浓度和手中已有的原料酸的浓度,计算所需原料酸的量和水的量,然后再配制混酸。以甲苯的硝化(一段硝化)的混酸为例,说明配制方法。

一段混酸成分(质量分数):硝酸(12 ± 1)%,硫酸(66 ± 1)%,水(21 ± 1)%。硝化 25g 甲苯,需要混酸 160g。

二段混酸成分(质量分数):硝酸(13 ± 1)%,硫酸(76 ± 1)%,水(11 ± 1)%。一硝基硝化 25g 甲苯,需要混酸 120g。

原料酸:硫酸 97%,硝酸 86%,配制 160g 上述混酸,需 86% 硝酸 x(mL),97% 硫酸 y(mL),水 z(mL),98% 硝酸相对密度 $\rho = 1.51$,98% 硫酸相对密度 $\rho = 1.84$,则:

$$x = \frac{160 \times 13\%}{1.51 \times 98\%} = 14\text{mL}$$

$$y = \frac{160 \times 66\%}{1.84 \times 98\%} = 59\text{mL}$$

$$z = 160 - \frac{160 \times 13\%}{98\%} - \frac{160 \times 66\%}{98\%} = 30\text{mL}$$

配酸过程:先将计算量的水加入三颈烧瓶或烧杯中,用冰水浴冷却,开动搅拌器,将计算量的硫酸倒入筒形漏斗，固定在铁架台上，往水中滴加硫酸，注意混合温度不超过40℃。硫酸滴加结束，待其冷却至10～15℃时，有分液漏斗滴加计算量的硝酸，温度控制在40℃以下。加完硝酸后将温度降至室温，混酸即可使用或盛入磨口瓶中盖严待用。

(二)一硝基甲苯的制备

1. 仪器试剂

仪器：自动恒温装置、250mL三颈烧瓶、电动搅拌器、筒形分液漏斗、梨形分液漏斗、温度计0～100℃。

试剂：甲苯(A.R.)、硝硫混酸(自制)。

2. 实验步骤

在装有搅拌器、温度计的三颈烧瓶中，配制一段混酸160g。用水浴将混酸升温至30℃左右，在强烈搅拌下，由筒形分液漏斗滴加25g甲苯。控制加料速度和调节水浴冷却能力，使反应温度逐渐上升，但不能超过50℃，约25～30min内加完甲苯。继续快速搅拌，并在50℃±5℃下保温20～30min。反应结束，将反应混合物倒入梨形分液漏斗中，静置15min，放出下层废酸。再加入10mL水，振荡萃取、放气，静置15min。将下层产物放入预先洗净烘干并称重的100mL小烧杯中，称量，计算收率。较好收率能达到97%。

产品为淡黄色油状液体，其中邻硝基甲苯约占59%，对硝基甲苯约36%，间硝基甲苯约5%，及微量氧化杂质。

(三)二硝基甲苯的制备

1. 仪器试剂

仪器：自动恒温装置、250mL三颈烧瓶、电动搅拌器、筒形分液漏斗、减压抽滤系统、干燥箱。

试剂：一硝基甲苯(自制)、硝硫混酸(自制)。

2. 实验步骤

在装有搅拌器和温度计的三颈烧瓶中，按配酸步骤配制二段混酸120g，用水浴升温至60～70℃，强烈搅拌下，由筒形分液漏斗滴加一硝基甲苯25g，控制加料速度和水浴保温能力，使加料期间温度控制在70℃±5℃，加料时间40～45min。继续搅拌，待温度有下降趋势时，升温至85℃±5℃，保温30～40min。反应结束，搅拌反应液，冷却至室温，有淡黄色固体析出。在搅拌下将其缓慢倒入200mL的冰水(或冷水)中，用砂芯漏斗过滤。将固体产物加入70～80℃的热水中，使其熔融，搅拌3～5min，倾去上层废水，洗涤二次。最后自然冷却并搅拌，直至二硝基甲苯成为小颗粒析出，过滤。在40～45℃的水浴烘箱中烘6～8h，称量，计算收率。收率大约94%，产物为异构体的混合物。实验制得的DNT凝固点在50℃以上。

【注意事项】

1. 如果滴加甲苯后温度不升高，则表示反应尚未进行，可能由于反应温度偏低或搅拌速度不够快。应停止加料，保持温度。加快搅拌，至温度上升后再继续加料。

2. 有时反应温度会突然上升，是由于加入的甲苯没及时反应，聚积过多，一旦反应则大量放热。当温度超过60℃时，反应副产物会进一步生成深色的树脂化物，而不能再分解为反应物，使产物颜色深，收率下降。

3. 一段硝化反应是两相反应，搅拌速度控制反应速度。故应始终快速搅拌，以增大两相接触面。若产物颜色较深（樱桃红或更深），在保温过程中应逐渐变淡，否则应补加5～10mL硝酸，以分解副产物。

4. 一硝基甲苯的硝化仍为两相反应，存在传质过程，且反应快，需快速搅拌，以加强传质和传热。

5. 为使二段硝化反应完全，必须适当提高反应温度。

【思考题】

1. 配制一段混酸，为什么温度应低于40℃？写出配酸用量计算式？
2. 甲苯硝化的反应速度与什么条件有关？为什么？
3. 反应温度过低或过高是什么原因？如何解决？

实验五十九　水杨酸甲酯的合成

【实验目的】

1. 掌握酯化反应的基本原理；
2. 学会有机回流装置的原理和无水反应的操作要点；
3. 了解水杨酸甲酯性质及应用。

【实验原理】

水杨酸甲酯学名邻羟基苯甲酸甲酯，最早是从冬青树叶中提得，所以又叫冬青油，它具有持殊的香味和防腐止痛作用，可作为香料和防腐剂。医药上主要用于外擦止痛和治疗风湿症等。

水杨酸甲酯在自然界广泛存在，是鹿蹄草、小当药油的主要成分。还存在于晚香玉、檞树、伊兰、丁香、茶等的精油中。工业上用水杨酸与甲醇在硫酸存在下酯化而得。将水杨酸溶解在甲醇中，添加硫酸，搅拌加热，于90～100℃反应3h，降温至30℃以下，分取油层，用碳酸钠溶液洗涤至pH=8以上，再用水洗1次。减压蒸馏，收集95～110℃（1.33～2.0kPa）馏分，即得水杨酸甲酯。收率80%以上。

主要反应式：

$$\text{水杨酸 } (o\text{-}HOC_6H_4COOH) + CH_3OH \xrightleftharpoons{H^+} \text{水杨酸甲酯 } (o\text{-}HOC_6H_4COOCH_3) + H_2O$$

水杨酸　　　　水杨酸甲酯（冬青油）

【实验试剂】

水杨酸、甲醇、浓硫酸、5%碳酸氢钠、饱和食盐水、无水氯化钙。

【操作步骤】

将 28g 水杨酸置于干燥的 250mL 圆底饶瓶中，加入甲醇 81mL，振摇使水杨酸溶解。在不断振摇下，慢慢加入浓硫酸 16mL。然后在水浴中加热回流 1.5～2h。稍冷后（≤30℃），改成蒸馏装置回收甲醇（64.8℃馏分），剩余溶液放冷后，倒入盛有 100mL 水的分液漏斗中，振摇并静置，分出下层油状物，用饱和碳酸氢钠溶液洗至中性，再用水洗 1～2 次，将水杨酸甲酯置干燥小锥形瓶中，加入 5g 无水硫酸镁，振摇，放置 0.5h 以上，过滤，滤液进行减压蒸馏（装置见减压蒸馏图，使用空气冷凝管），收集 115～117℃/20mmHg 或 100～102℃/12mmHg 的产品，计算收率（产量约 15～20g）。

【结果讨论】

最后实验制备出的产品通过性状测试（沸点、折光率）与文献值进行对比及水杨酸甲酯通过红外光谱或核磁共振谱来鉴定判断其品质。

水杨酸甲酯为具有香味的无色或微黄色油状液体，微溶于水、溶于氯仿、乙醚，与乙醇能混溶，纯水杨酸甲脂的沸点，222.2℃/760mmHg，105℃/14mmHg，折射率 1.5365，在高温下易分解，所以常用减压蒸馏法提纯。

【注意事项】

1. 反应用仪器一定要干燥，否则将降低冬青油的收率。
2. 反应过程温度不可以过高，否则生成的酯容易分解，影响收率。
3. 饱和碳酸氢钠洗涤的目的是除去杂质酸类（硫酸和水杨酸），注意排放二氧化碳。
4. 加无水硫酸镁的目的是干燥水杨酸甲酯。
5. 实验前应充分预习减压蒸馏原理和操作方法。
6. 本实验采用浓硫酸作催化剂和脱水剂易腐蚀设备且有副反应，最好使用离子交换树脂、固体超强酸、无机路易斯酸等绿色催化剂。

【思考题】

1. 本反应为什么要加入浓硫酸？
2. 甲醇和水杨酸的摩尔比是多少？为什么？
3. 本实验从回流装置改成蒸馏装置这一过程的操作顺序及注意事项是什么？
4. 产品为什么要用碱洗、水洗？
5. 为什么用减压蒸馏法精制水杨酸甲酯？减压蒸馏的原理是什么？
6. 减压蒸馏装置使用哪些仪器？操作应注意什么？
7. 本实验减压蒸馏时为什么用空气冷凝管？

实验六十　香豆素的合成

【实验目的】

1. 学习合成香料的基本知识和珀金(W. Perkin)反应的原理及其实验方法;

2. 掌握珀金(W. Perkin)反应制备香豆素的实验方法,掌握水蒸气蒸馏、重结晶等操作技术。

【实验原理】

香豆素最初是从黑香豆中发现的,故而得名。它具有干草香气及巧克力气息,而且留香持久。香豆素用于制造香料,既可用于各种香精的配制,如紫罗兰、薰衣草、兰花等香精;也可用于糕点糖果的调味。香豆素可以看作是顺式邻羟基肉桂酸的内酯,它是以水杨醛和乙酸酐作原料,在弱碱(如醋酸钠、叔胺等)催化下经珀金反应、酸化及环化脱水而制得,反应式为:

$$\text{(邻羟基苯甲醛: CHO, OH)} + (CH_3CO)_2O \xrightarrow[\Delta]{(CH_3CH_2)_3N} \text{(香豆素)} + \text{(邻乙酰氧基肉桂酸: COOH, OCOCH}_3\text{)}$$

【仪器试剂】

仪器:50mL 圆底烧瓶、回流冷凝管、干燥管、250mL 三颈烧瓶、水蒸气蒸馏装置。

试剂:水杨醛、醋酸酐、三乙胺、碳酸氢钠、广泛 pH 试纸、20% 盐酸、乙醇。

【实验步骤】

在 50mL 圆底烧瓶中,依次加入 1.9mL 水杨醛、2mL 三乙胺及 5mL 醋酸酐,投入 2 粒沸石,配置回流冷凝管,冷凝管上连接氯化钙干燥管,将混合物加热回流 4h。注意:量取酸酐时要细心,若溅及皮肤,应用大量水冲洗。

回流结束后,将反应混合物趁热转入盛有 20mL 水的 250mL 三颈烧瓶中,用少量热水冲洗反应瓶,以使反应物全部转入三颈烧瓶中。然后,进行水蒸气蒸馏,蒸除未反应完全的水杨醛。蒸馏至馏出液为清亮时,再蒸馏一段时间,间或取出馏液试样用几滴稀 $FeCl_3$ 溶液检验,直到无显色反应,蒸馏即到终点。

水蒸气蒸馏结束后,待蒸馏烧瓶中的剩余物稍稍冷却,在充分搅拌下,慢慢加入碳酸氢钠粉末,直到溶液呈弱碱性(pH = 8)。将烧瓶置入冰浴中使晶体析出。

如果无结晶析出,可投入一粒香豆素晶种或用玻璃棒在烧瓶壁上摩擦以诱使结晶析出。经过滤,用少许冷水洗涤,即得香豆素粗产品。

滤液中含有副产物邻 - 乙酰氧基肉桂酸,可用 20% 盐酸酸化,经过滤收集沉淀物,沉淀物可用水 - 乙醇混合溶剂重结晶,即得邻 - 乙酰氧基肉桂酸,熔点 153 ~ 154℃。

香豆素粗品可用水重结晶:1g 粗品加 200mL 水,煮沸 15min。稍冷,加入半匙活性炭,再沸煮 3min，趁热过滤。将滤液转至烧杯中，投入 1 ~ 2 粒沸石，加热沸煮直到溶液体积剩下约 80mL 为止。待溶液稍冷却后，将烧杯置入冰浴之中，使香豆素晶体充分析出，然后过滤，收集固体产品，干燥、称量、测熔点并计算收率。香豆素粗品也可用 1:1 的乙醇水溶液进行重结晶。

香豆素为白色晶体，有香味，熔点 68 ~ 69℃。

【注意事项】

1. 如果一次实验未完成，可中途停止加热。但是当重新加热时，应再投进几粒新沸石。
2. 酚类化合物可以与 $FeCl_3$ 溶液形成显色配合物。

【思考题】

1. 实验中三乙胺起什么作用，可否用其他化合物替代？试举例说明。
2. 本实验有何副反应，如何分离副产物？
3. 在水蒸气蒸馏过程依据什么原理来确定蒸馏终点？

实验六十一　乙酸乙酯的制备

醇跟羧酸或含氧无机酸生成酯和水，这种反应叫酯化反应。分两种情况：羧酸跟醇反应和无机含氧酸跟醇反应。

羧酸跟醇的反应过程一般是：羧酸分子中的羟基与醇分子中羟基的氢原子结合成水，其余部分互相结合成酯。羧酸跟醇的酯化反应是可逆的，并且一般反应极缓慢，故常用浓硫酸作催化剂。多元羧酸跟醇反应，则可生成多种酯。如乙二酸跟甲醇可生乙二酸氢甲酯或乙二酸二甲酯。

无机强酸跟醇的反应，其速度一般较快，如浓硫酸跟乙醇在常温下即能反应生成硫酸氢乙酯。多元醇跟无机含氧强酸反应，也生成酯。

羧酸跟醇的酯化反应是可逆的，为提高产品收率，一般采用以下措施：

(1)使某一反应物过量；

(2)在反应中移走某一产物（蒸出产物或水）；

(3)使用催化剂，如用浓硫酸作催化剂。

用酸与醇直接制备酯，在实验室中有三种方法。

一是直接回流法，一种反应物过量，直接回流。制备乙酸乙酯用回流法较好。

二是提取酯化法，加入溶剂，使反应物、生成的酯溶于溶剂中，和水层分开。

三是共沸蒸馏分水法，利用酯、酸和水形成二元或三元恒沸物，生成的酯和水以恒沸物的形式蒸出来，冷凝后通过分水器分出水，油层回到反应器中。如制备乙酸正丁酯用共沸蒸馏分水法较好。

【实验目的】

1. 掌握酯化反应原理，以及由乙酸和乙醇制备乙酸乙酯的方法；

2. 学会回流反应装置的搭制方法；

3. 复习蒸馏、分液漏斗的使用、液体的洗涤、干燥等基本操作。

【实验原理】

本实验用冰醋酸和乙醇为原料，采用乙醇过量、利用浓硫酸的吸水作用使反应顺利进行。除生成乙酸乙酯的主反应外，还有生成乙醚等的副反应。

主反应　$CH_3COOH + CH_3CH_2OH \underset{\triangle}{\overset{浓H_2SO_4}{\rightleftharpoons}} CH_3COOCH_2CH_3 + H_2O$

副反应　$CH_3CH_2OH \xrightarrow[170℃]{浓H_2SO_4} CH_2 = CH_2 + H_2O$

$2CH_3CH_2OH \xrightarrow[140℃]{浓H_2SO_4} (CH_3CH_2)_2O + H_2O$

【实验试剂】

15g(14.3mL，0.25mol)冰醋酸、18.4g(23mL，0.37mol)95%乙醇、浓硫酸(相对密度1.84)、饱和 Na_2CO_3 溶液、饱和 NaCl 溶液、饱和 $CaCl_2$ 溶液、无水 $MgSO_4$。

【实验步骤】

1. 装置

在 100mL 圆底烧瓶中加入 14.3mL 冰醋酸、23mL95%乙醇，在摇动下慢慢加入 7.5mL 浓硫酸，混合均匀后加入几粒沸石，装上回流冷凝管，通入冷凝水。

2. 反应

水浴上加热至沸，回流 0.5h。

稍冷后改为简单蒸馏装置，加入几粒沸石，在水浴上加热蒸馏，直至不再有馏出物为止，得粗乙酸乙酯。

首次蒸出的粗制品常夹杂有少量未作用的乙酸、乙醇以及副产物乙醚、亚硫酸等，洗涤干燥等操作就是为了除去这些杂质。

3. 洗涤

(1)在摇动下慢慢向粗产物中加入饱和碳酸钠(Na_2CO_3)水溶液，除去酸，此步要求比较缓慢，注意摇动与放气，随后放入分液漏斗中放出下面的水层，有机相用蓝色石蕊试纸检验至不变色(酸性呈红色)为止，也可用 pH 试纸检验。

放气是为了避免因产生 CO_2 气体导致分液漏斗内压力过大。因为有以下反应产生：

$$CH_3COOH + Na_2CO_3 \longrightarrow CH_3COONa + CO_2\uparrow + H_2O$$

$$H_2SO_4 + Na_2CO_3 \longrightarrow Na_2SO_4 + CO_2\uparrow + H_2O$$

(2)有机相再加 10mL 饱和食盐水(NaCl)洗涤，用以除去剩余的碳酸钠，否则与下步洗涤所用的 $CaCl_2$ 反应生成 $CaCO_3$ 沉淀。

注意：不用水代替，以减少酯在其中的溶解度(每 17 份水溶解 1 份乙酸乙酯)。

(3)最后每次用 10mL 的氯化钙($CaCl_2$)洗涤两次，以除去残余的醇。

4. 干燥

将酯层放入干燥的锥形瓶中，加入 2～3g 左右的无水 K_2CO_3/$MgSO_4$ 干燥(分别与水结合

生成 $K_2CO_3 \cdot 2H_2O$、$MgSO_4 \cdot 7H_2O$ 而达到除水干燥之目的)，塞上橡皮塞，放置30min，期间要求间歇振荡。

5. 蒸馏

实验前提前干燥，把干燥后的粗乙酸乙酯滤入50mL 烧瓶中，水浴蒸馏，收集73～80℃的馏分。

6. 称量，通过折光率判断其纯度。

纯粹乙酸乙酯具有果香味的无色液体，沸点77.06℃，折光率 n_D^{20}1.3727。

7. 理论产量:0.25mol，22g。

【注意事项】

1. 加料滴管和温度计必须插入反应混合液中，加料滴管的下端离瓶底约5mm为宜。

2. 加浓硫酸时，必须慢慢加入并充分振荡烧瓶，使其与乙醇均匀混合，以免在加热时因局部酸过浓引起有机物碳化等副反应。

3. 反应瓶里的反应温度可用滴加速度来控制。温度接近125℃，适当滴加快点；温度落到接近110℃，可滴加慢点；到110℃停止滴加；待温度升到110℃以上时，再滴加。

4. 所用仪器均需烘干，否则，乙酸乙酯与水或醇形成二元或三元共沸物(表6-1)，在73℃之前蒸出，导致产率大大降低。

表6-1　乙酸乙酯与水或醇形成二元或三元共沸物

沸点/℃	组成/%		
	乙酸乙酯	乙醇	水
70.2	82.6	8.4	9.0
70.4	91.9		8.1
71.8	69.0	31.0	

【思考题】

1. 在本实验中硫酸起什么作用?

2. 为什么要用过量的乙醇? 如果采用醋酸过量是否可以，为什么?

3. 酯化反应有什么特点? 在实验中如何创造条件促使酯化反应尽量向生成物方向进行?

4. 能否用浓氢氧化钠代替饱和碳酸钠溶液来洗涤蒸馏液?

5. 用饱和氯化钙溶液洗涤，能除去什么，为什么先用饱和食盐水洗涤? 是否可用水代替?

实验六十二 乙酸正丁酯的制备

【实验目的】

1. 掌握共沸蒸馏分水法的原理和油水分离器的使用；
2. 掌握液体化合物的分离提纯方法。

【实验原理】

制备酯类最常用的方法是由羧酸和醇直接化合成。合成乙酸正丁酯的反应如下：

$$CH_3COOH + CH_3CH_2CH_2CH_2OH \xrightleftharpoons{H_2SO_4} CH_3COOCH_2CH_2CH_2CH_3 + H_2O$$

副反应：

$$CH_3CH_2CH_2CH_2OH \xrightarrow{H^+/\triangle} CH_3CH_2CH_2CH_2OCH_2CH_2CH_2CH_3 + CH_3CH_2CH{=}CH_2$$

酯化反应是一个可逆反应，而且在室温下反应速度很慢。加热、加酸 H_2SO_4 作催化剂，可使酯化反应速率大大加快。同时为了使平衡向生成物方向移动，可以采用增加反应物浓度（冰醋酸），和将生成物除去的方法，使酯化反应趋于完全。

为了将反应物中生成的水除去，利用酯、酸和水形成二元或三元恒沸物，采取共沸蒸馏分水法。使生成的酯和水以共沸物形式蒸出来，冷凝后通过分水器分出水，油层则回到反应器中。

【仪器试剂】

仪器：圆底烧瓶、分水器、球形冷凝管、直型冷凝管、蒸馏头、温度计、接引管、分液漏斗、锥形瓶、蒸馏烧瓶。

试剂：正丁醇、冰醋酸、浓硫酸、10%碳酸钠、无水硫酸镁。

【实验步骤】

在100mL圆底烧瓶中加入11.5mL正丁醇，用量筒加入9mL冰醋酸，从滴瓶中加入3~4滴浓 H_2SO_4 摇匀，投入1~2粒沸石。在分水器中加入计量过的水，使水面稍低于分水器回流支管的下沿，打开冷凝水。反应瓶在石棉网上，小火加热回流。反应过程中，不断有水分出，并进入分水器的下部，通过分水器下部的开关将水分出，要注意水层与油层的界面，不要将油层放掉，反应约40min后，分水器中的水层不再增加时，即为反应的终点。

将分水器中液体倒入分液漏斗，分出水层，量取水层，量取水的体积，减去预加入的水量，即为反应生成的水量。上层的油层与反应液合并。分别用10mL水、10mL10%碳酸钠、10mL水洗涤反应液，将分离出来的上层油层倒入一干燥的小锥形瓶中，加入无水硫酸镁干燥，直至液体澄清。干燥后的液体，用少量棉花通过三角漏斗过滤至干燥的100mL蒸馏瓶中，加入沸石，安装蒸馏装置，石棉网上加热，收集124~127℃的馏分。产品称重后测定折射率。

纯粹的乙酸丁酯为具有果子香的无色液体，沸点 126.1℃，折光率 n_D^{20} 1.3951。

【注意事项】

1. 高浓度醋酸在低温时凝结成冰状固体(熔点 16.6℃)。取用时可温水浴热使其熔化后量取。注意不要碰到皮肤，防止烫伤。

2. 浓硫酸起催化剂作用，只需少量即可。滴加浓硫酸时，要边加边摇，以免局部炭化，必要时可用冷水冷却。也可用固体超强酸作催化剂。

3. 当酯化反应进行到一定程度时，可连续蒸出乙酸正丁酯、正丁醇和水的三元共沸物(恒沸点 90.7℃)，其回流液组成为：上层三者分别为 86%、11%、3%，下层为 19%、2%、97%。故分水时也不要分去太多的水，而以能让上层液溢流回圆底烧瓶继续反应为宜。

4. 碱洗时注意分液漏斗要放气，否则二氧化碳的压力增大会使溶液冲出来。

5. 本实验中不能用无水氯化钙为干燥剂，因为它与产品能形成络合物而影响产率。

6. 正确使用分水器。本实验体系中有正丁醇 - 水共沸物，共沸点 93℃，乙酸正丁酯 - 水共沸物，共沸点 90.7℃，在反应进行的不同阶段，利用不同的共沸物可把水带出体系，经冷凝分出水后，醇、酯再回到反应体系。为了使醇能及时回到反应体系中参加反应，在反应开始前，在分水器中应先加入计量过的水，使水面稍低于分水器回流支管的下沿，当有回流冷凝液时，水面上仅有很浅一层油层存在。在操作过程中，不断放出生成的水，保持油层厚度不变。或在在分水器中预先加水至支口，放出反应所生成理论量的水(用小量筒量)。

7. 控制反应温度在 120 ~ 125℃。

8. 反应终点的判断可观察以下两种现象：①分水器中不再有水珠下沉；②分水器中分出的水量与理论分水量进行比较，判断反应完成的程度。

【思考题】

1. 酯化反应有哪些特点？本实验中如何提高产品收率？又如何加快反应速度？

2. 计算反应完全时应分出多少水。

3. 在提纯粗产品的过程中，用碳酸钠溶液洗涤主要除去哪些杂质？若改用氢氧化钠溶液是否可以？为什么？

实验六十三　己二酸的制备

【实验目的】

1. 学习环己醇氧化制备己二酸的原理和了解由醇氧化制备羧酸的常用方法；
2. 熟悉电动搅拌，抽滤等实验技术；
3. 熟练掌握熔点的测定技术。

【实验原理】

己二酸(ADA)，又称肥酸。常温下为白色晶体，熔点 152℃，沸点 337.5℃。

是重要的有机合成中间体，主要用于合成纤维（尼龙－66，大约占己二酸总量的70%）其它的（30%）在制备聚氨酯、PA－46、PA－66、PA－610、合成树脂、合成革、聚酯泡沫塑料、塑料增塑剂、润滑剂、食品添加剂、黏合剂、杀虫剂、染料、香料、医药等领域得以广泛应用。

制备羧酸最常用的方法是烯、醇、醛等的氧化法。常用的氧化剂有硝酸、重铬酸钾（钠）的硫酸溶液、高锰酸钾、过氧化氢及过氧乙酸等。但其中用硝酸为氧化剂反应非常剧烈，伴有大量二氧化氮毒气放出，既危险又污染环境。因而本实验采用环己醇在高锰酸钾的碱性条件发生氧化反应，然后酸化得到己二酸。

反应式：

$$\text{环己醇} \xrightarrow{[O]} \text{环己酮} \xrightarrow{[O]} HO-\overset{O}{\overset{\|}{C}}-(CH_2)_4-\overset{O}{\overset{\|}{C}}-OH \ (\text{己二酸})$$

$$3\,C_6H_{11}OH + 8KMnO_4 + H_2O \longrightarrow 3HO_2C-(CH_2)_4-CO_2H + 8MnO_2\downarrow + 8KOH$$

【仪器试剂】

仪器：抽滤装置、100℃温度计。

试剂：环己醇、高锰酸钾、氢氧化钠、亚硫酸氢钠、浓盐酸、试纸。

【实验步骤】

1. 安装反应装置，在烧杯中加入6g高锰酸钾和50mL0.3mol/L氢氧化钠溶液，搅拌加热至35℃使之溶解，然后停止加热。

2. 在继续搅拌下用滴管滴加2.1mL环己醇，控制滴加速度，维持反应温度43～47℃，滴加完毕后若温度下降，可在50℃的水浴中继续加热，直到高锰酸钾溶液颜色褪去。在沸水浴中将混合物加热几分钟使二氧化锰凝聚。

3. 待反应结束后，在一张平整的滤纸上点一小滴混合物以试验反应是否完成，如果观察到试液的紫色存在，可加入固体亚硫酸氢钠来除去过量的高锰酸钾。趁热抽滤，滤渣二氧化锰用少量热水洗涤3次，每次尽量挤压掉滤渣中的水分。

4. 滤液用小火加热蒸发使溶液浓缩至原来体积的一半，冷却后再用浓盐酸酸化至pH值为2～4止。冷却析出结晶，抽滤后得粗产品。

5. 将粗产物用水进行重结晶提纯。然后在烘箱中烘干。

【注意事项】

1. 制备羧酸采取的都是比较强烈的氧化条件，一般都是放热反应，应严格控制反应温度，否则不但影响收率，有时还会发生爆炸事故。

2. 环己醇常温下为黏稠液体，可加入适量水搅拌，便于用滴管滴加。

【思考题】

1. 制备羧酸的常用方法有哪些？

2. 为什么必须控制氧化反应的温度？

第七章　表面活性剂及助剂

实验六十四　十二烷基硫酸钠的合成

【实验目的】

1. 掌握高级醇硫酸酯盐型阴离子表面活性剂的合成工艺；
2. 了解高级醇硫酸酯盐型阴离子表面活性剂的主要性质和用途；
3. 掌握含固量、表面张力和泡沫性能的测定方法及有关仪器的使用方法。

【实验原理】

1. 主要性质和用途

十二烷基硫酸钠(代号 AS)是脂肪醇硫酸酯盐型阴离子表面活性剂的典型代表。是白色至淡黄色固体,易溶于水,泡沫丰富,去污力、乳化性较好,有较好的生物降解性,耐碱、耐硬水,适于低温洗涤,易漂洗,对皮肤刺激性小。但在强酸性溶液中易发生水解,稳定性较磺酸盐差。可做矿井灭火剂、牙膏起泡剂、洗涤剂、纺织助剂及其他工业助剂,具有广泛的用途。

2. 合成原理

脂肪醇硫酸钠一般由脂肪醇和三氧化硫、氯磺酸及氨基磺酸作用后经中和而制得。其反应原理如下:

(1)用三氧化硫来硫酸化

$$ROH + SO_3 \longrightarrow ROSO_3H \longrightarrow ROSO_3Na$$

此反应呈现 SN_2 的机理,产品含盐量低、色浅、质量好。

(2)用氯磺酸硫酸化

$$C_{12}H_{25}OH + ClSO_3H \longrightarrow C_{12}H_{25}OSO_3H + HCl\uparrow$$

$$C_{12}H_{25}OSO_3H + NaOH \longrightarrow C_{12}H_{25}OSO_3Na + H_2O$$

反应机理可推测为酰基氯和醇的反应,醇作为亲核试剂进攻氯磺酸带正电荷的硫原子,随后醇分子中的氢氧键断裂,得到烷基硫酸酯。

(3)用氨基磺酸硫酸化

$$C_{12}H_{25}OH + NH_2SO_3H \longrightarrow C_{12}H_{25}OSO_3NH_4$$

氨基磺酸先进行分子内重排,再在酸的催化下对月桂醇进行脱氢,即得十二烷基硫酸铵。然后，经过氢氧化钠处理即可得到十二烷基硫酸钠。硫酸/尿素作为组合催化剂。尿素可单独做催化剂，或做助催化作用。

【仪器试剂】

仪器：电动搅拌器、电热套、研钵、托盘天平、三颈烧瓶（250mL）、烧杯（50mL、250mL、500mL）、温度计（0～100℃、0～150℃）、量筒（10mL、100mL）。

试剂：月桂醇、氨基磺酸、尿素、氢氧化钠溶液（5%、30%）、氯仿、pH 试纸。

【实验步骤】

1. 采用月桂醇氨基磺酸硫酸化来合成

在装有电动搅拌器、温度计的 250mL 三颈烧瓶中加入 37g 月桂醇，称取 20g 氨基磺酸、4g 尿素放入研钵中研细，混合均匀，在 30～40℃ 时将研细的混合物分多次慢慢加入三颈烧瓶中，同时充分搅拌，使混合物分散开，加完后缓慢升温至 105～110℃（无回流，空气传热，误差 -10℃），反应 1.5～2h。

反应结束后，加入 80mL 热水，搅匀。趁热倒出，在搅拌下用 30% 氢氧化钠中和至 pH 为 7.0～8.5。

2. 产品检验

(1) 取样作薄层层析；

(2) 测固形物含量和泡沫性能；

(3) 测定表面张力和 CMC（临界胶团浓度）；

(4) 阴离子表面活性剂的鉴定：

①酸性亚甲基蓝试验：水相（上层兰、下层无色）；样品（上层浅蓝、下层深蓝）

染料亚甲基蓝溶于水而不溶于氯仿，它能与阴离子表面活性剂反应形成可溶于氯仿的蓝色络合物，从而使蓝色从水相转移到氯仿相。

②盐酸水解试验。

3. 收率计算

本产品为白色或淡黄色固体，溶于水成半透明溶液。

【注意事项】

加热时，应将电热套与烧瓶底保持一定距离，以便随时抽出！

【思考题】

1. 硫酸酯盐阴离子表面活性剂有哪几种？试写出其结构式。

2. 产品的 pH 为什么控制在 7.0～8.5？

3. 高级醇硫酸酯盐有哪些特性和用途？

实验六十五　N,N－双羟乙基十二烷基酰胺的合成

N,N－双羟乙基十二烷基酰胺又称N,N－二羟乙基月桂酰胺，商品名尼纳尔、净洗剂6501或稳泡净洗剂CD－110，属非离子型表面活性剂，为淡黄色黏稠液状物，易溶于水。其起泡性强，泡沫稳定性好，能明显提高水的黏度。具有对水的增稠性、污垢分散性、耐碱性、耐硬水性和皮肤保护性。与其他表面活性剂配合时，则发生相乘效果，其清洗性、发泡性、泡沫稳定性更加提高。广泛用作食品、餐具洁净剂，以及织物清洗剂、化纤纺丝油剂，是液体洗涤剂中不可缺少的原料。由于其化学组成具有酰胺化合物结构，其水溶液对金属有较好的缓蚀能力，还可应用于各种金属清洗、磨削、防锈材料的生产。

N,N－双羟乙基十二烷基酰胺有1:1型、1:1.5型、1:2型三种，1mol月桂酸或椰子油脂肪酸与1mol二乙醇胺缩合，得1:1型，与1.5mol二乙醇胺缩合得1:1.5型，与2mol二乙醇胺缩合则得1:2型。

【实验目的】

1. 了解多元醇型非离子表面活性剂之一的烷基醇酰胺的合成方法；
2. 了解烷基醇酰胺在工业和日用化工方面的应用；
3. 掌握N,N－双羟乙基十二烷基酰胺的合成方法。

【实验原理】

1. 脂肪酸和二乙醇胺直接合成法。该法工艺简单，但成本高，副反应多。

2. 精制油与二乙醇胺直接反应，也称一步法。在实用中烷基醇酰胺通常由脂肪酸（FA）与过量的二乙醇胺（DEA）制成（1:2型、1:1.5型）以保证脂肪酸反应完全，所得的产物是等摩尔酰胺与DEA的缔合物，有良好的水溶性。该法成本较低，但产品色泽深，其中烷基醇酰胺的含量仅70%左右，因而在国际市场上缺乏竞争力，国内中小厂家目前多采用该方法。

3. 由椰子油与醇进行酯交换生成月桂酸酯，再与二乙醇胺反应生成产物。该法也称二步法。目前国内外大企业均采用较先进的甲酯法，该法反应温度低，所得产品色泽浅、透明度好、增稠性能高。其中月桂酸二乙醇酰胺的含量可达85%以上，且原料成本与一步法持平，故产品的竞争力强。

酯交换法工艺流程相对复杂，合成过程中涉及甲醇的弥散、劳动保护、防火、防爆等问题。若使用油和甲醇合成高级脂肪酸甲酯，需要进一步分离产物中的甘油。因而甲酯化法设备投资比较大。

传统的6501产品均采用椰子油作为原料，近些年来由于椰子油价格不断上涨，越来越多的厂家采用棕榈油、棉籽油等油脂来部分代替椰子油。由于成品相对分子质量大，熔点高，在常温状态较纯椰子油制品黏稠许多。因而按照棕榈油的添加量分为高黏和超高黏等型号。

本实验采用脂肪酸和二乙醇胺直接合成法合成1:1型N,N－双羟乙基十二烷基酰胺。

$$C_{11}H_{23}COOH + HN(CH_2CH_2OH_2) \longrightarrow C_{11}H_{23}CON(CH_2CH_2OH_2) + H_2O$$

【仪器试剂】

仪器：四颈烧瓶、电加热套、搅拌器、温度计、球形冷凝管、分水器。

试剂：月桂酸、二乙醇胺、氮气。

【实验步骤】

1. 在装有搅拌器、温度计、球形冷凝管、分水器的250mL四颈烧瓶中加入50g月桂酸和26g二乙醇胺。
2. 将反应物加热到120℃，通入氮气，继续加热到160℃，保温6h。
3. 当从分水器中放出生成的水的量达4～5mL时，即认为反应完成。
4. 冷却反应物至室温，出料。

【结果讨论】

月桂酸相对分子质量为200，50g月桂酸即为0.25mol，二乙醇胺相对分子质量为105，26g二乙醇胺即为0.247mol，月桂酸稍过量，反应完全时，生成水的量为0.247mol，质量为4.45g，体积为4.45mL，因此，当反应生成的水的量达4～5mL时，即可认为反应基本完成。

【注意事项】

1. 严格按照钢瓶使用方法使用氮气钢瓶；
2. 本反应的温度很高，应注意防火；
3. 氮气不要通入太大，以冷凝管口看不到气体为适度。

【思考题】

1. 本实验除主反应外，还可能发生哪些副反应？
2. 试述烷基醇酰胺的国内外商品名称是什么？
3. 烷基醇酰胺的用途有哪些？
4. 非离子表面活性剂有哪两大类？它们在结构上有什么不同。

实验六十六　十二烷基二甲基氧化胺的合成

【实验目的】

了解氧化胺类表面活性剂的合成及应用。

【实验原理】

1. 主要性质和用途

十二烷基二甲基氧化胺是叔胺氧化生成的氧化胺，分子中含有≡N—O基团，可与水形成氢键，该基团构成了氧化胺类表面活性剂的亲水基。氧化胺类表面活性剂是一类比较特

殊的表面活性剂,有人把它划归为两性表面活性剂,结构式为:

$$\begin{array}{c} R^1 \\ | \\ R—N—O \\ | \\ R^2 \end{array} \quad 或者 \quad \begin{array}{c} R^1 \\ | \\ R—N^{\oplus}—O^{\ominus} \\ | \\ R^2 \end{array}$$

(结构式Ⅰ)　　(结构式Ⅱ)

多数文献的写法是按结构式Ⅰ来表示氧化胺,因此许多人认为它是非离子表面活性剂,但在非离子表面活性剂的专著中几乎见不到这类表面活性剂。也许是因为原料来源的原因,在有些书中,它们被划归阳离子表面活性剂部分。在溶液中,当 pH >7 时,十二烷基二甲基氧化胺是以结构式Ⅰ形式存在的,当 pH <3 时,它是以阳离子形式存在的。

$$\begin{array}{c} CH_3 \\ | \\ C_{12}H_{25}—N\rightarrow O \\ | \\ CH_3 \end{array} + H^+ \rightleftharpoons \begin{array}{c} CH_3 \\ | \\ C_{12}H_{25}—N^{\oplus}—O—H \\ | \\ CH_3 \end{array}$$

氧化胺与各类表面活性剂有良好的配伍性。它是低毒、低刺激性、易生物降解的产品。在配方产品中,它具有良好的发泡性、稳泡性和增稠性能,常被用来代替尼纳尔用于香波、浴剂、餐具洗涤剂等产品。

2. 合成原理

此类产品的工业生产目前基本上都采用双氧水氧化叔胺的工艺路线。反应过程中,双氧水过量,反应后用亚硫酸钠将其除去,由于双氧水及氧化胺对铁等某些金属离子比较敏感,合成过程中体系内常加入少量螯合剂。反应式如下:

$$\begin{array}{c} CH_3 \\ | \\ C_{12}H_{25}—N \\ | \\ CH_3 \end{array} + H_2O_2 \longrightarrow \begin{array}{c} CH_3 \\ | \\ C_{12}H_{25}N\rightarrow O \\ | \\ CH_3 \end{array} + H_2O$$

反应温度通常控制在 60℃ ~80℃。由于产品的水溶液在高浓度时能形成凝胶,所以,其水溶液产品的活性物含量控制在 35% 以下,加入异丙醇可以使产品的浓度更高一些。产品为无色或微黄色透明体,1% 水溶液的 pH 在 6 ~8,游离胺不高于 1.5% 。

【仪器试剂】

仪器:三颈烧瓶(250mL)、球形冷凝管、温度计(0 ~100℃)、滴液漏斗(60mL)。

试剂:十二烷基二甲基胺、双氧水、异丙醇、柠檬酸、亚硫酸钠。

【实验步骤】

在装有搅拌器、回流冷凝管、温度计或滴液漏斗的 250mL 的三颈烧瓶中加入 42.6g 十二烷基二甲基胺和 0.6g 柠檬酸,在滴液漏斗中加入 27.2g30% 的双氧水。然后搅拌,升温到 60℃,于 40min 内将双氧水均匀滴入反应体系。然后将反应物升温至 80℃,回流反应约 4h。在反应过程中,体系黏度不断增加,当搅拌状况不好时,将 24g 水和 20g 异丙醇的混合物加入。反应物降温到 40℃时,加入 4g 亚硫酸钠,搅拌均匀后出料。

【注意事项】

1. 30% 的双氧水对皮肤有腐蚀性，切勿溅到手上。

2. 双氧水滴加过快或滴加时反应温度低，易产生积累，使反应不平稳，造成逸料。

【思考题】

1. 典型的氧化胺类表面活性剂有哪些？

2. 举例说明氧化胺的主要用途。

实验六十七　十二烷基苯磺酸钠的合成

【实验目的】

1. 掌握烷基苯磺酸钠(LAS)的制备方法；

2. 了解用不同磺化剂进行磺化反应的机理和反应特点；

3. 了解十二烷基苯磺酸钠性质、用途和使用方法。

【实验原理】

磺化反应是向有机分子中的碳原子上引入磺酸基($—SO_3H$)的反应。生成的产物是磺酸($R-SO_3H$)、磺酸盐($R-SO_3M$；M 表示 NH_4^+ 或金属离子)或磺酰氯($R-SO_2Cl$)。

磺化是亲电取代反应。SO_3 分子中硫原子的电负性比氧原子的电负性小，所以硫原子带有部分正电荷而成为亲电试剂。

常用的磺化剂是浓硫酸、发烟硫酸、三氧化硫、氯磺酸。

磺化的主要方法有：

(1)过量硫酸磺化法(磺化剂是浓硫酸和发烟硫酸)；

(2)共沸脱水磺化法；

(3)三氧化硫磺化法；

(4)氯磺酸磺化法；

(5)芳伯胺的烘焙磺化法。

磺化反应的主要目的有：①使产品具有水溶性、酸性、表面活性或对纤维素具有亲和力；②将磺基转化为 $-OH$、$-NH_2$、$-CN$ 或 $-Cl$ 等取代基；③先在芳环上引入磺基，完成特定反应后，再将磺基水解掉。

磺化反应的主要影响因素有：①硫酸的浓度和用量。对磺化反应的速度有很大影响。随着磺化反应的进行，生成的水逐渐增加，硫酸的浓度逐渐下降，使磺化开始阶段和磺化末期，磺化反应速度就可能下降几十倍，甚至几百倍而几乎停止反应。这时的硫酸被称为“废酸”，用“π 值”表示。为了消除磺化反应生成的水的稀释作用的影响，必须使用过量很多的硫酸(x 值)。②磺化反应温度和时间，磺化温度会影响磺基进入芳环的位置和磺酸异构体的生成比例。特别是在多磺化时，为了使每一个磺基都尽可能地进入所希望的位置，对于每一个磺化阶段都需要选择合适的磺化温度。低温、短时间的反应有利于α取代，高温、长时间的反应有利于β取代。

磺化产物的分离包括稀释析出法（有些磺化产物在稀硫酸中的溶解度很低，可用稀释法使其析出，这种方法的优点是操作简便，费用低，副产物废硫酸母液便于回收和利用）；稀释盐析法（许多芳磺酸盐在水中的溶解度很大，但是在相同正离子的存在下，则溶解度明显下降，因此可以向磺化稀释液中加入氯化钠、硫酸钠、或钾盐等，使芳磺酸盐析出来）；中和盐析法（可用碳酸钠、氢氧化钠、氨水等中和盐析）；脱硫酸钙法；溶剂萃取法。

十二烷基苯磺酸钠是由十二烷基苯与发烟硫酸或三氧化硫磺化，再用碱中和制得。用发烟硫酸磺化的缺点是反应结束后总有部分废酸存在于磺化物料中。中和后生成的硫酸钠带入产品中，影响了它的纯度。目前，工业上均采用三氧化硫－空气混合物磺化的方法。三氧化硫可由60%发烟硫酸蒸出，或将硫磺和干燥空气在炉中燃烧，得到含SO_3（体积分数）4%～8%的混合气体。将该混合气体，通入装有烷基苯的磺化反应器中进行磺化。磺化物料进入中和系统用氢氧化钠溶液进行中和，最后进入喷雾干燥系统干燥。得到的产品为流动性很好的粉末。

在工业生产上，直链烷基苯磺酸盐也不是单一的产物，而是直链烷烃与苯在链中任意点上相连，其结果产生了不同仲烷基比例的混合物。商品烷基苯通常是C_{10}～C_{13}烷基的混合烷基苯。

在工业生产上，直链烷基苯磺酸盐也不是单一的产物，而是直链烷烃与苯在链中任意点上相连，其结果产生了不同仲烷基比例的混合物。

用硫酸进行磺化的反应式为：

$$C_{12}H_{25}-C_6H_5 + H_2SO_4(\text{或}\ SO_3) \longrightarrow C_{12}H_{25}-C_6H_4-SO_3H + H_2O$$

$$C_{12}H_{25}-C_6H_4-SO_3H + NaOH \rightarrow C_{12}H_{25}-C_6H_4-SO_3Na + H_2O$$

【实验步骤】

1. 磺化

在装有搅拌器、温度计、滴液漏斗和回流冷凝器的250mL四颈烧瓶中，加入十二烷基苯35mL（34.6g），搅拌下缓慢加入质量分数98%硫酸35mL，温度不超过40℃，加完后升温至60～70℃，反应2h。

2. 分酸

将上述磺化混合液降温至40～50℃，缓慢滴加适量水（约15mL），倒入分液漏斗中，静止片刻，分层，放掉下层（水和无机盐），保留上层（有机相）。

3. 中和

配制质量分数10%氢氧化钠溶液80mL，将其加入250mL四颈烧瓶中约60～70mL，搅拌下缓慢滴加上述有机相，控制温度为40～50℃，用质量分数10%氢氧化钠调节pH＝7～8，并记录质量分数10%氢氧化钠总用量。

4. 盐析

于上述反应体系中，加入少量氯化钠，渗圈试验清晰后过滤，得到白色膏状产品。

5. 检测

(1)外观及熔点

白色或淡黄色粉末,熔点 325～328℃。

(2)产品检测标准

活性物含量检测:GB/T 5173—1995;

表观密度检测:GB/T 13175—1991;

水分检测:GB/T 13176.2—1991;

pH 值(25℃,0.1%水溶液)检测:GB/T 6368—2008

【注意事项】

分酸时,温度不可过低,否则易使分液漏斗被无机盐堵塞,造成分酸困难。

【思考题】

1. 磺化反应的影响因素有哪些?

2. 废酸量怎么计算。

3. 烷基苯磺酸钠可用于哪些产品配方中?

实验六十八　溶胶的制备及性质研究

【实验目的】

1. 学习溶胶制备的基本原理,并掌控制备溶胶的主要方法;

2. 了解影响溶胶稳定性的主要因素。

【实验原理】

溶胶系指极细的固体颗粒分散在液体介质中的分散体系,其颗拉大小约在 1nm 至 100nm 之间,若颗粒再大则称之为悬浮液。要制备出比较稳定的溶胶或悬浮液一般须满足两个条件:①固体分散相的质点大小必须在胶体分散度的范围内;②固体分散质点在液体介质中要保持分散不聚结,为此,一般需加稳定剂。

制备溶胶或悬浮液原则上有两种方法:①特大块固体分割到胶体分散度的大小,此法称分散法;②使小分子或离子聚集成胶体大小,此法称为凝聚法。

1. 分散法

分散法主要有 3 种方式,即机械研磨、超声分散和胶溶分散。

①研磨法。常用的设备主要有胶体磨和球磨机等。胶体磨有两片靠得很近的磨盘或磨刀,均由坚硬耐磨的合金或碳化硅制成。当上下两磨盘以高速反向转动时(转速约 5000～10000r/min),粗粒子就被磨细。在机械研磨中胶体磨的效率较高,但一般也只能将质点磨细到 1nm 左右。

②超声分散法。频率高于16000Hz的声波称为超声波。高频率的超声波传入介质,在介质中产生相同频率的疏密交替,对分散相产生很大撕碎力,从而达到分散效果。此法操作简单,效率高,经常用作胶体分散及乳状液的制备。

③胶溶法。胶溶法是把暂时聚集在一起的胶体粒子重新分散而成溶胶。例如,氢氧化铁、氢氧化铝等的沉淀实际上是胶体质点的聚集体,由于制备时缺少稳定剂,故胶体质点聚在一起而沉淀。此时若加入少量电解质,胶体质点因吸附离子而带电,沉淀便会在适当地搅拌下更新分散成溶胶。

有时质点聚集成沉淀是因为电解质过多,设法洗去过量的电解质也会使沉淀转化成溶胶。利用这些方法使沉淀转化成溶胶的过程称为胶溶作用,胶溶作用只能用于新鲜的沉淀。若沉淀放置过久,小粒经过老化,出现粒子间的连接或变成了大的粒子,就不能利用胶溶作用来达到重新分散的目的。

2. 凝聚法

主要有化学反应法及更换介质法。此法的基本原则是形成分子分散的过饱和溶液,控制条件,使不溶物在成胶体质点的大小时析出。此法与分散法相比不仅在能量上有利,而且可以制成高分散度的胶体。

①化学反应法。凡能生成不溶物的复分解反应、水解反应以及氧化还原反应等皆可用来制备溶胶。由于离子的浓度对溶胶的稳定性有直接影响,在制备溶胶时要注意控制电解质的浓度。

②改换介质法。此法系利用同一种物质在不同溶剂中溶解度相差悬殊的特性,使溶解于良溶剂中的溶质,在加入不良溶剂后,因其溶解度下降而以胶体粒子的大小析出,形成溶胶。此法制作溶胶方法简便,但得到的胶体粒子不太细。

在溶胶中,分散相质点很小,这就使得溶胶具有许多与小分子溶液和粗分散体系不同的性质。这种性质主要有动力性质(包括布朗运动、扩散与沉降等)、光学性质(包括光散射现象等)、流变性质、电性质、表面性质以及由许多性质所决定的稳定性。本实验中只安排了一些小实验以使读者有感性认识。

根据胶体体系的动力性质可知,强烈的布朗运动使得溶胶分散相质点不易沉降,而具有一定的动力稳定性。但是由于分散相有大的相界面,故又有强烈的聚结趋势,因而这种体系又是热力学不稳定体系。此外,由于多种原因胶体质点表面常带有电荷,带有相同符号电荷的质点不易聚结,从而提高了体系的稳定性。带电质点对电解质十分敏感,在电解质作用下胶体质点因聚结而下沉的现象称为聚沉。在指定条件下使某溶胶聚沉时,电解质的最低浓度称为聚沉值,聚沉值常用mmol/L表示。

影响聚沉的主要因素有反离子的价数、离子的大小及同号离子的作用等。一般来说,反离子价数越高,聚沉效率越高,聚沉值越小,聚沉值大致与反离子价数的6次方成反比。同价无机小离子的聚沉能力常随其水比半径增大而减小,这一顺序称为感胶离子序。与胶体质点带有同号电荷的2价或高价离子对胶体体系常有稳定作用,即使该体系的聚沉值有所增加。此外,当使用高价或大离子聚沉时,少量的电解质可使溶胶聚沉;电解质浓度大时,聚沉形成的沉淀物又重新分散;浓度再提高时,又可使溶胶聚沉。这种现象称为不规则聚沉。不规则聚沉的原因是,低浓度的高价反离子使溶胶聚沉后,增大反离子浓度,它们在质点上强烈吸附使其带有反离子符号的电荷而重新稳定;继续增大电解质浓度,重新稳定的胶体质点的反离子又可使其聚沉。

向溶胶中加入少量的高分子化合物时常使稳定性降低或破坏，这种作用前者称为敏化作用，后者称为絮凝作用。但是，当加入的高分了化合物浓度较大时，则常可提高溶胶的稳定性，这种作用称为高分子的保护作用。一般认为，絮凝作用的机理是吸附在质点表面上的高分子长链可能同时吸附在其它质点的空白表面上，从而将多个质点拉在一起，导致絮凝。而高分子浓度大时质点表面可完全被吸附的高分子化合物覆盖，质点间不再能被拉扯到一起，从而产生保护作用。

【仪器试剂】

仪器：72 型分光光度计、显微镜（带暗视场聚光镜）、3 ~ 5mW 氦氖激光管、滴定管、烧杯、试管、量筒、锥形瓶、移液管。

试剂：三氯化铁、氨水、硫磺、硫酸、硫代硫酸钠、硝酸银、碘化钾、丹宁酸、氯化铝、水解聚丙烯酰胺。

【实验步骤】

1. 溶胶的制备

(1) 胶溶法

氢氧化铁[$Fe(OH)_3$]溶胶的制备。取 10mL20% $FeCl_3$ 放在小烧杯中，加水稀释到 100mL，然后用滴管逐滴加入 10% NH_4OH 到稍微过量为止。过滤生成的 $Fe(OH)_3$ 沉淀，用蒸馏水洗涤数次。将沉淀放入另一烧杯中，加 10mL 蒸馏水，再用滴管滴加约 10 滴左右的 20% $FeCl_3$ 溶液，并用小火加热，最后得到棕红色透明的 $Fe(OH)_3$ 溶胶。

(2) 改换介质法

硫溶胶的制备。各取少量硫黄放在试管中加 2mL 酒精，加热至沸腾，使硫黄充分溶解。趁热将上部清液倒入盛有 20mL 水的烧杯中，并搅动，得到硫溶胶。注意观察出现的现象。

(3) 化学反应法

硫溶胶的制备(氧化还原法)。取 1mL 浓度为 1mol/L 的 H_2SO_4 和 1mL 浓度为 1mol/L 的 $Na_2S_2O_3$ 溶液，然后将两溶液各冲稀到 10mL 后混合，待观察到溶液开始混浊时倒入干净的试管，透过光线观察溶胶颜色的变化。当溶胶混浊增加到盖住颜色时（约需几分钟），再把溶液冲稀 1 倍继续观察溶胶的颜色变化。记下溶胶颜色随时间变化的情况。

碘化银（AgI）溶胶的制备（复分解法）。在两锥形瓶中分别准确地加入 5mL 0.02mol/L KI 和 5mL 0.02mol/L $AgNO_3$ 溶液，在盛有 KI 溶液的瓶中再准确地用滴定管滴加 4.5mL 0.02mol/L$AgNO_3$ 溶液。在另一盛有 $AgNO_3$ 溶液的瓶中再准确地滴加 4.5mL0.02mol/L KI 溶液。观察此两锥形瓶中 AgI 溶胶透射光及散射光颜色的变化。

银溶胶的创备。取 100mL 蒸馏水加入 4mL0.1mol/L$AgNO_3$ 溶液，然后再加 1 ~ 2mL 的 1% 丹宁酸溶液，将它们混匀并加热到 70 ~ 80℃，然后加入 2mL 的 1% Na_2CO_3 溶液不断地搅拌，Ag_2CO_3 被丹宁酸还原成 Ag，生成茶色的 Ag 溶胶。

2. Tyndall 现象和 Brown 运动的定性观察

(1) Tyndall 现象的观察

将一束光线通过胶体溶液，在与光束前进方向相垂直的侧向上观察，可以看到一个混浊发亮的光柱，这种乳光现象被称作 Tyndall 现象，它是胶体粒子强烈散射光线的结果。

观察 Tyndall 现象的装置可以是很简单的：在一分为两格的暗盒中，一格内装一普通大度数白炽灯，正对灯泡方向的隔板上开一小孔；另一格的上方开一直径略大于通试管的孔，试管插入时应正在隔板小孔的前方；侧向开一观察孔。实验时将溶胶加入试管中，插入暗盒上方孔内，从侧孔观察即可。若使用 3 ~ 5mW 激光管更为方便，不加暗盒即可观察。

本实验观察前述已制备好的松香溶胶和 AgI 溶胶的 Tyndall 现象。

（2）Brown 运动的观察

用暗视野显微镜可以观察到胶体质点的光散射及 Brown 运动。其具体方法是：在一干净的凹形载片上，放几滴制备好的金溶胶、银溶胶（注意，所滴溶胶要稀释到合适的浓度才利于观察），盖上玻璃盖片，注意应避免有气泡；然后在带有暗视野的显微镜下进行观察，可以看到溶胶质点所发出的散射光点，在不停地作 Brown 运动。若图像不清晰，则最好用油镜头进行观察。

3. 溶胶的稳定性

（1）聚沉值的测定

测定聚沉值的溶胶一般都应经渗析纯化。根据使溶胶刚发生聚沉时所需电解质溶液的体积 V_1、电解质溶液的浓度 c 和溶胶的体积 V_2 可计算出聚沉值：

$$聚沉值 = \frac{cV_1}{V_1 + V_2}$$

$Fe(OH)_3$ 溶胶聚沉值的测定。用移液管向 3 个干净并烘干的 100mL 锥形瓶中各移入 10mL 经过渗析的 $Fe(OH)_3$ 溶胶，然后分别以 NaCl 溶液（0.2mol/L）、Na_2SO_4 溶液（0.2mol/L）及 $K[Fe(CN)_6]$溶液（0.001mol/L）滴定锥形瓶中的 $Fe(OH)_3$ 溶胶。每滴 1 滴电解质溶液，都必须充分搅动，直到溶胶刚刚产生浑浊为止。记下此时所需各电解质溶液的体积数，计算聚沉值。

As_2S_3 溶胶聚沉值的测定。将前面已制好的 As_2S_3 溶胶用移波管分别取出 10mL 放到 5 个干净的 100mL 锥形瓶中，以浓度均为 0.5mol/L 的 $A1C1_3$、$BaCl_2$、NaCl、Na_2SO_4、Na_2HPO_4 等的溶液分别滴定 As_2S_3 溶胶，直到 As_2S_3 溶胶刚变混浊时，记下此时所需电解质的 mL 数，计算聚沉值。

（2）溶胶的相互聚沉作用

一般来说电性相同的胶体相互混合后胶体的稳定性没有变化（有例外）。但若将电性相反的两种胶体混合，则发生聚沉这种现象称作互沉现象。聚沉的程度与两种胶体混合的比例有关：在等电点附近沉淀最完全；若两种胶体比例相差很大，沉淀则不完全。上述现象的主要原因是电荷的相互中和；此外，两种胶体上的稳定剂也可能相互作用形成沉淀，从而破坏了胶体的稳定性。胶体的互沉现象并不限于疏液胶体，缔合胶体、大分子胶体等皆有此性质。

取本实验中制备的两种 AgI 溶胶各 5mL，在试管中混合，观察 AgI 溶胶的互沉现象并记录。

（3）保护作用

在溶胶中加入少量亲液胶体或缔合胶体，使溶胶对电解质的稳定性显著提高的现象称为保护作用。

选取5mL前面实验中所制备的溶胶，如 $Fe(OH)_3$ 溶胶与1%明胶溶液5mL混合均匀。测定各种电解质对溶胶的聚沉值，并与未加明胶时得到的聚沉值相比较。

(4)高分子化合物的絮凝作用

许多高分子化合物能直接引起溶胶聚沉，称此为高分子的絮凝作用。能起絮凝作用的高分子叫高分子絮凝剂。早期使用的高分子絮凝剂多是高分子电解质，它们的作用主要是电性中和。若高分子电解质的大离子与胶体所带电荷相反，则能发生互沉作用，有时也会由于电性中和促进其它电解质的聚沉作用。后来发现，电性中和作用并非高分子絮凝作用的唯一因素，一些非离子型高分子(如聚氧乙烯，聚乙烯醇)，甚至某些带同号电荷的高分子电解质，也能对胶体起絮凝作用。其原因是高分子浓度较稀时，吸附在质点表面的高分子长链可能同时吸附在另一质点表面上，以“搭桥”的方式将2个或更多的质点拉在一起导致絮凝。

水解聚丙烯酰胺(HPAM)对AgI溶胶的絮凝作用。取0.01mol/L KI溶液90mL，用滴定管慢慢滴入100mL浓度为0.01mol/L$AgNO_3$溶液，并充分搅拌均匀。取10支25mL具塞量筒，分别用移液管移入20mL上面制备的AgI溶胶，再分别加0.1mL、0.2mL、0.5mL、0.7mL、0.8mL、1.0mL、1.2mL、1.4mL…浓度为0.02%水解聚丙烯酰胺溶液(相对分子质量约106)，然后在每支量筒中加蒸馏水至满刻度。将塞子塞紧后，各支量筒上下倒置约10次，静置1h；从液面下(靠底部约2cm处)吸取5mL量筒内液体，用72型分光光度计测定每一量筒内液体的吸光度(用420nm波长，以蒸馏水为空白液)。

由于高分子的最佳絮疑浓度与所用的水解聚丙烯酰胺的相对分子质量大小、水解度、所用溶胶的性质及浓度有关。因而所加入的水解聚内烯酰胺的量，要因条件而异，作适当变动。

【数据处理】

1. 根据实验结果总结制备溶胶的方法。

2. 求出各电解质对溶胶的聚沉值的作用进而讨论电解质反离子价数对溶胶聚沉的影响。

3. 以水解聚丙烯酰胺(HPAM)浓度为横坐标，紫凝效率 A_r 为纵坐标作图，求出最佳絮凝值。

$$A_r = \frac{\text{加 HPAM 后溶胶的吸光度}}{\text{未加 HPAM 溶胶的吸光度}}$$

4. 详细记录各实验中观察到的现象，并加以解释。

5. 根据实验结果讨论亲液胶体的保护作用及高分子对溶胶的絮凝作用。

【思考题】

1. 什么是溶胶、Tyndall现象和Brown现象?

2. 什么是溶胶的稳定性? 影响因素有哪些?

第八章　化工助剂

实验六十九　甲基叔丁基醚的合成

甲基叔丁基醚是较好的汽油用无铅抗爆剂，在空气中不易生成过氧化物，稳定性好，具有良好的抗爆性。而且它可与烃燃料以任意比例互溶，对直馏汽油和烷化汽油有很好的调和效应。催化裂化和催化重整汽油，经甲基叔丁基醚调和后，辛烷值相对提高。

【实验原理】

主反应：

$$CH_3OH + HOC(CH_3)_3 \xrightarrow{15\%\ H_2SO_4} CH_3O—C(CH_3)_3 + H_2O$$

副反应：

$$HOC(CH_3)_3 \xrightarrow{E^+} (CH_3)_2C = CH_2 + H_2O$$

【实验试剂】

甲醇、叔丁醇、15%硫酸、无水碳酸钠、金属钠。

【实验步骤】

在250mL三颈烧瓶的中口装配分馏柱，一个侧口装插到接近瓶底的温度计，另一侧口用塞子塞住。分馏柱顶上装有温度计，其支管依次连接冷凝管、带支管的接引管和接收器。接引管的支管接一根长橡皮管，通到水槽的下水管中。接收器用冰水浴冷却。

仪器装好以后，在烧瓶中加入90mL15%硫酸、20mL甲醇和25mL90%叔丁醇，混合均匀。投入几粒沸石，加热。当烧瓶中的液温到达75～80℃时，产物便慢慢地被分馏出来。仔细地调整加热量，使得分溜柱顶的蒸气温度保持在51℃±2℃。每分钟约收集0.5～0.7mL馏出液。当分溜柱顶的温度明显地上下波动时，停止分馏。全部分馏时间约1.5h，共收集粗产物27mL左右。

将溜出液移入分液漏斗中，用水多次洗涤，每次用5mL水；为了除去其中所含的醇，需要重复洗涤4～5次；当醇被除掉后，醚层清澈透明；分出醚层，用少量无水碳酸钠干燥；将醚转移到干燥的回流装置中，加入0.5～1g金属钠，加热回流0.5～1h。最后将回流装置改装为普通蒸馏装置，接受器用冰水浴冷却，蒸出甲基叔丁基醚，收集54～56℃的馏分。

产量:约 10g。

纯甲基叔丁基醚为无色透明液体,沸点 54℃,$d_4^{20}=0.7405$,$n_{20}^{D}=1.3689$

【注意事项】

1. 用 18.5g 叔丁醇,加入 2mL 水,配成 90% 的叔丁醇;若制备量大时,叔丁醇应分批(每次约 25mL)加入。

2. 甲醇的沸点为 64.7℃,叔丁醇沸点为 82.6℃;叔丁醇与水的恒沸混合物(含醇 88.3%)的沸点为 79.9℃,所以分馏时温度应尽可能控制在 51℃左右(是醚和水的恒沸混合物),不超过 53℃为宜。

3. 分馏后期,馏出速度大大减慢,此时略微调节火焰大小,柱顶温度会随之大幅度地波动,这说明反应瓶中的甲基叔丁基醚已基本蒸出。此时反应瓶中的温度大约升至 90℃左右。

4. 洗涤至所加水的体积在洗涤后不再增加为止。如果增大制备量时,洗涤的次数还要多。

【思考题】

1. 醚化反应时为何用 15% 硫酸?用浓硫酸行不行?

2. 分馏时柱顶的温度高了会有什么不利?

3. 用金属钠回流的目的是什么?如果不进行这一步处理,而将干燥后的醚层直接蒸馏,对结果会有什么影响?

实验七十 邻苯二甲酸二丁酯的合成

【实验目的】

1. 学习酯化反应的原理和实验方法,尤其要掌握在可逆反应中如何使平衡正向移动的原理和方法;

2. 学习油水分离器的使用方法,巩固减压蒸馏操作技术。

【实验原理】

在塑料和橡胶制造中,通常要用到增塑剂。增塑剂是一类能增强塑料和橡胶柔韧性和可塑性的有机化合物。没有增塑剂,塑料就会发硬变脆。常用的增塑剂有邻苯二甲酸二丁酯、邻苯二甲酸二辛酯、磷酸三辛酯、癸二酸二辛酯等。

本实验将要制备的邻苯二甲酸二丁酯是广泛应用于乙烯型塑料中的一种增塑剂。它可以通过邻苯二甲酸酐(简称苯酐)与过量的正丁醇在无机酸催化下发生反应而制得。事实上,邻苯二甲酸二丁酯的形成经历了两个阶段。首先是苯酐与正丁醇作用生成邻苯二甲酸单丁酯,虽然反应产物是酯,但实际上这一步反应属酸酐的醇解。由于酸酐的反应活性较高,醇解反应十分迅速。当苯酐固体于丁醇中受热全部溶解后,醇解反应就完成了。新生成的邻苯二甲酸单丁酯在无机酸催化下与正丁醇发生酯化反应生成邻苯二甲酸二丁酯。相对于酸酐的醇解而言,第二步酯化反应就困难一些。因此,在苯酐的酯化反应阶段,通常需要提高反应温度,延长反应时间,以促进酯化反应。

醋化反应是一个平衡反应,为使平衡正向移动,一方面可以增加苯酐的投入量;另一方面还可利用共沸蒸馏除去生成水,从而提高酯的收率。

正丁醇和水可以形成二元共沸混合物,沸点为93℃,含醇量为56%。共沸物冷凝后积聚在油水分离器中并分为两层,上层主要是正丁醇(含20.1%的水),可以流回到反应瓶中继续反应,下层为水(约含7.7%的正丁醇)。

反应式:

$$C_6H_4(CO)_2O + n-C_4H_9OH \longrightarrow C_6H_4(COOC_4H_9)(COOH)$$

$$C_6H_4(COOC_4H_9)(COOH) + n-C_4H_9OH \xrightleftharpoons{H^+} C_6H_4(COOC_4H_9)_2 + H_2O$$

【仪器试剂】

仪器:电热套、125mL三颈烧瓶、200℃温度计、油水分离器及回流冷凝管、50mL克氏蒸馏瓶、125mL分液漏斗、循环水真空泵、油真空泵。

试剂:邻苯二甲酸酐、正丁醇、浓硫酸少量、5%碳酸钠、饱和食盐水。

【实验步骤】

1. 在125mL三颈烧瓶上,配置温度计、油水分离器及回流冷凝管,温度计应浸入反应混合物液面下,油水分离器中另加几mL正丁醇,直至与支管口平齐,以便使冷凝下来的共沸混合物中的原料能及时流回反应瓶。依次将10g邻苯二甲酐、19mL正丁醇、4滴浓硫酸及几粒沸石加入反应瓶中,摇动使之混合均匀。然后以小火加热。

2. 苯酐对皮肤、黏膜有刺激作用,称取时应避免用手直接接触。不断地摇动烧瓶,约10min后,邻苯二甲酸酐固体全部消失,这意味着苯酐醇解反应结束。逐渐加大火焰加热,使反应混合物沸腾。不久自回流冷凝管流入油水分离器中的冷凝液中有水珠沉入油水分离器积液支管底部;同时上层正丁醇冷凝液又流回反应瓶中。随着反应的不断进行,反应混合物温度逐渐升高。回流2h左右,当温度升至160℃,反应结束,停止加热。

3. 待反应混合物冷却至70℃以下,将其转入分液漏斗,先用等量饱和食盐水洗涤两次,再用15mL5%碳酸钠水溶液洗涤一次,然后用饱和食盐水洗2~3次,每次15mL,使有机层呈中性。

4. 将有机层转入50mL克氏蒸馏瓶,先用水泵减压蒸出正丁醇(也可以在常压下作简单蒸馏蒸除正丁醇),最后在油泵减压下蒸馏,收集180~190℃/1.3kPa(10mmHg)的馏分。称量、测折光率,并计算收率。

【注意事项】

1. 高温下苯酐会因升华而附在瓶壁上,使部分原料不能参与反应,从而造成收率下降,因此，加热不宜太猛。

2. 如果油水分离器中不再有水珠出现，即可判断反应已至终点。当反应温度超过 180℃时，在酸性条件下的邻苯二甲酸二丁酯会发生分解：

$$C_6H_4(COOC_4H_9)_2 \xrightarrow[180℃]{H^+} C_6H_4(CO)_2O + 2CH_2=CHCH_2CH_3 + H_2O$$

3. 当温度高于 70℃，酯在碱液中易发生皂化反应。因此，在洗涤时，温度不宜高，碱液浓度也不宜高。

4. 如果有机层没有洗至中性，在蒸馏过程中，产物将会发生变化。例如，当有机层中含有残余的硫酸，在减压蒸馏时，冷凝管中会出现大量白色针状晶体，这是由于产物发生分解反应生成邻苯二甲酸酐的缘故。

【思考题】

1. 本实验中，浓硫酸用量过多会对反应产生什么影响？
2. 苯酐与正丁醇反应时，为什么要严格控制温度？
3. 如果粗产物中残留有硫酸，在减压蒸馏过程中会产生什么后果？
4. 为何要用饱和食盐水来洗涤反应混合物？
5. 产物洗涤至中性后，为何不经干燥处理就可作蒸馏操作？

实验七十一 苯甲酸的制备

（一）方案一

【实验原理】

芳醛和其他无 α－氢原子的醛在浓的强碱溶液作用下，发生 Cannizzaro 反应，一分子醛被氧化成羧酸（在碱性溶液中成为羧酸盐），另一分子醛则被还原成醇。本实验是应用 Cannizzaro 反应，以苯甲醛为反应物。在浓氢氧化钠作用下生成苯甲醇和苯甲酸。

【仪器试剂】

仪器：锥形瓶、圆底烧瓶、直形冷凝管、接引管、接受器、蒸馏头、温度计、分液漏斗、烧杯、短颈漏斗、玻璃棒、布氏漏斗、吸滤瓶。

试剂：苯甲醛、氢氧化钠、浓盐酸、乙醚、饱和亚硫酸氢钠、10%碳酸钠、无水硫酸镁。

【实验步骤】

在 250mL 锥形瓶中，放入 20g 氢氧化钠和 50mL 水配置成的水溶液，振荡使氢氧化钠完全溶解。冷却至室温。在振荡下，分批加入 20mL 新蒸馏过的苯甲醛，分层。装回流冷凝管。加热回流 1h 间歇震摇直至苯甲醛油层消失，反应物变透明。

1. 苯甲醇的制备

反应物中加入足够量的水(最多30mL),不断振摇,使其中的苯甲酸盐全部溶解。将溶液倒入分液漏斗中,每次用20mL乙醚萃取3次。合并上层的乙醚提取液,分别用8mL饱和亚硫酸氢钠,16mL10%碳酸钠和16mL水洗涤。分离出上层的乙醚提取液,用无水硫酸镁干燥。

将干燥的乙醚溶液滤入100mL圆底烧瓶,连接好普通蒸馏装置,投入沸石后用温水浴加热,蒸出乙醚(回收)。直接加热,当温度上升到140℃改用空气冷凝管,收集204~206℃的馏分。

2. 苯甲酸的制备

乙醚萃取后的溶液,用浓盐酸酸化使刚果红试纸变蓝,充分搅拌,冷却使苯甲酸析出完全,抽滤。粗产物分为两份,一份干燥,另一份重结晶。

3. 重结晶步骤

用沸水溶解产品稍冷却,加活性炭加热煮沸,趁热过滤,冷却抽滤。

(二)方案二

【实验原理】

$$C_6H_5CH_3 + KMnO_4 \xrightarrow{\triangle} C_6H_5COOK + MnO_2 + H_2O$$

$$C_6H_5COOK + HCl \longrightarrow C_6H_5COOK + KCl$$

【仪器试剂】

仪器:150/250mL圆底烧瓶、150mL三颈烧瓶、球形冷凝管、表面皿、布氏漏斗、吸滤瓶。

试剂:甲苯2.5mL、浓盐酸4~5mL、高锰酸钾8.0g、亚硫酸氢钠7g、刚果红试纸。

【实验步骤】

在250mL圆底烧瓶中放入2.7mL(2.3g)甲苯和125mL水,然后加入8.2g高锰酸钾,投入沸石数块,瓶口装上回流冷凝管,在石棉网上加热至沸,继续煮沸并间歇摇动烧瓶,经过约1.5h,当甲苯层近乎消失,回流不再出现油珠时,停止加热。如果反应混合物呈色,可加放少量亚硫酸氢钠使紫色褪去。

将反应混合物趁热抽气过滤,用少量热水洗涤滤渣二氧化锰,洗涤的过程是将抽气暂时停止,在滤渣上加少量水,用玻棒小心搅动(不要使滤纸松动)使用在滤渣润湿,静置一会儿再行抽气。合并滤液并倒入400mL烧杯中,烧杯放在冷水浴中冷却,然后用浓盐酸酸化,直到苯甲酸全部析出为止。

(三)方案三

【实验原理】

在浓强碱溶液的作用下,无 a-氢的醛类物质能发生分子间的自身氧化还原反应,即一分子醛被氧化成酸,另一分子醛被还原为醇。

实验以苯甲醛为原料,在浓 NaOH 溶液中反应,生成的苯甲醇溶于乙醚除去。苯甲酸钾以盐的形式溶于水。因此可以用萃取的方法,方便地将产物分离提纯。

【仪器试剂】

仪器:150mL 锥形瓶、100mL 蒸馏瓶、烧杯、量筒、200mL 分液漏斗、空气冷凝管、吸滤瓶、表面皿、直形冷凝管、接收管、温度计、热水漏斗、蒸馏头、布氏漏斗、刚果红试纸。

试剂:苯甲醛、乙醚、NaOH、25% HCl 溶液。

【实验步骤】

1. 苯甲醛的氧化还原反应

在 150mL 锥形瓶中,加入 18g NaOH 固体和 18mL 水,配成浓 NaOH 溶液,冷却至室温。分批加入 20mL 新蒸馏过的苯甲醛液体。每次加入后,都应塞紧橡皮塞,用力振荡,使反应物充份混合。适当冷却。最后反应物变为白色糊状物。塞紧瓶塞,放置过夜。

2. 苯甲酸钾的分离

向反应物中加入 60mL 水,不断振荡或微热片刻,使之完全溶解。将溶液倒入分液漏斗,每次用 20mL 乙醚萃取,连续萃取 3 次。分离出苯甲酸钾水溶液。

3. 苯甲酸的制备

在不断搅拌下,将苯甲酸钾的水溶液用 25% HCl 溶液酸化至刚果红试纸变蓝。充分冷却使苯甲酸析出。减压过滤,冷水洗涤,压干。粗产品可用水重结晶。

纯净的苯甲酸为白色晶体,熔点为 121.7℃。

4. 苯甲酸纯度测定

精确称取苯甲酸 0.10 ~ 0.15g(准确至 ±0.0002g)于 250mL 锥形瓶中,加 50mL 水,加热使其溶解,加入 2 滴酚酞指示剂,用 0.05mol/LNaOH 标准溶液滴定至粉红色,记下读数,计算结果。

【注意事项】

1. 高锰酸钾要分批加入,小心操作不能使其粘在管壁上。
2. 控制氧化反应速度,防止发生暴沸冲出现象。
3. 酸化要彻底,使苯甲酸充分结晶析出。
4. $NaHSO_3$ 小心分批加入,温度也不能太高,否则会发生暴沸;而若还原不彻底,会影响产品颜色和纯度。

【思考题】

1. 加 HCl 酸化时,有什么现象出现?为什么?因此,在加 HCl 时,应注意什么?反应完毕,为什么要加 $NaHSO_3$?重结晶时,加水量应怎么控制?
2. 反应结束后,滤液呈紫色时为什么要加入少量亚硫酸氢钠?
3. 如何判断酸化过程中已呈强酸性?
4. 精制苯甲酸还有什么方法?

实验七十二　2,4-二氯苯氧乙酸的合成

植物生长调节剂是在任何浓度下能影响植物生长和发育的一类化合物,包括肌体内产生的天然化合物和来自外界环境的一些天然产物。人类已经合成了一些与生长调节剂功能相似的化合物。如吲哚乙酸是第一个被鉴定的植物激素,能促进植物生长。2,4-二氯苯氧乙酸(2,4-D)又名除莠剂,就是一种有效的除草剂,另外有些调节剂可以改变植物的生理过程,使植物果实中的胡萝卜素增加,如2-二乙氨基乙基-4-甲苯基醚和它的同系物。

【实验目的】

1. 对植物生长调节剂的相关知识有所了解;
2. 学习合成2,4-二氯苯氧乙酸的原理与方法;
3. 进一步熟悉搅拌、回流、重结晶等基本操作。

【实验原理】

本实验遵循先缩合后氯化的合成路线,采用浓盐酸加过氧化氢和次氯酸钠在酸性介质中的分步氯化来加以制备。

其反应式如下:

$$ClCH_2COOH \xrightarrow{Na_2CO_3} ClCH_2COONa \xrightarrow{C_6H_5OH\ +\ NaOH} C_6H_5OCH_2COONa \xrightarrow{HCl} C_6H_5OCH_2COOH$$

$$C_6H_5OCH_2COOH + HCl + H_2O_2 \xrightarrow{FeCl_3} 4\text{-}ClC_6H_4OCH_2COOH$$

$$4\text{-}ClC_6H_4OCH_2COOH + 2NaOCl \xrightarrow{H^+} 2,4\text{-}Cl_2C_6H_3OCH_2COOH$$

【仪器试剂】

仪器:100mL三颈烧瓶、水浴加热、滴液漏斗(分液漏斗)、球形冷凝管、沸水浴、锥形瓶、玻璃棒、电热套。

试剂:氯乙酸、5%次氯酸钠、饱和碳酸钠、6mol/L盐酸、苯酚、乙醚、35%氢氧化钠、10%碳酸钠、浓盐酸、四氯化碳(重结晶用)、冰醋酸、刚果红试纸、三氯化铁、pH试纸、33%过氧化氢、固体碳酸钠、1:3乙醇-水(重结晶用)、冰。

【实验步骤】

1. 苯氧乙酸的制备

本实验采用配有滴液漏斗的搅拌回流装置，三颈烧瓶中加入 3.8g 氯乙酸和 5mL 水，在此混合液中慢慢滴加饱和 Na_2CO_3 溶液 7mL，必要时加固体 Na_2CO_3 至 pH = 7 ~ 8。然后加 2.5g 苯酚，慢加 35% NaOH 溶液至混合液 pH 值为 12。沸水浴加热回流 0.5h，保持 pH 值为 12，继续反应 15min。反应完毕，趁热转移到烧杯中。用浓盐酸酸化至 pH 值为 3 ~ 4。冰浴冷却析出固体(摩擦可促使固体析出)。抽滤，冷水洗涤，60 ~ 65℃下干燥后得粗氯乙酸，测其熔点。纯粹苯氧乙酸的熔点为 98 ~ 99℃(注：氯乙酸较易水解，加饱和 Na_2CO_3 使之成盐，防止水解。Na_2CO_3 浓度过稀会带入较多水分，至使酸化后，产品难析出)。

2. 对氯苯氧乙酸的制备

在配有滴液漏斗的搅拌回流装置中加入 3g(0.02mol)上述产品和 10mL 冰醋酸。水浴加热，同时搅拌。待水温 55℃时，加 20mg$FeCl_3$ 和 10mL 浓 HCl。水温升到约 60 ~ 70℃时 10min 内滴加 3mLH_2O_2(33%)。保持 65℃反应 20min。升温使瓶内固体溶解，冷却析出结晶。抽滤，适量水洗涤 3 次。粗品用 1:3 乙醇 – 水重结晶，干燥后得产物。纯粹对氯苯氧乙酸的熔点为 158 ~ 159℃(注：开始加浓 HCl 时，$FeCl_3$ 水解会有 $Fe(OH)_3$ 沉淀生成，继续加 HCl 又会溶解)。

3. 2,4 – 二氯苯氧乙酸的制备

在 100mL 锥形瓶中加入 1g(0.0066mol)上述产品和 12mL 冰醋酸，搅拌使之溶解。将锥形瓶置于冰浴中冷却，在摇动下分批加 19mL5% 的 NaClO 溶液；将锥形瓶取出冰浴，升至室温保持 5min。反应液变深；再向瓶中加 50mL 水，并用 6mol/L 盐酸酸化至刚果红试纸变蓝。

用 25mL 乙醚萃取 2 次。合并醚层，先用 15mL 水洗涤，再用 15mL10% Na_2CO_3 萃取产物。产品转为盐进入 Na_2CO_3 水层，加 25mL 水，用 6mol/L 浓盐酸酸化至刚果红试纸变蓝。晶体析出，并用冷水洗涤 2 ~ 3 次，抽滤后干燥得纯粹 2,4 – 二氯苯氧乙酸。粗品可用四氯化碳重结晶，熔点 134 ~ 136℃。纯粹 2,4 – 二氯苯氧乙酸的熔点为 138℃。

【注意事项】

1. 先用饱和碳酸钠溶液将氯乙酸转变为氯乙酸钠，以防氯乙酸水解。因此，滴加碱液的速度宜慢。

2. HCl 勿过量，滴加 H_2O_2 宜慢，严格控温，让生成的 Cl_2 充分参与亲核取代反应。Cl_2 有刺激性，特别是对眼睛、呼吸道和肺部器官。应注意操作勿使逸出，并注意开窗通风。

3. 开始加浓 HCl 时，$FeCl_3$ 水解会有 $Fe(OH)_3$ 沉淀生成。继续加 HCl 又会溶解。

4. 严格控制温度、pH 和试剂用量是 2,4 – D 制备实验的关键。NaOCl 用量勿多，反应保持在室温以下。

【思考题】

1. 从亲核取代反应、亲电取代反应和产品分离纯化的要求等方面说明本实验中各步反应调节 pH 值的目的和作用。

2. 以苯氧乙酸为原料，如何制备对溴苯氧乙酸？为何不能用本法制备对碘苯氧乙酸？

实验七十三　乙酰乙酸乙酯的制备

【实验目的】

1. 学习制备乙酰乙酸乙酯的原理和方法，加深对 Claisen 酯缩合反应原理的理解和认识；

2. 熟悉在酯缩合反应中金属钠的应用和操作。

【实验原理】

含有 α - H 的酯在碱性催化剂存在下，能和另一分子酯发生缩合反应生成 β - 酮酸酯，这类反应称为 Claisen 酯缩合反应。乙酰乙酸乙酯就是通过这个反应制备的。

反应式：

$$2CH_3CO_2C_2H_5 \xrightarrow{C_2H_5ONa} Na^+[CH_3COCH_2CO_2C_2H_5]^-$$

$$\xrightarrow{HOAc} CH_3COCH_2CO_2C_2H_5 + NaOAc$$

其催化剂是乙醇钠。因为金属钠和残留在乙酸乙酯中少量乙醇（少于 3%）作用后就有乙醇钠生成。乙酰乙酸乙酯的生成是经过如下一系列平衡反应：

$$C_2H_5OH + Na \rightarrow C_2H_5ONa + \frac{1}{2}H_2$$

$$CH_3COOC_2H_5 + {}^-OC_2H_5 \rightleftharpoons {}^-CH_2COOC_2H_5 + C_2H_5OH$$

$$CH_3COOC_2H_5 + {}^-CH_2COOC_2H_5 \rightleftharpoons CH_3-\overset{O^-}{\underset{OC_2H_5}{\overset{|}{\underset{|}{C}}}}-CH_2-COOC_2H_5 \rightleftharpoons CH_3\overset{O}{\overset{\|}{C}}CH_2COOC_2H_5 + O^-$$

随着反应的进行，也不断地生成了醇，所以反应就能不断地进行下去，直至金属钠消耗。乙酸乙酯中总是含有少量乙醇副产物，所以此对反应有利。但如果作原料的酯中乙醇的含量过大时，对反应也是不利的。因为 Claisen 酯缩合反应是可逆的，β - 酮酯在醇和醇钠的作用下可分解为两分子酯，使收率降低：

$$CH_3COOC_2H_5 + CH_3COOC_2H_5 \xrightleftharpoons{C_2H_5ONa} CH_3\overset{O}{\overset{\|}{C}}CH_2COOC_2H_5 + C_2H_5OH$$

【仪器试剂】

仪器：圆底烧瓶、分液漏斗、球形冷凝管、直形冷凝管、干燥管、减压蒸馏装置、烧杯、锥形瓶、量筒、滴管、玻璃棒、电热套。

试剂：乙酸乙酯、Na、二甲苯、HOAc（50%）、饱和 NaCl、无水 Na_2SO_4、$CaCl_2$

【实验步骤】

安装回流反应装置，如图 7-1 所示。

制钠珠：将金属 0.9g（39.1mmol）Na 迅速切成薄片，放入 50mL 的圆底烧瓶中，并加入

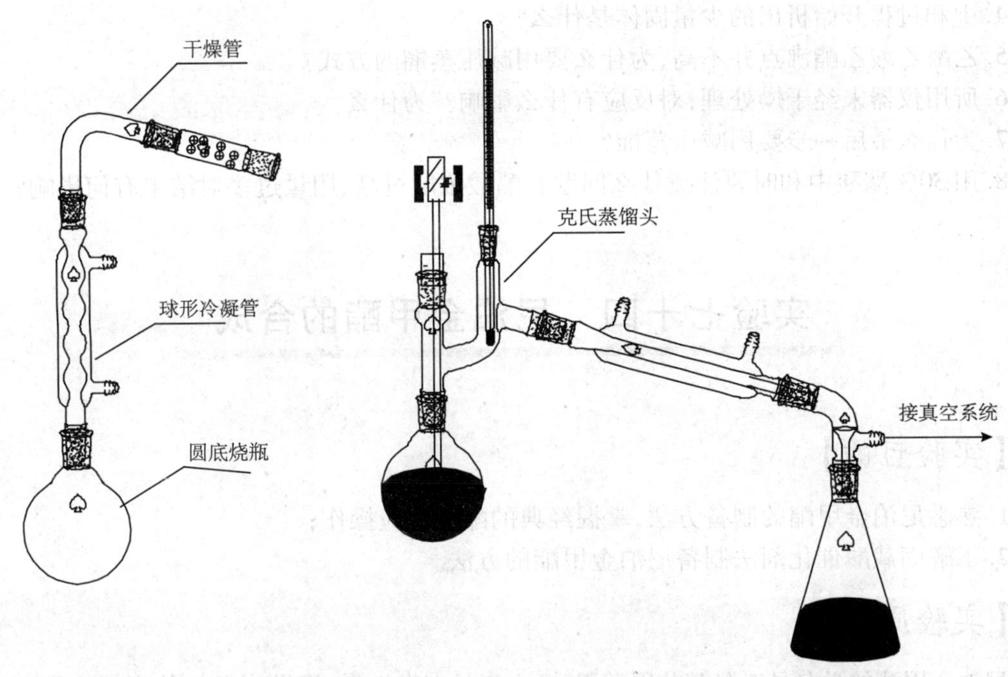

图 7-1 实验装置图

10mL 经过干燥的二甲苯，小火加热回流使熔融，拆去冷凝管，用橡皮塞塞住瓶口，用力振摇即得细粒状钠珠。稍冷后将二甲苯滗入回收瓶。

加酯回流：迅速放入 10mL(9g,102.2mmol) 乙酸乙酯，反应开始。若慢可温热。回流至钠基本消失，得橘红色溶液，有时析出黄白色沉淀(均为烯醇盐)。

酸化：加入 50% 醋酸至反应液呈弱酸性(pH =5 ~6)，固体未溶完可加少量水溶完。

分液：反应液转入分液漏斗，加等体积饱和氯化钠溶液，振摇，静置，分液。水层(下层)用 8mL 乙酸乙酯萃取，萃取液和有机层合并，倒入锥形瓶中，并用适量的无水 Na_2SO_4 干燥。

蒸馏：将已充分干燥的有机混合液水浴加热蒸馏出未反应的乙酸乙酯，停止蒸馏，冷却。将蒸馏得到的剩余物移至 10mL 圆底瓶中进行减压蒸馏，收集馏分。

【注意事项】

1. 本实验要求无水操作。

2. 称取金属钠时要小心，不要碰到水，擦干煤油，切除氧化膜后快速地切成小的钠丝，立即加入烧瓶中。

3. 钠珠的制作过程中间一定不能停，且要来回振摇，不要转动。

4. 反应不要太激烈，保持平稳回流。

【思考题】

1. 为什么要做钠珠？

2. 为什么用醋酸酸化，而不用稀盐酸或稀硫酸酸化？为什么要调到弱酸性，而不是中性？

3. 加入饱和食盐水的目的是什么？

4. 中和过程开始析出的少量固体是什么？
5. 乙酰乙酸乙酯沸点并不高，为什么要用减压蒸馏的方式？
6. 所用仪器未经干燥处理，对反应有什么影响？为什么？
7. 为什么最后一步要用减压蒸馏？
8. 用30%醋酸中和时要注意什么问题？醋酸浓度过高、用量过多对结果有何影响？

实验七十四　尼泊金甲酯的合成

【实验目的】

1. 熟悉尼泊金甲酯的制备方法，掌握经典的酯化反应操作；
2. 了解固载酸催化剂法制备尼泊金甲酯的方法。

【实验原理】

尼泊金甲酯的学名是对羟基苯甲酸甲酯，由于具有毒性低、无异味无刺激性以及在较宽的pH值范围内能保持较好的抗菌效果等优点，使其成为在食品加工中应用较广的食品防腐剂。尼泊金甲酯防腐剂为无色结晶或白色粉末，其熔点为126℃～128℃。其合成的反应式如下：

$$HO-C_6H_4-\overset{O}{\overset{\|}{C}}-OH + CH_3OH \xrightleftharpoons{H^+} HO-C_6H_4-\overset{O}{\overset{\|}{C}}-OCH_3 + H_2O$$

其合成所用催化剂通常为浓硫酸，但浓硫酸存在腐蚀严重，容易发生脱水副反应等问题。用活性炭固载对甲苯磺酸作催化剂，副反应少，反应工艺简单，操作方便，缩短了反应时间，提高了酯化产率。

本实验以对羟基苯甲酸和甲醇为原料，分别以浓硫酸和固载酸作催化剂，进行酯化反应，合成尼泊金甲酯。

【仪器试剂】

仪器：电加热器、三颈烧瓶、恒压滴液漏斗、电动搅拌器、回流冷凝管、蒸馏装置、循环水真空泵、鼓风干燥箱、干燥器、分水器、熔点仪。

试剂：对羟基苯甲酸、甲醇、浓硫酸、氢氧化钠、碳酸氢钠、活性炭、对甲基苯磺酸。

【实验步骤】

1. 浓硫酸作催化剂合成尼泊金甲酯

在装有搅拌器、回流冷凝管和滴液漏斗的100mL三颈烧瓶中，放入20.2mL(16g，0.5mol)甲醇，搅拌下由滴液漏斗缓慢滴加1mL浓硫酸，再加入13.8g(0.1mol)对羟基苯甲酸，温热使固体全溶，再升温至保持轻微回流6h。冷却至室温，用50%的氢氧化化钠溶液调节pH至6，蒸馏回收过量的甲醇。置冷，析出结晶，用10%的碳酸氢钠溶液调节pH至7～8。抽滤，水洗结晶至洗涤液的pH至6～7，晾置，烘干，得无色结晶的尼泊金甲酯粗品约13g，产率约85%。

将尼泊金甲酯粗品放入带有回流冷凝管的圆底烧瓶中，加入适量的甲醇，使在加热时尼泊金甲酯全部溶解。置冷后加入适量的活性炭微沸片刻，趁热过滤。滤液置冷结晶，抽滤，水洗，烘干，得尼泊金甲酯精品约12g，产率约79%。

用数字熔点仪测定熔点。

2. 用固载酸作催化剂合成尼泊金甲酯

催化剂的制备：用蒸馏水把颗粒状活性炭的粉末洗净烘干后把颗粒状活性炭在120℃下活化2h，冷却后再称取10g活性炭浸泡于60mL质量分数为25%的对甲苯磺酸水溶液中30h，抽滤。在110℃干燥5h，放入干燥器中冷却。

合成尼泊金甲酯：

在装有搅拌器、回流冷凝管和分水器的100mL三颈烧瓶中，放入13.2mL(9.6g,0.3mol)甲醇，搅拌下加入0.6g固载酸催化剂，再加入13.8g(0.1mol)对羟基苯甲酸，温热使其溶解，再升温至保持轻微回流3h，并不断放出分水器中多余的水分。冷却至室温，用50%的氢氧化化钠溶液调节pH至6，蒸馏回收过量的甲醇，并趁热过滤出活性炭，滤液置冷，析出结晶，用10%的碳酸氢钠溶液调节pH至7~8。抽滤，水洗结晶至洗涤液的pH至6~7，晾置，烘干，得无色结晶的尼泊金甲酯约14.5g，产率约95%。

用数字熔点仪测定熔点。

【思考题】

固载酸催化剂有何优点？

实验七十五　羧甲基纤维素的合成

【实验目的】

1. 学习羧甲基纤维素的制备原理及性能和用途；

2. 掌握羧甲基纤维素的制法和以纤维素为代表的一类不溶性高分子多羟基化合物特殊的醚化技巧和分离方法。

【实验原理】

羧甲基纤维素的分子结构可近似的用下式表示：

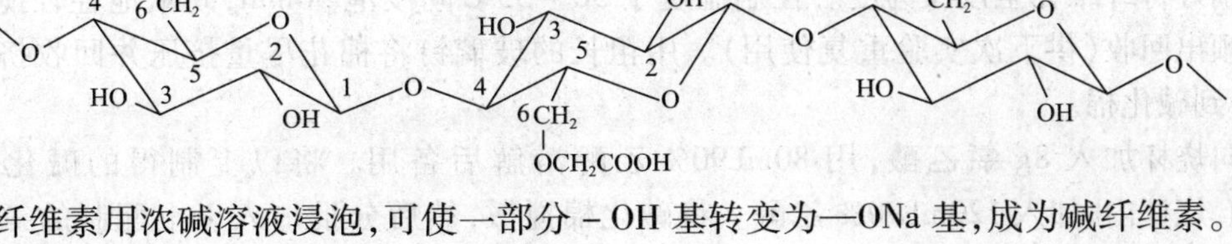

将纤维素用浓碱溶液浸泡，可使一部分-OH基转变为—ONa基，成为碱纤维素。碱纤维素与氯乙酸反应，便制得羧甲基纤维素钠。

纤维素 $\xrightarrow{NaOH}$ 碱纤维素 $\xrightarrow[NaOH]{OCH_2CO_2H}$ 羧甲基纤维素钠

在羧甲基纤维素分子中,平均每个结构单元引入的羧甲基数称为代替度或醚化度,简写作 DS。DS 不同的产品,溶解性和黏度等性质有所不同。通常按产品的用途制取不同 DS 的产品。由于纤维素分子的每个结构单元有三个羟基,羧甲基纤维素的代替度最多是 3。这三个羟基被醚化的难易程度因所在位置不同而异。C_6 上的羟基易被醚化,C_2 羟基次之,C_3 羟基最难。因此,代替度为 1 的羧甲基纤维素可用上式表示。

羧甲基纤维素(简称 CMC),常用的是其钠盐(CMC - Na),是白色或淡黄色粉末,无味无毒,可溶于水成为透明的黏稠液体。水溶液的黏度与 pH 值及 CMC 的相对分子质量有关,碱性水溶液的黏度很高。CMC - Na 不溶于醇类溶剂,因此可用醇类把它从水溶液中沉淀出来。

它与水溶性胶如动物胶、阿拉伯胶,与水溶性树脂如脲醛树脂、三聚氰胺树脂以及可溶性淀粉、水玻璃等的水溶液,有较好的相容性。它有良好的乳化力和分散力,在一定程度上能将油和蜡质乳化。当 CMC - Na 溶液中有一定量的无机或有机酸性物质(例如 pH = 2.5 以下)时会产生沉淀,在含 Fe^{3+}、Ag^{+}、Pb^{2+} 等重金属离子于的溶液中也有沉淀产生,而钙盐和镁盐只能降低 CMC - Na 水溶液的黏度却不发生沉淀。

羧甲基纤维素钠盐的用途甚广,在食品工业中用作增稠剂,例如在冰淇淋、酱料、速食粉面、果汁或乳品饮料乃至罐头、饼干、面包等的加工制作过程中普遍应用;在纺织印染工业中用作上浆剂和乳化浆的保护胶体;在造纸工业中用作纸张表面增强剂,增加纸张强度,改善吸墨性;在石油开采中用作泥浆稳定剂;在医药工业中用作软药膏的基料和药片胶囊的黏合剂;在陶瓷工业中用作粉料的粘接剂等。

制取羧甲基纤维素的原料——纤维素可用未变质的天然植物纤维,如棉花和竹木纸浆等。作为食品添加剂使用的 CMC,制备时所用原料的质量要求很严格,应选取经过脱脂和漂白处理的棉短绒纤维做原料。

【仪器试剂】

仪器:电热套、2000mL 烧杯、500mL 烧杯、长玻璃钉、玻璃棒。

试剂:脱脂棉(医用棉花)、35% 氢氧化钠、乙醇、氯乙酸、酚酞。

【实验步骤】

将 10g 脱脂棉扯碎后装入 200mL 烧杯中,加入 80 ~ 100mL 35% 氢氧化钠水溶液,其用量以刚好将纤维完全浸没为度。控制温度于 30 ~ 35℃ 间浸泡 30min,间歇地轻轻搅拌。将碱液倾出回收(供下次实验重复使用)。用粗长的玻璃钉将棉花尽量挤压并回收挤出的碱液,得到碱化棉。

向烧杯加入 8g 氯乙酸,用 80mL90% 乙醇溶解后备用。将以上制得的碱化棉放入 500mL 烧杯内,加入 120mL90% 乙醇。将碱化棉搅散,然后分批加入以上配制的氯乙酸溶液,边加边搅拌,并控制于 35 ~ 40℃ 间反应,约 1h 加完。随后将反应混合物在 40℃ 下搅拌反应3～4h。反应后期留意取样检查反应终点。方法是取出少许棉絮样品放入大试管中，加入热水振荡片刻，能完全溶解时即达到终点。

将反应混合物中的乙醇溶液全部倾出回收。向余下的醚化棉中加入100mL70%乙醇，搅拌10min，然后加入几滴酚酞指示剂，如呈红色则用5%盐酸中和至红色刚刚消失为止。倾出乙醇液并将醚化棉压干。用100mL70%乙醇洗涤（搅拌10min），以除去残余的无机盐。按同样方法重复洗涤1次，抽滤，压干。所有乙醇母液均要回收。

把制得的含溶剂产物扯开，在不超过80℃的温度下通风干燥，最后粉碎成白色粉末，为CMC。

【思考题】

1. 纤维素含有大量的羟基，为什么纤维素不能溶于水？
2. 羧甲基纤维素的主要用途是什么？

实验七十六 二茂铁、乙酰二茂铁的合成

【实验目的】

1. 通过二茂铁、乙酰二茂铁的合成掌握无机制备中无水无氧实验操作的基本技能；
2. 了解二茂铁的基本性质；
3. 学习升华法、重结晶法纯化化合物的操作技能。

【实验原理】

二茂铁，又名双环戊二烯铁$(C_5H_5)_2Fe$，具有独特的夹心结构，是目前已知的最稳定的金属有机化合物。

二茂铁在常温下为橙色晶体，有如樟脑的气味。熔点173～174℃，沸点249℃，在温度高于100℃时易升华。能溶于苯、乙醚、石油醚等大多数有机溶剂中，基本上不溶于水，在沸腾的烧碱溶液或盐酸溶液中不溶解亦不分解。在乙醇或已烷中的紫外光谱于325nm($\varepsilon=50$)和440nm($\varepsilon=87$)处有最大吸收值。

二茂铁及其衍生物已广泛地被用作火箭燃料添加剂，以改善其燃烧性能；还可用作汽油的抗震剂、硅树脂和橡胶的热化剂、紫外光的吸收剂等。

二茂铁的制备方法较多，本实验采用非水溶剂（乙醚/二甲亚砜）法，是实验室合成二茂铁的一种较为简单易行的方法。其制备反应式为：

$$2KOH + FeCl_2 + 2C_5H_6 \longrightarrow (C_5H_5)_2Fe + 2KCl + 2H_2O$$

C_5H_6 经过解聚其二聚体得到。二茂铁粗产物经过升华法提纯。

在芳环上引入酰基（RCO—）的反应称为酰基化反应。本实验就是在磷酸的催化下，二茂铁与醋酸酐反应，得到目标产物。反应式为：

Fe $\xrightarrow[\text{磷酸}]{\text{乙酸酐}}$ Fe（$COCH_3$） $\xrightarrow[\text{磷酸}]{\text{乙酸酐}}$ Fe（$COCH_3$，H_3COHC）

乙酰二茂铁粗产物经过重结晶法提纯。

【仪器试剂】

仪器：100℃～300℃温度计、30cm 分馏柱、100mL 圆底烧瓶、接引管、直型冷凝管、50mL 量筒、单颈圆底烧瓶、磁力加热搅拌器、氮气钢瓶、恒压滴液漏斗、分液漏斗、蒸发皿、三角漏斗、50mL 锥形瓶、干燥管、滴管、抽滤瓶、布氏漏斗。

试剂：无水氯化钙、无水二氯化铁、环戊二烯、无水乙醚、氢氧化钾、二甲亚砜、液体石蜡油、2mol/L 盐酸、乙酸酐、85% 磷酸、碳酸氢钠、石油醚、冰。

【实验步骤】

1. 环戊二烯单体的制备

环戊二烯在温室下很容易发生狄尔斯－阿德耳（Diels－Alder）反应而生成二聚环戊二烯，并在较高温度下，进一步发生聚合反应。因此，市售的环戊二烯试剂是它的二聚体，要得到单体的环戊二烯，则必须进行“解聚”。

取 40mL 环茂二烯于烧瓶内，加热至 180℃（必要时，用石棉绳将分馏柱包扎起来），收集 42～44℃下蒸出的产物于有无水氯化钙的烧瓶内（此瓶用冰水冷却），收集约 20～25mL。

2. 二茂铁的制备

安装好装置（整套装置必须干燥）。加 60mL 无水乙醚、25g 细粉末状 KOH 于三颈烧瓶中，在通入氮气的情况下搅拌溶解。待 KOH 尽可能溶解之后，从恒压滴液漏斗中滴入 5.5mL环戊二烯（单体），再搅拌 10min。

将 6.5g 无水二氯化铁溶于 25mL 二甲亚砜中，充分搅拌溶解后，倒入恒压滴液漏斗中。滴加之前，停止氮气供给，在 45min 内把全部溶液滴加进三颈烧瓶中（在滴加过程中，若乙醚沸腾，可以打开原通入氮气的侧口活塞开关），继续搅拌 30min。

反应完毕后，向三颈烧瓶中再加入 25mL 乙醚，充分搅拌后，静置，将上层清夜倒入分液漏斗中，弃去下层棕黑色沉淀物。将 2mol/L HCl 倒入分液漏斗中洗涤两次（每次 25mL），再用水洗涤两次（每次 25mL），每洗涤一次需分离后再洗第二次。然后将分液漏斗中的乙醚层（乙醚层在水层上面，二茂铁溶于乙醚中呈黄色）转入到小烧杯中，并在通风柜内微热，使乙醚尽快蒸发。将得到的橙色二茂铁晶体称重，并计算产率。

测定产品的熔点，并分析测定结果。

3. 升华法提纯二茂铁

蒸发皿的温度控制在 140～170℃之间，不可超过 180℃。粗制的二茂铁产品（橙棕色），经升华后的二茂铁为金黄色针状结晶。测量熔程为 165～167.8℃。用称量纸包好产品备用。

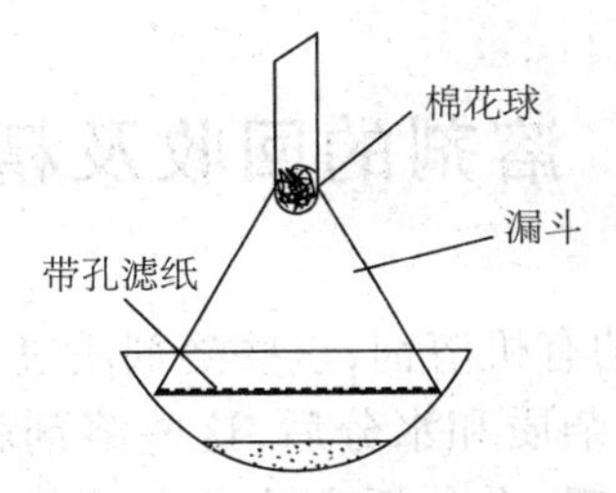

图 7-2　升华法提纯二茂铁装置图

4. 乙酰二茂铁的制备

乙酰二茂铁的制备流程如图 7-3 所示。

(1)投料：在 50mL 圆底烧瓶中，加入 1g 二茂铁和 10mL 乙酸酐，在振荡下用滴管慢慢加入 2mL85% 的磷酸。

(2)加热反应：投料完毕，用装有无水氯化钙的干燥管塞住烧瓶口，在沸水浴上加热 15min，并不时加以振荡。

(3)分离化合物：将反应混合物倾入盛有 40g 碎冰的 400mL 烧杯中，并用 10mL 冷水冲洗烧瓶，将冲洗液并入烧杯。在搅拌下，分批加入固体碳酸氢钠，到溶液呈中性为止。将中和后的反应化合物置于冰浴中冷却 15min，抽滤收集析出的橙黄色固体，每次用 50mL 冰水洗涤两次，压干后在空气中干燥。

(4)纯化产物：将干燥后的粗产物用石油醚(60～90℃)重结晶。

(5)产品检验。

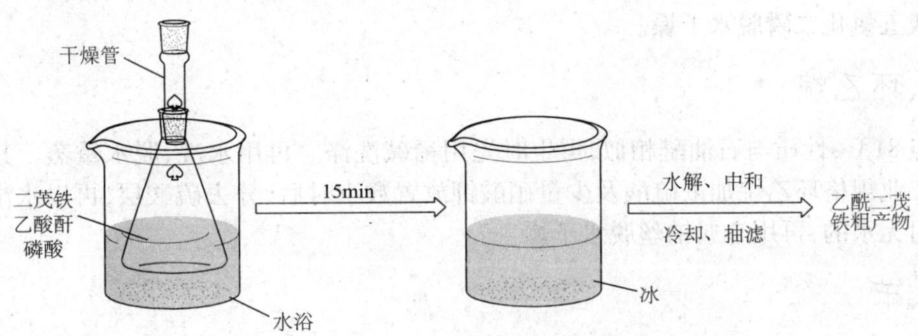

图 7-3　乙酰二茂铁的制备

【注意事项】

1. 通常“解聚”应在合成二茂铁的当天做，不然，馏出液必须密封后放在液氮中保存。
2. 蒸发乙醚时要注意安全，避免明火。
3. 在升华法提纯二茂铁时，温度不可超过 180℃。

【思考题】

1. 本实验在合成二茂铁时，为什么操作要求在严格的无水条件下？
2. 分析影响二茂铁产率的因素，如何提高它的合成收率？
3. 如何纯化二茂铁产品？

附录1　溶剂的回收及精制方法

实验中，常常需要应用很多的有机溶剂，这些溶剂用过以后就会混入许多有机及无机物质，并带进了很多水分，除去这些杂质和水分后，这些溶剂就又可以重新使用了，因此，再生溶剂也是贯彻增产节约的具体表现，在分析和色谱实验中对溶剂的纯度要求更高。一般重蒸的溶剂或市售工业品均不可直接应用，必须进一步精制，否则将影响实验的结果。因此，将各种溶剂的再生和精制方法分述于下。

一、石油醚

石油醚是石油馏分之一，主要是饱和脂肪烃的混合物，极性很低，不溶于水，不能和甲醇、乙醇等溶剂无限止地混合，实验室中常用的石油馏分根据沸点不同有下列数种，其再生方法大致相同。

再生方法：用过的石油醚，如含有少量低分子醇、丙酮或乙醚，则置分液漏斗中用水洗数次，以氯化钙脱水、重蒸、收集一定沸点范围内的部分，如含有少量氯仿，在分液漏斗中先用稀碱液洗涤，再用水洗数次，氯化钙脱水后重蒸。

精制方法：工业规格的石油醚用浓硫酸，每公斤加50～100g振摇后放置1h，分去下层硫酸液，可以溶去不饱和烃类，根据硫酸层的颜色深浅，酌情用硫酸振摇萃取二、三次。上层石油醚再用5%稀碱液洗一次，然后用水洗数次，氯化钙脱水后重蒸，如需绝对无水的，再加金属钠丝或五氯化二磷脱水干燥。

二、环乙烷

沸点81℃，性质与石油醚相似，再生时先用稀碱洗涤。再用水洗、脱水重蒸。其精制方法是将工业规格环乙烷加浓硫酸及少量硝酸钾放置数小时后，分去硫酸层，再以水洗，重蒸，如需绝对无水的，再用金属钠丝脱水干燥。

三、苯

沸点80℃，相对密度0.879，不溶于水，可与乙醚、氯仿、丙酮等在各种比例下混溶，纯苯在54℃时固化为结晶，常利用此法纯化。

再生方法：用稀碱水和水洗涤后，氯化钙脱水重蒸。

精制方法：工业规模的苯常含有噻吩、吡啶和高沸点同系物如甲苯等，可将苯1000mL，在室温下用浓硫酸每次80mL振摇数次，至硫酸层呈色较浅时为止，再经水洗，氯化钙脱水重蒸，收集79～81℃馏分。对于甲苯等高沸点同系物，则用二次冷却结晶法除去，苯在54℃固化成为结晶，可以冷却到0℃，滤取结晶，杂质在液体中。

四、氯仿

沸点61℃，相对密度1.488，不溶于水，易与乙醚、乙醇等混溶，在日光下易氧化分解成Cl_2、HCl、CO_2及光气($COCl_2$)，后者有毒，故应贮在棕色瓶中。氯仿在稀碱水作用下易分解产生甲酸盐，在浓碱水作用下则生成碳酸盐。

再生及精制方法：医用氯仿含有1%酒精作为安定剂，以防止它的分解，可用水洗涤，氯化钙脱水重蒸，收集61℃的馏分，贮于棕色瓶中。

五、四氯化碳

沸点77℃，相对密度1.589，极性很低，不溶于水；工业规格的四氯化碳中常含有2%～3%二硫化碳，其除去方法取1000mL四氯化碳加5% KOH乙醇溶液100mL，60℃加热30min，冷却后，用水洗涤（氯化钙或固体）分去水层，再用少量浓硫酸振摇多次，直至硫酸不变色，最后用水洗涤，氯化钙或固体氢氧化钠脱水，加石蜡油少许后蒸馏可得精制品。

氯仿和四氯化碳脱水干燥时，切忌用金属钠，否则将发生爆炸事故。

六、二硫化碳

沸点46℃性质与四氯化碳相似，纯的二硫化碳为无色液体，味香，有毒性，市售工业规模的常含硫化氢、硫氢化碳等分解产物因而其味难闻。二硫化碳久置色变黄。精制时先用金属汞振摇，再用饱和氯化汞冷溶液振摇，最后再用高锰酸钾液洗涤后蒸馏而得。

七、乙醚

沸点35℃，相对密度0.714，在水中的溶解度为8.11%。用过的乙醚常含有水及醇，如用水洗涤损失很大，可用饱和氯化钙水液洗涤，同时又可去除乙醇，再以无水氯化钙脱水干燥，重蒸即得。

乙醚久置于空气中，尤其是日光下暴露，则逐渐氧化成醛、酸及过氧化物。当过氧化物达到万分之几时，蒸馏时有发生爆炸的危除，过氧化物的存在可以用碘化钾溶液与少量乙醚共振摇生成游离碘而检出，其除去法可用稀碱液、高锰酸钾液、亚硫酸钠液顺次洗涤，再用水洗，干燥，重蒸而得，贮存时加少量表面洁净的铁丝或铜以防止氧化。

另法除法少量醇类可在乙醚中加少量高锰酸钾粉末和1～2块（10g左右）氢氧化钠，放置数小时后，在氢氧化钠表面如有棕色的醛缩合树脂生成者，重复这一操作直至氢氧化钠表面不生棕色物为止，然后将乙醚倒入另一瓶内，加无水氯化钙脱水，重蒸而得，如须绝对无水的，再将金属钠压成钠丝加入，瓶塞打孔，附一氯化钙管，放置为了减少蒸发，在氯化钙管上安装一根一端拉成毛细管的玻璃管以与外界相通。

八、丙酮

沸点56℃，相对密度0.792，与水、醇能任意混溶。

再生方法：丙酮中如含有多量的水时，可加食盐或固体碳酸钾等盐类，盐析成二层，分去下层盐水层，上层丙酮液蒸馏收集54～57℃馏分，再用无水氧化钙脱水干燥重蒸。

精制方法：

一般工业用丙酮，常会有甲醇、醛和有机酸等杂质，精制时加高锰酸钾粉末回流，所加的量应使丙酮一直保持紫色，如不加热，放置3～4天也可，加热后冷却，滤去沉淀，加无水碳酸钾或氯化钙脱水干燥，蒸馏收集。

如丙酮中混有少量乙醇、乙醚、氯仿等溶剂，精制时加2倍量的饱和亚硫酸氢钠溶液振摇，生成亚硫酸氢钠丙酮加成体，再在其中加等量的酒精，析出结晶，过滤收集，顺次以酒精、乙醚洗涤，干燥。将此结晶与少量水相混合，加入10%碳酸钠或10%盐酸使加成物分解、滤液分级蒸馏，取丙酮之馏分，再加无水氯化钙或碳酸钾脱水干燥，重蒸而得。

注意：丙醇不宜用金属钠或五氧化二磷脱水。

九、乙醇

沸点78℃，相对密度0.79与水能任意混溶，蒸馏时与水共沸，共沸点78.1℃，共沸混溶液含水4.43%为95%乙醇。

再生方法：先在用过的乙醇中加生石灰（氧化钙），每立升加25~50g，加热回流脱水后，分级蒸馏，收集76~81℃的馏分，含醇80%~90%。再置圆底烧瓶中，加计算量多1倍的生碳，回流5h，再蒸馏收集76~78℃的馏分，可达98.5%~99.5%。

如须绝对无水者；可用下列二法之一：

(1)99.5%乙醇1000mL，加27.5g苯二甲酸二乙酯和7g金属钠，放置后蒸馏得无水乙醇。

(2)98%以上的乙醇60mL，置于2L的圆底烧瓶中，加入5g金属镁，0.5g碘，使发生反应促进镁溶解成醇镁，再加900mL乙醇，回流加热5h，蒸馏可得100%乙醇。

如用以紫外光谱分析，要求较高，普通发酵乙醇常混有少量醛和酮，无水乙醇用苯共沸蒸馏所得者常含有苯、甲苯，均不宜于光谱分析用。其精制法如下：95%普通乙醇1000mL，加入25mL$(NH_4)_2SO_4$，在水浴上回流加热数小时以除苯及甲苯等杂质。蒸馏，初馏分50mL及残馏分100mL除去。主馏分中加硝酸银8g，加热使溶解，溶解后再加入粒状氢氧化钾15g。回流加热1h，此时溶液从黏土色的AgOH悬浊液变为黑色的还原银粒凝集沉淀下来。此反应约需20~30min。如果黑色沉淀生成很早，表示能被氧化的物质存在较多。蒸馏后的溶液再以少量硝酸银和氢氧化钾（1:2，质量比）加入重复上述操作直至没有黑色沉淀生成为止，再继续加热30min，蒸馏，初馏分约50mL及残馏分约100mL除去。主馏分收集，但有可能带入微量的碱和银离子，会促进乙醇的氧化。应重蒸馏1次，由此法制得的乙醇含水3%~6%在206nm外透明，200nm处有末端吸收。

十、甲醇

沸点65℃，相对密度0.79，能与水、乙醇、乙醚、氯仿作任何比例的混溶，不与水共沸，利用分馏法可得99.8%的浓度，绝对无水的甲醇，可用镁和碘的方法制得（同乙醇项下）。甲醇有毒，对视神经有损伤，应用和操作时应注意。

精制方法：工业规模的甲醇中，主要含丙酮和甲醛杂质，可用硫酸汞酸性溶液与甲醇一起加热，使丙酮生成络合物析出，或碘的碱性溶液共热使醛或酮氧化成碘仿，然后再分馏精制。

甲醇不能用生石灰脱水，因CaO能吸收20%甲醇，CaO、CH_3OH、H_2O为一平衡，完全脱水不可能。

十一、乙酸乙酯

沸点77℃，相对密度0.90，含水的乙酸乙酯在日光下会逐渐水解为醋酸和乙醇，精制时以5%碳酸钠（或碳酸钾）溶液，饱和氯化钙溶液分别洗去醋酸和醇再以水洗、分级蒸馏取乙酸乙酯馏分，再经无水氯化钙脱水干燥后重蒸一次，或在乙酸乙酯中加少量水，每500g加2g水，蒸馏，水和乙醇在第一馏分中即被蒸出。

十二、醋酸

沸点118℃。冰点16.5℃，相对密度1.06，纯的醋酸（99%～100%）在较低温度时结成固体，故又称冰醋酸，其精制可用冰冻法，即冷却至0～10℃醋酸结成结晶，分去液体，结晶加热复重熔化，再经冷冻一次，可得水醋酸。

醋酸中如含有乙醇和醛等杂质，可在醋酸中加2%左右的重铬酸钾（或钠）后进行分馏，若含有少量水分则加适量的醋酐后进行分馏，收集117～118℃的馏分。

十三、吡啶

沸点116℃，相对密度0.98，能与水、乙醇、乙醚等混液，和水共沸，共沸点92～93℃，吡啶中的水分可加适量的固体氢氧化钠放置，分去析出水层后，再加固体氢氧化钠至无水层分出为止，蒸馏，收集116℃馏分，为无水吡啶。

十四、二甲基甲酰胺（简称DMF）

沸点153℃，相对密度0.95，能与水、乙醇、乙醚等许多有机溶剂任意混溶。二甲基甲酰胺与水形成共沸混合物，故含有水分的二甲基甲酰胺，不能用分馏法除去，可加无水碳酸钾干燥后，蒸馏精制。

附录2　常用干燥剂性能

化学干燥剂可分二类,一类是与水可以生成水合物的,如硫酸、氯化钙、硫酸铜、硫酸钠、硫酸镁和氯化镁等。另一类与水反应后生成其他化合物的,如五氧化二磷、氧化钙、金属钠、金属镁、金属钙和碳酸钙等。必须注意的是有些化学干燥剂是一种酸或与水作用后变为酸的物质,也有一些化学干燥剂是碱或与水作用后变为碱的物质,在用这些干燥剂时就应考虑到被干燥物的酸碱性质。应用中性盐类作干燥剂时,如氯化钙,它能与多种有机物形成分子复合物,也要加以考虑。因此在选择干燥剂时首先应了解干燥剂和被干燥物的化学性质是否相容,下面介绍一些实验室常用的干燥剂的性能。

一、氯化钙

对固体、液体和气体的干燥均可使用。有干燥能力的是含二分子结晶水的氯化钙,潮解吸水后成为含六分子结晶水的氯化钙,热至30℃时成为含四分子结晶水的氯化钙,至200℃恢复为二分子结晶水的氯化钙,如加热至800℃则水分完全失去,成为熔融的氯化钙,可以用氯化钙脱水的化合物有烃类、卤代烃类、醚类,对沸点较高的溶剂,干燥后重蒸溶剂时,应将干燥剂滤出,不可一起加热蒸馏,以免被吸去的水分在加热时再度放出,它的缺点是脱水能力不强,并且能和多种有机物生成复合物,如醇、酚、胺、氨基酸、脂肪酸等,因此不可用作为醇等溶剂的脱水于燥剂。

对结构不明的化合物溶液,就不宜使用氯化钙来干燥。

二、硫酸钠

无水硫酸钠可用于中性,酸性和碱性物质的脱水干燥剂,对有机物没有反应,可以广泛应用,吸水后成为带有十分子结晶水的硫酸钠 $Na_2SO_4 \cdot 10H_2O$,但脱水能力弱而且作用慢,不能用加热来促使脱水,因为含水的硫酸钠在33℃以上又失结晶水,对于含水量较多的醇类不宜用作脱水干燥剂,适用于醚、苯、氯仿等溶剂,新买来的硫酸钠应加热焙干后使用。

三、硫酸镁

性质同硫酸钠,吸水效力强一些,与水生成水合物含七分子结晶水。

四、硫酸铜

制备无水醇时常加以应用,是相当弱的干燥剂。无水硫酸铜浅绿色,生成水合物质变兰 $CuSO_4 \cdot 5H_2O$,根据变蓝的反应说明吸水过程在进行,故可用来检验溶剂的无水程度,$CuSO_4 \cdot 5H_2O$ 加热至100℃失去四分子结晶水可以由此再生。加热温度不宜增至220～230℃,否则就生成碱性盐类失去水合的效力。

五、硫酸钙

无水硫酸钙由石膏加热至160～180℃而得,如在500～700℃灼烧所得的无水硫酸钙,几乎不能与水结合。它是强烈干燥剂之一，但吸水量不大，只能达到其全质量的6.6%，吸水后形成相当稳定的水合物$2CaSO_4 \cdot H_2O$，它和其它形成水合物的盐类不同，被干燥的有机液体不需要把它事先分开，可以放在一起蒸馏，甲醇、乙醇、乙醚、丙酮、甲酸和醋酸用硫酸钙脱水可得良好的效果。

六、苛性碱

苛性钠（NaOH）和苛性钾（KOH）是碱性干燥剂，适用于干燥有机碱类，如氨气、胺类、吡啶、重氮甲烷，生物碱等，作为干燥器内的干燥剂，用来排除被干燥物质挥发出来的酸性杂质时，应用更多，苛性钾的效力较苛性钠大60倍，对于酸性物或酮，醛等均不适用。

七、碳酸钾

无水碳酸钾的碱性比苛性碱弱，应用范围较广一些，除适用于碱性物质外，对醇类也适用。

八、氧化钙

俗称生石灰，也是一种碱性干燥剂，实验室常用来制造无水乙醇，因为来源方便，生成氢氧化钙不溶于乙醇，要得到绝对无水的乙醇，需要用过量很多的氧化钙，对1g水要5g块状氧化钙（理论量是3.11g）干燥有机碱液体也可用之，氧化钙不适用于甲醇，因CaO、H_2O、CH_3OH三者间与形成的复合物成一平衡，不完全脱水，而且要吸收20%的甲醇。

九、金属钠

金属钠有很强的脱水作用，广泛被应用于各种惰性有机溶剂的最后干燥，如用于乙醚、苯、甲苯、石油醚等，由于金属钠有可工塑性，脱水时可将钠块周围的杂质切去，用压钠机压成条状故入置有溶剂的容器内，这样使金属钠与液体接触的表面大大增加，不致由于金属钠含有的杂质在钠块表面形成一层薄膜，妨碍进一步与水作用，必须注意对$CHCl_3$，CCl_4及其他含有—OH，$>C{=}O$ 等反应性强的官能团的溶剂都不能用金属钠脱水，含水量多的溶剂也不能用，因为钠遇水发生爆炸，易引起危险事故。

十、浓硫酸

浓硫酸是一种酸性干燥剂，由于它对许多有机化合物的腐蚀性限制了它在干燥上的应用，因此硫酸多半应用于无机物或作为干燥器内的干燥剂，对于气体，并不是所有中性和酸性的气体对硫酸都不起作用，硫酸除了酸的作用外还有氧化作用，例如溴化氢遇到硫酸将大部分被氧化成溴，干燥器内以硫酸为干燥剂的应用很广，但是真空干燥器内应用硫酸应十分小心，因为它在1mmHg的压力下有一部分要挥发，它的蒸气与干燥物质就能起作用，放在干燥器内的硫酸不需要纯的，在硫酸中可加1%硫酸钡（18g硫酸钡加在1L硫酸内，相对密度1.84）。当硫酸吸水浓度降低至93%时，即析出$BaSO_4$、$2H_2SO_4 \cdot H_2O$的针状结晶，当硫酸浓度降低至84%时，（$H_2SO_4 \cdot H_2O$）变成很细的结晶，如果发现有细小的硫酸钡结晶出现时，就应该换新硫酸。

十一、五氧化二磷

五氧化二磷即是磷酸酐,吸水后生成磷酸。它的脱水反应是不可逆的,在酸性干燥剂中它的效力要算最高,可用于一般固体、气体和惰性液体的脱水。碱性物质或有羟基的化合物不宜用五氧化二磷来脱水。它的最大缺点是吸水后表面生成一层很黏的磷酸妨碍它的进一步的干燥作用,必须注意五氧化二磷中常含有少量的三氧化二磷,此物大量地与热水作用将生成很毒的磷化氢。

十二、硅胶

二氧化硅与少量水(2% ~10%)结合形成的胶状硅胶($SiO_2 \cdot xH_2O$),称为硅胶,呈无色透明玻璃块状,其中有无数目不能见的细孔,利用毛细现象吸收湿气,发挥干燥能力,常用为气体干燥剂。

附录3　有机光谱分析的样品准备

通过合成或分离获得的有机化合物,必须通过光谱鉴定才能确定其化学结构,有机化学工作者必须熟练掌握光谱分析的有关知识。通过合成获得的有机物通常不能直接进行光谱分析,必须进行适当的处理。

一、红外光谱的样品准备

红外光谱是一种吸收光谱,是有机物官能团鉴定的有效方法,在有机物的结构分析中具有重要作用。红外光谱测定的样品通常是固体或液体,通过特殊的装置也可以测定气体的红外光谱。红外光谱的测定比较简单,通常情况下由学生自己独立操作完成。

一般红外光谱测定所需的样品量为每次 5 ~ 20mg,样品应当充分地精制提纯,水分对红外光谱的测定影响较大,样品需充分干燥。

为了方便测定有机物的红外光谱,必须选择合适的载体。玻璃、石英以及塑料等具有共价键的化合物通常在红外区具有强烈的吸收,不能用来制作样品载体,必须用离子化合物作载体。金属卤化物如氯化钠、溴化钾、氯化银等是经常使用的载体材料。将氯化钠单晶切割成片并磨光,用这种晶片制作样品窗在整个红外区都没有吸收,但是氯化钠单晶容易破碎,而且氯化钠是水溶性的,样品必须干燥后才能测定。

固体粉末和结晶样品的分析常用溴化钾法,即先将样品与溴化钾粉末均匀混合后,在模具中加压制成透明的圆片再进行测定。

将 2 ~ 4mg 样品在玛瑙或玻璃研钵中充分粉碎,将 200mg 干燥的溴化钾分三次加入研钵中,最初几次制备样品时必须用分析天平称重,有了一定经验后,可以凭经验估计大致的量。继续研磨 5min 左右,由于溴化钾有吸湿性,很容易吸收大气中的水分,所以研磨操作应迅速,避免吸湿,溴化钾保存时也应置于干燥器中。

研磨时,必须把样品均匀地分散在溴化钾中,尽量将它们研细。颗粒越细,散射光越少,吸光度越大,可以得到很尖锐的吸收峰。研细后的样品在特制的模具中加压制成圆片,不同厂家生产的模具形状不一,应按各自的说明书进行操作。不透明或有气泡的样品片不能得到满意的谱图,应重新压片,压出半透明状的薄片。测定时把样品片固定在样品架里,在参比光路中放入纯溴化钾的压片。注意移动压好的薄片时必须使用镊子,不可用手拿,以免吸水或污染待测压片。压好的溴化钾压片保存时应用样品纸包好,放在干燥器内。研磨完样品的研钵和压完片的模具要清理干净,先用水洗去除较多的固体粉末,然后用脱脂棉蘸乙醇或丙酮擦洗几遍,在红外灯下干燥,然后进行下一个样品的制备或放入干燥器保存。

液膜法适用于难挥发性的液体样品(沸点约为 80℃以上),最简单的方法即是在磨平且抛光的两块氯化钠晶片之间放上一薄层液体,即在一块晶片的表面滴上一滴液体,然后盖上第二块晶片,在第二块晶体的压力下使液体向四面铺开,在两块晶片间形成一层毛细薄膜。然后将晶片置于特制的支架上,置于光路中进行测定,装配支架时不可将螺帽拧得太紧,因为压得过紧会使氯化钠晶体碎裂。氯化钠晶片是从大的氯化钠单晶上切割下来的,价格较贵,取用时要小心,用镊子轻轻夹住晶片的边缘进行操作。不要用手接触晶片,因为手指上的潮气会使磨光的表面损坏，使光无法透过，任何含水溶液的样品都不能用于盐窗。测完光谱后，氯化钠晶片必须用氯仿、四氯化碳等挥发性的干燥溶剂洗涤干净，干燥后保存在干燥器中。

二、核磁共振谱(NMR)

为了获得准确的分析结果，供核磁测定的样品应尽可能的纯净，送检样品纯度一般应大于95%，不得含磁性物质(如铁屑)、灰尘、滤纸毛等杂质。当样品中还含有结构不明的组分时，会给谱图的解析带来不必要的麻烦。分析未知样品时，首先应整理已经了解到的其它分析数据，明确用NMR测定的目的，从而确定样品浓度、溶剂、温度等测定条件。

核磁共振测定使用的溶剂应对样品有较强的溶解能力，不干扰样品的信号，也不与样品发生反应。经常使用的溶剂有氘代氯仿、氘代二甲基亚砜、重水、氘代丙酮、氘代苯等。为方便测定一般市售的氘代试剂一般都加入了一定浓度的内标物，常用的内标物为四甲基硅烷，其化学位移为0。选择溶剂应考虑溶剂对样品的溶解能力，氘代试剂价格较贵，对于未知样品可以先用非氘代试剂测试溶解度。样品在氘代试剂中溶解度要好，溶解后溶液均一透明，若有固体微粒必须首先过滤。

在实际测试过程中，采用不同的溶剂化学位移可能有很大变化，氘代的溶剂有时也会与样品中活泼氢发生交换反应。氘代试剂中含有1%的H，就会产生小的信号，应注意与样品信号的区分，为防止启封的氘代试剂瓶吸湿后会出现H的信号，应将其封好并放入装有硅胶干燥剂的干燥器中保存。也有已分装好的氘代试剂出售，用玻璃瓶密封包装，每瓶0.5mL，使用十分方便。

一般使用市售的核磁管的规格为外径5mm，内径4mm，长180mm，配有聚四氟乙烯或塑料的封盖。氘代试剂溶解后的样品体积以在核磁管中高度约3～4cm为宜(氘代试剂0.5mL)，管外不要粘贴标签，以免影响旋转，标签纸应套在样品管上。为保证谱图质量，使用前核磁管必须清洗干净，首先用溶剂或洗涤剂洗净，再用丙酮清洗，充分干燥，由于核磁管比较细，干燥时间要长一些，以免残留溶剂，影响谱图的解析。

一般用于核磁共振测定的有机样品浓度为：氢谱约10～20mg/0.5mL氘代试剂；碳谱>30mg/0.5mL氘代试剂。测试氢谱时浓度太低则噪音较大、基线不平，浓度太高则谱峰裂分不好；测试碳谱时浓度高可缩短测试时间，噪音小，基线平直。高聚物一般不受上述限制，以溶解度最大为好。

样品管所带的标签纸上请注明：样品编号、所用氘代试剂、测试要求(如1H，13C，DEPT，COSY，QC，BC等)、样品的可能结构、送样人姓名、联系方式、送样日期等。液体核磁通常的扫场范围为1H：-1～13ppm，13C：-12～230ppm，特殊要求应在标签纸上注明，不稳定样品应提前与测试人员预约。

三、质谱

质谱分析时需要熟练的操作技巧，一般由专业人员进行测定，这里介绍有关委托分析的注意事项。

混合物的谱图一般是各单独组分谱图的叠加，符合加成法则，因此质谱法也可以分析混合物或混有一些杂质的样品。混合物定量分析时最主要的问题是分子离子的强度比，有干扰离子存在时要把样品做成衍生物或使其分解然后进行测定。解析未知物的构造时，碎片离子是非常重要的，希望尽可能地除净样品中的杂质。

质谱测定的核质比大约可到2000，一般有机物结构解析时用到500左右，每次测定所用最少样品量为：固体、液体约0.1mg（直接进样时0.01～0.1μg）便可测定；气体、易挥发液体0.1～1mL。委托分析时准备样品量为其10倍以上为宜。

固体样品取10mg放到样品管内；液体样品取10mg左右封存在内径为2mm的毛细管里；气体样品装在气体采样器中，贴上标签，并填写委托分析单。委托分析单上应注明：样品号、单位、姓名、委托日期；样品中含有的元素、结构式、相对分子质量的估计值、纯度、沸点、熔点以及挥发性、升华性、吸湿性等；测定的目的，分子离子、碎片离子、同位素离子、亚稳态离子等，希望测定某些特定的峰时也应注明。

四、紫外光谱

测定紫外光谱时一般是将被测样品溶于适当的溶剂中，然后盛在吸收池中测定。所使用的溶剂能充分地溶解样品，与样品没有相互作用，而且在测定波长范围内吸收少。各种溶剂可以使用的波长范围如下：蒸馏水、乙腈、环己烷大于200nm；甲醇、乙醇、乙醚大于220nm；二氧六环、氯仿、乙酸大于250nm；二甲基甲酰胺、乙酸乙酯大于270nm；四氯化碳大于275nm，苯、甲苯、二甲苯大于290nm；丙酮、吡啶大于350nm；二硫化碳大于380nm。

被测样品的浓度通常采用实验的方法来确定，首先精确配制0.01mol/L浓度的溶液进行测定，若浓度过大则取其一部分稀释10倍进行测定，直到浓度适宜为止。稀释溶液时通常使用20mL的容量瓶及2mL的移液管。配好的样品溶液必须清澈透明，不能有气泡或悬浮物质存在。

比色皿（吸收池）应选择在测定波长范围内没有吸收的材质，玻璃比色皿只能用于可见光波长范围内，石英比色皿紫外、可见光均可使用，但价格较贵，用挥发性强的溶剂时应使用有盖的比色皿。

样品溶液移入比色皿前，首先用溶剂洗涤比色皿，然后再用样品溶液冲洗，清洗时首先用注射器注入1mL液体，把比色皿各部润湿后倒掉。最后加入样品溶液，所加溶液为比色皿高的4/5为宜。

比色皿外侧粘有液体时可用脱脂棉擦净。拿比色皿时应只接触不透光的侧面，不应在透光面粘有指纹或异物。

使用过的比色皿应在干燥之前进行清洗，一般用溶剂进行清洗，使用不溶于水的溶剂时还需进一步用丙酮或乙醇清洗。比色皿应保存在干燥器中，或者放在有磨口盖的广口瓶中并加入酒精或水浸泡吸收池。

附录4　有机色谱分离技术

色谱法又称层析法。它是有机化合物分离、分析的重要方法之一。既可用于分离复杂的混合物,又可以用来定性鉴定,尤其适用于少量物质的分离和鉴定。这种技术不仅用于石油、化学化工等部门,而且在药物分析、中草药有效成分的分离分析、药物体内代谢研究、毒物分析及环境保护等方面也是必不可少的工具。

色谱法与溶剂萃取法相似,也是以相分配原理为依据。利用混合物中各组分在某一物质中的吸附、溶解性能的不同或其它亲和作用性能的差异,在混合物的溶液流经该种物质时,通过反复的吸附或分配作用,将各组分分开。流动的混合物溶液称为流动相;固定的物质称为固定相。如果化合物和固定相的作用较弱,那它将在流动相的冲洗下较快地从层析体系中流出来;反之化合物和固定相的作用较强,它将较慢地从层析体系中流出来。根据操作条件的不同,色谱法可分为柱色谱、纸色谱、薄层色谱、气相色谱及高效液相色谱等类型。有机化学实验常用的有薄层色谱、柱色谱和纸色谱。

应用色谱法的目的有两个,一是用于分析,二是用于制备分离。根据实验目的的不同,实际操作中要把握好速度、分离度与分析样品量的关系,如果想得到比较纯的样品,那么上样量就不必太多,样品量少有利于各组分的分离。

色谱法分离混合物时各组分在固定相表面存在不同的吸附与脱附的平衡,一个分子的吸附性能与极性有关,也与吸附剂的活性及流动相的极性有关。

化合物的极性很大程度依赖于官能团的极性强弱,因此不同类型的化合物往往表现出不同的吸附能力,常见官能团的极性顺序如下:

饱和烃 < 烯烃 < 芳烃、卤代烃 < 硫化物 < 醚类

硝基化合物 < 醛、酮、酯 < 醇、胺 < 亚胺 < 酰胺 < 羧酸

当然这一顺序只是经验值,比较粗略,对于复杂化合物的极性只能通过实验比较。在层析中选用何种吸附剂要视被分离的化合物性质而定。理想的吸附剂应该具备以下条件:能够可逆地吸附待层析的物质;不能使被吸附物质发生化学变化;粒度大小应使展开剂以均匀的流速通过。硅胶是实验室应用最广的吸附剂,吸附作用也较强,可用于多种有机物的分离,市场上有各种不同孔径大小的硅胶供应。由于它略带酸性(能与强碱性有机物发生作用),所以适用于极性较大的酸性和中性化合物的分离。纤维素和淀粉的吸附活性最小,因而多用于分离多官能团的天然产物。氧化铝也是一个用途很广的吸附剂,吸附能力强,而且有酸性、碱性和中性三种,酸性氧化铝的 pH 接近于 4,可用于分离氨基酸和羧酸,碱性氧化铝的 pH 在 10 左右,用于分离胺类化合物,中性氧化铝 pH 在 7 左右,用于分离中性有机物。

影响色谱分离度的另一个重要因素是洗脱剂,洗脱剂的选择主要根据样品的极性、溶解度和吸附剂的活性等因素来考虑。溶剂的极性越大,对特定化合物的洗脱能力也越大。色谱用的展开剂绝大多数是有机溶剂,各种溶剂极性顺序如下:

己烷和石油醚 < 环己烷 < 四氯化碳 < 三氯乙烯 < 二硫化碳 < 甲苯 < 苯 < 二氯甲烷 < 氯仿 < 乙醚 < 乙酸乙酯 < 丙酮 < 丙醇 < 乙醇 < 甲醇 < 水 < 吡啶 < 乙酸

其中四氯化碳、苯、氯仿、甲醇等有一定毒性,应减少使用。这些溶剂可以单独使用,也

可以组成混合溶剂使用，特殊情况下还可以先后采用不同极性的溶剂实现梯度淋洗。

1. 薄层色谱

薄层色谱(Thin Layer Chromatography)常用TLC表示，属于固－液吸附层析的类型。通常是把吸附剂放在玻璃板上成为一个薄层，作为固定相，以有机溶剂作为流动相。实验时，把要分离的混合物滴在薄层板的一端，用适当的溶剂展开。当溶剂流经吸附剂时，由于各物质被吸附的强弱不同，就以不同的速率随着溶剂移动。展开一定时间后，让溶剂停止流动，混合物中各组分就停留在薄层板上显示出一个个色斑的色谱图。若各组分无色，可喷洒一定的显色剂使之显色。

薄层色谱还可使用腐蚀性的显色剂，如浓硫酸、浓盐酸和浓磷酸等。在紫外光下观察含有荧光剂的薄层板，展开后的有机化合物在亮的荧光背景上呈暗色斑点。另外也可将几粒碘置于密闭容器中，待容器充满碘的蒸气后将展开后的色谱板放入，碘与展开后的有机化合物可逆地结合，在几秒钟内化合物斑点的位置呈黄棕色。用碘显色时一定要晾干溶剂，因为碘蒸气能与溶剂分子结合，如果不晾干就会掩盖样品点的颜色。

薄层色谱的简单操作如下：在洗涤干净的玻璃板上均匀地涂一层吸附剂或支持剂，待干燥、活化后，将样品溶液用管口平整的毛细管点加于薄层板(固定相)一端，晾干后置薄层板于盛有展开剂(流动相)的层析缸中，利用各组分在展开剂中的溶解能力和被吸附剂吸附能力的不同，最终将各组分分开。待展开剂前沿接近顶端时，将色谱板取出，干燥后喷以显色剂，或在紫外灯下显色，计算比移值(R_f 值表示物质移动的相对距离)，如附图4-1所示。

$$R_f = \frac{\text{溶质的最高浓度中心至原点中心的距离}}{\text{溶剂前沿至原点中心的距离}}$$

如附图4-2图中：

$$R_f(\text{化合物1}) = \frac{3.0\text{cm}}{12\text{cm}} = 0.25 \qquad R_f(\text{化合物2}) = \frac{8.4\text{cm}}{12\text{cm}} = 0.70$$

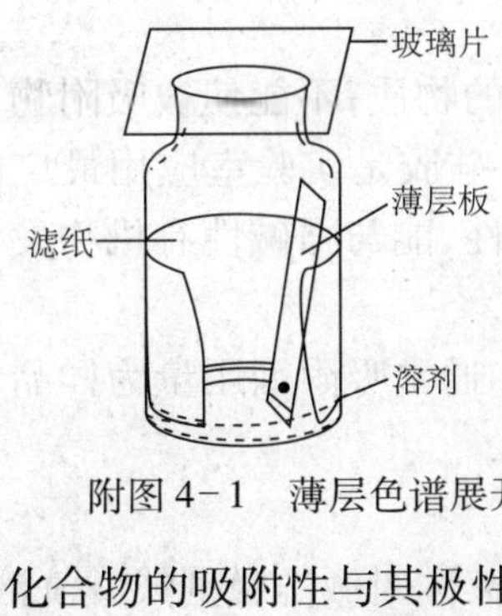

附图4-1　薄层色谱展开装置图

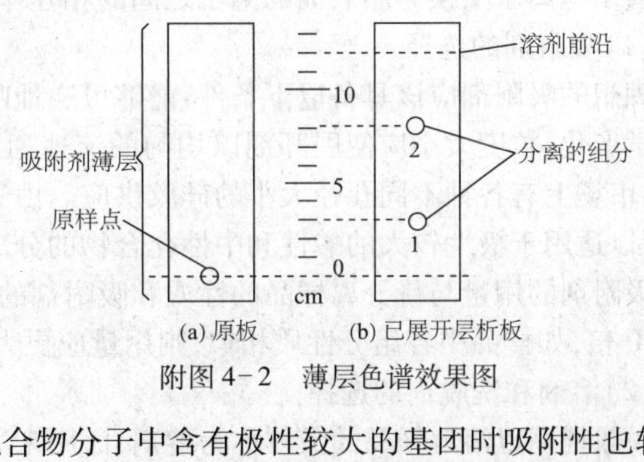

附图4-2　薄层色谱效果图

化合物的吸附性与其极性成正比，化合物分子中含有极性较大的基团时吸附性也较强。展开剂(溶剂)的极性越大，则对化合物的洗脱力越大，则 R_f 越大(如果样品在溶剂中有一定的溶解度)。在一定条件下，各物质具有一定的 R_f 值。不同物质在相同条件下，具有不同的 R_f 值。因此，可利用 R_f 值对物质进行定性鉴定。但物质的 R_f 值常因吸附剂的种类和活性、薄层的厚度、展开剂及温度等的不同而异。所以在鉴定样品时，常用已知成分作对照试验，在同一个薄层板上进行层析，然后通过 R_f 值的比较，对物质作定性鉴定。根据斑点的面积大小和颜色的深浅的标准物的对照下还可进行定量。

薄层色谱最常用的吸附剂是氧化铝和硅胶。硅胶是无定形多孔性物质，略具酸性，适用于酸性物质的分离和分析。薄层色谱用的硅胶分为多种类型，如硅胶 H 为不含粘合剂的硅胶，硅胶 G 为含煅石膏粘合剂的硅胶，硅胶 HF254—含荧光物质的硅胶，可于波长 254nm 紫外光下观察荧光，硅胶 GF254 为既含煅石膏又含荧光剂的的硅胶。氧化铝可根据所含粘合剂或荧光剂而分为氧化铝 G、氧化铝 GF254 及氧化铝 HF254 等。黏合剂除熟石膏（$2CaSO_4 \cdot H_2O$）外，还可用淀粉、羧甲基纤维素钠。通常将薄层板按加黏合剂和不加黏合剂分为两种，加黏合剂的薄层板称为硬板，不加黏合剂的称为软板。

薄层色谱是一种微量、快速而简单的色谱法。它兼备了柱色谱和纸色谱的优点。一方面适用于小量样品（几十微克）的分离；另一方面若在制作薄层板时把吸附层加厚，将样品点成一条线，则可分离多达 500mg 的样品。因此又可用来精制样品。它是将固定相均匀地涂在薄板（如玻璃板）上，依靠毛细作用力或重力，使流动相通过固定相的一种色谱。该法设备简单、快速简便、选择性强。它不仅适用于有机物的鉴定、纯度的检验、定量分离和反应过程的监控，而且还常用于柱层析的先导，即在大量分离之前，先用薄层色谱进行探索，初步了解混合物的组成情况，寻找适宜的分离条件。在柱层析之后，还可用薄层色谱鉴定洗脱液中的组分。

2. 柱色谱

柱色谱法又称柱上层析法，简称柱层析。它是提纯少量物质的有效方法。常见的有吸附色谱、分配色谱和离子交换色谱。吸附色谱常用氧化铝和硅胶为吸附剂，填装在柱中的吸附剂把混合物中各组分先从溶液中吸附到其表面上，而后用溶剂洗脱。溶剂流经吸附剂时发生无数次吸附和脱附的过程，由于各组分被吸附的程度不同，吸附强的组分移动的慢留在柱的上端，吸附弱的组分移动的快在下端，从而达到分离的目的。分配色谱与液－液连续萃取法相似，它是利用混合物中各组分在两种互不相溶的液相间的分配系数不同而进行分离，常以硅胶、硅藻土和纤维素作为载体，以吸附的液体作为固定相。离子交换色谱是基于溶液中的离子与离子交换树脂表面的离子之间的相互作用，使有机酸、碱或盐类得到分离。

（1）吸附剂的选择

理想的吸附剂应该具备以下条件：能够可逆地吸附待分离的物质；不能使被吸附物质发生化学变化；粒度大小应使展开剂以均匀的流速通过色谱柱。硅胶是实验室应用最广的吸附剂，市场上有各种不同孔径大小的硅胶供应。由于它略带酸性，能与强碱性有机物发生作用，所以适用于极性较大的酸性和中性化合物的分离。

吸附剂的用量与待分离样品的性质和吸附剂的极性有关。通常吸附剂用量为样品量的 30～50 倍，如样品中各组分性质相似，则用量应更大。

（2）溶剂和洗脱剂的选择

一般把用以溶解样品的液体称为溶剂，而用来洗色谱柱的液体叫做洗脱剂或淋洗液，两者常为同一物质。在选择时可根据样品中各组分的极性、溶解度和吸附剂的活性等来考虑，且经常要凭经验决定。

洗脱剂的极性大小对混合物的分离影响较大。极性越大，洗脱能力或展开能力越强，化合物移动就越远。因此，所用的洗脱剂应从极性小的开始，以后逐渐增加极性。也可以使用混合溶剂，其极性介于单一溶剂极性之间，并采取逐步增加极性较大溶剂的比例，使吸附强的组分洗脱下来。有时还可以采用梯度淋洗法，即在洗脱过程中，连续改变洗脱剂的组成，使溶剂极性逐渐增加,这样洗脱可使样品中的组分在较短时间内分离完毕。

(3)色谱柱的装填

色谱柱一般用透明的玻璃做成,便于观察实验情况。底部的玻璃活塞应尽量不涂油脂,以免污染洗脱液。柱子大小视处理量而定,通常柱的直径与高度之比为(1:10)~(1:70)。

先将色谱柱垂直地固定于支架上,柱的下端铺一层脱脂棉(或玻璃棉)。为了保持平整的表面,可在脱脂棉上再铺一层约5mm厚的石英砂,有的色谱柱下端已是用砂心片烧结而成,可直接装柱。

干法装柱:在柱的上端放一玻璃漏斗,使吸附剂经漏斗成一细流,慢慢注入柱中,并经常用橡皮锤或大橡皮塞轻轻敲击管壁,使填装均匀,直到吸附剂的高度约为柱长的四分之三为止。然后沿管壁慢慢地倒入洗脱剂,使吸附剂全部润湿,并略有多余。最后在吸附剂顶部盖一层约5mm厚的石英砂。由于这种方法在添加溶剂时易出现气泡,吸附剂也可能发生溶胀,所以一般很少采用。为了克服上述缺点,通常先将洗脱剂加入柱内,约为柱高的四分之三处,然后一边通过活塞使洗脱剂缓缓流出,一边将吸附剂通过玻璃漏斗慢慢地加入,同时用橡皮锤轻轻敲击柱身,待完全沉降后,再铺上沙子或用小的圆滤纸覆盖,以防加入样品或洗脱剂冲动吸附剂表面。

湿法装柱:将洗脱剂装入约为柱高的二分之一后,把下端的活塞打开,使洗脱剂一滴一滴地流出,然后通过玻璃漏斗将调好的吸附剂和洗脱剂的糊状物,慢慢地倒入柱内。加完后继续让洗脱剂流出,直到吸附剂完全沉降,高度不变为止,最后再加入石英砂或一张圆滤纸。这种方法比干法好,因为它可把留在吸附剂内的空气全部赶出,使吸附剂均匀地填在柱内。

(4)加样与洗脱

柱填装后,让洗脱剂继续流出,到液面刚好接近吸附剂表面时关闭活塞。将样品溶于少量洗脱剂中,小心地沿柱壁加入柱中,形成均匀的薄层,打开活塞,直到液面接近吸附剂表面时再关闭活塞。用少量洗脱剂洗涤柱壁上的样品,重新打开活塞使液面下降至吸附剂表面。重复3次,使样品全部进入吸附剂,然后用洗脱剂洗脱。洗脱速度不宜过快,以每秒1~2滴为宜,否则柱中交换来不及达到平衡会影响分离效果。操作过程中要及时添加洗脱剂,不要让洗脱剂走干,否则易产生气泡或裂缝,影响分离效果。

收集的洗脱液一般5~20mL为一瓶,具体的量要视情况而定。所得洗脱液可用薄层色谱或纸色谱跟踪,并决定能否合并在一起。对有色物质,也可按色带分别收集。无色的样品如经紫外光照射能呈荧光的,可用紫外光照射来观察和监测混合物展开和洗脱的情况。

洗脱液合并后,蒸去溶剂就可以得到某一组分。如果是几个组分的混合物,需用新的色谱柱或通过其它方法进一步分离。

3. 纸色谱

纸色谱法又称纸上层析法,其实验技术与薄层色谱有些相似,但分离的原理更接近于萃取。在纸色谱中,滤纸是载体,不是固定相,滤纸上的水才是固定相(纤维素能吸收高达22%的水),展开剂为流动相。当色谱展开时,溶剂受毛细作用,沿滤纸上升经过点样处,样品中各组分在两相中不断进行分配。由于它们的分配系数不同,结果在流动相中具有较大溶解度的组分移动速度较快,而在水中溶解度较大的组分移动速度较慢,从而达到分离的目的。因此,纸色谱法也称为纸上分配色谱。

与薄层色谱一样，纸色谱也用于有机物的分离、鉴定和定量测定。它特别适用于多官能团或极性大的化合物的分析，例如碳水化合物、氨基酸和天然色素等，只要纸的质量、展开剂和温度等条件相同，比移值（R_f 值）对于每种化合物都是一个特定的值，可作为各组分的定性指标。实际上，由于影响比移值的因素很多，实验数据与文献记载的不完全相同，因此在测定时要与标准样品对照才能断定是否为同一物质。纸色谱的缺点是溶剂的展开所需的时间长，操作不如薄层色谱方便。

（1）滤纸的选择

选择的滤纸应厚薄均匀、平整无折痕，通常用新华 1 号滤纸。滤纸大小可自行选择，一般长 20 ~ 30cm，宽度以样品个数多少而定。操作时手指不能与滤纸的层析部分接触，否则指印将和斑点一起显出。

（2）展开剂的选择

要根据被分离物质的性质，选用合适的展开剂。水是作为展开剂的一个组分，因此所有展开剂通常需先用水饱和，以使溶剂在滤纸上移动时有足够水分供给滤纸吸附。文献上所指的展开剂如正丁醇 - 水，就是指用水饱和的正丁醇。

（3）点样

点样方法与薄层色谱类似。

（4）展开

展开需在密闭的层析缸中进行，在层析缸中加入展开剂，将滤纸的一端悬挂在层析缸的支架上，另一端浸在展开剂液面下 1cm 左右，并使试样的原点在液面之上。由于毛细作用，展开剂沿滤纸条慢慢上升，当接近终点时，取出纸条，记下展开剂前沿位置，晾干。也可将滤纸卷成大圆筒，使点样线在筒的内部进行展开，展开方式除了上述上升法外，还有下降法、双向层析法和环行法等。

（5）显色

纸色谱的显色与薄层层析相似。

附录5　气相色谱

1. 气相色谱仪的原理

气相色谱仪以气体作流动相(载气),当样品进入汽化室汽化后,被载气带入色谱柱内,样品中各组分在流动相和固定相之间进行反复多次的分配,由于样品中各组分的性质不同,在色谱柱中两相间的分配系数和吸附系数不同,在载气带动下各组分在柱子中的运行速度也不同,经过一定的柱长后,各组分在柱子末端分离开,然后导入接在柱子后的检测器,按照导入检测器的先后次序,经过对比,可以区别出是什么组分,根据峰高度或峰面积可以计算出各组分含量。

2. 气相色谱柱选择指南

(1)柱长度的选择

分辨率与柱长的平方根成正比。在其他条件不变的情况下,为取得加倍的分辨率需有4倍的柱长。较短的柱子适于较简单的样品,尤其是在结构、极性和挥发性上相差较大的组分组成的样品。

一般来说,15m的短柱用于快速分离较简单的样品,也适于扫描分析;30m的色谱柱是最常用的柱长,大多数分析在此长度的柱子上完成;50m、60m或更长的色谱柱用于分离比较复杂的样品。

应该注意,柱长增加分析时间也增加。

(2)柱内径的选择

柱径直接影响柱子的效率、保留特性和样品容量。小口径柱比大口径柱有更高柱效,但柱容量更小。

0.25mm:具有较高的柱效,柱容量较低,分离复杂样品较好。

0.32mm:柱效稍低于0.25mm的色谱柱,但柱容量约高60%。

0.53mm:具有类似于填充柱的柱容量,可用于分流进样,也可用于不分流进样,当柱容量是主要考虑因素时(如痕量分析),选择大口径毛细管柱较为合适。

(3)液膜厚度的选择

液膜厚度影响柱子的保留特性和柱容量。厚度增加,保留也增加。

0.1~0.2μm:薄液膜厚度的毛细管柱比厚液膜的毛细管柱洗脱组分快,所需柱温度低,且高温下柱流失较小,适用高沸点的化合物的分析。

0.25~0.5μm:常用的液膜厚度。

厚液膜:对分析低沸点的化合物较为有利。

(4)固定相的选择

不同的固定相对不同的分析物的影响不同,根据相似相容原理,性质越相近,固定相对其的流动阻力越大,其保留时间越长。色谱柱就是通过这个原理将不同性质的混合物相互分开的。

3. 气相色谱检测器

通常采用的检测器有热导检测器、火焰离子化检测器、氦离子化检测器、超声波检测器、光离子化检测器、电子捕获检测器、火焰光度检测器、电化学检测器、质谱检测器等。

(1)气相色谱检测器发展史

1952 年,James 和 Martin 提出气液色谱法,同时也发明了第一个气相色谱检测器(为一接在填充柱出口的滴定装置),随后又发明了密度天平。

1954 年,Ray 提出热导检测器 TCD。

1957 年,Mcwillian 和 Harley 同时发明了氢火焰离子化检测器 FID。

1960 年,Lovelock 提出了电子俘获检测器 ECD。

1966 年,Brody 发明了火焰光度检测器 FPD。

1974 年,Klob 和 Bischoff 提出了电加热 NPD。

1976 年,美国推出光电离检测器。

20 世纪 80 年代以后,传统检测器进一步发展,同时又发展了其它新的检测器,如 CLD、FTIR、MSD、AED。

(2)常见气相色谱检测器及缩写

TCD – 热导池检测器

FID – 火焰离子化检测器

ECD – 电子俘获检测器

FPD – 火焰光度检测器

PFPD – 脉冲火焰光度检测器

NPD – 氮磷检测器

PID – 光电离检测器

MSD – 质谱检测器

IRD – 红外光谱检测器 FTIR

HID – 氦电离检测器

AID – 改性氦电离检测器

AED – 原子发射检测器

(3)检测器分类

①根据样品是否被破坏

破坏性检测器:FID、NPD、FPD、MSD、AED

非破坏性检测器:TCD、PID、ECD、IRD

②根据相应值与时间的关系

分积分型检测器、微分型检测器。

目前流行的检测器都是微分型检测器。

③根据对被检测物质响应情况的不同

通用型检测器,如 TCD、FID、PID。

选择性检测器,如 FPD、ECD、NPD。

④根据检测原理的不同

浓度型检测器:测量的是载气中某组分浓度瞬间的变化,即检测器的响应值和组分的浓度成正比,如热导检测器和电子捕获检测器。

质量型检测器:测量的是载气中某组分单位时间内进入检测器的含量变化,即检测器的响应值和单位时间内进入检测器某组分的量成正比,如火焰离子化检测器和火焰光度检测器等。

凡非破坏性检测器,均为浓度性检测器。

(4)表征检测器性能的指标

检测器的性能指标包括灵敏度、检出限、线性范围、响应速度、稳定性、选择性。

①噪声和漂移

噪声:由于各种原因引起的基线波动,称基线噪声。噪声分为短期噪声和长期噪声两类。

漂移:基线随时间单方向的缓慢变化,称基线漂移。

②灵敏度和检出限

灵敏度:是指通过检测器物质的量变化时,该物质响应值的变化率。

检出限:产生2倍噪音信号时,单位体积的载气在单位时间内进入检测器的组分量。注意,目前比较公认的是3倍。

灵敏度和检出限是从两个不同角度表示检测器对物质敏感程度的指标。灵敏度越大、检出限越小,检测器性能越好。

在实际工作中,由于检测器不可能单独使用,它总是与柱、气化室、记录器及连接管道等组成一个色谱体系。因此提出了最小检测量来代替检出限。最小检测量指产生2倍噪声峰高时,色谱体系(即色谱仪)所需的进样量。要注意:最小检测量与检出限是两个不同的概念。检出限只用来衡量检测器的性能,而最小检测量不仅与检测器性能有关,还与色谱柱效及操作条件有关。

③线性范围

检测器的线性范围定义为在检测器呈线性时最大和最小进样量之比,或叫最大允许进样量(浓度)与最小检测量(浓度)之比。不同类型检测器的线性范围差别也很大。如氢焰检测器的线性范围可达10^7,热导检测器则在10^4左右。由于线性范围很宽,在绘制检测器线性范围图时一般采用双对数坐标纸。

④响应速度－时间常数t

从组分进入检测器至响应出63%的电信号所经过的时间,为该检测器的响应时间(t)。对于气相色谱检测器来说,要小于0.5s。

响应时间与检测器死体积等因素密切相关。过长的响应时间会影响色谱峰峰形,检测器应使峰形失真小于1%。

⑤稳定性和选择性

检测器应具有良好的时间稳定性,重复分析具有良好的重现性是检测器必备的特色。

通用性检测器必须具有良好的通用性,而选择性检测器必须有良好的选择性。

附录6　高效液相色谱法的主要类型及其分离原理

高效液相色谱法是在经典色谱法的基础上，引用了气相色谱的理论，在技术上，流动相改为高压输送（最高输送压力可达4.9107Pa）；色谱柱是以特殊的方法用小粒径的填料填充而成，从而使柱效大大高于经典液相色谱（每米塔板数可达几万或几十万）；同时柱后连有高灵敏度的检测器，可对流出物进行连续检测。

1.特点

（1）高压：液相色谱法以液体为流动相（称为载液），液体流经色谱柱，受到阻力较大，为了迅速地通过色谱柱，必须对载液施加高压。一般可达（150～350）×10^5Pa。

（2）高速：流动相在柱内的流速较经典色谱快得多，一般可达1～10mL/min。高效液相色谱法所需的分析时间较之经典液相色谱法少得多，一般少于1h。

（3）高效：近来研究出许多新型固定相，使分离效率大大提高。

（4）高灵敏度：高效液相色谱已广泛采用高灵敏度的检测器，进一步提高了分析的灵敏度。如荧光检测器灵敏度可达10～11g。另外，用样量小，一般几个微升。

（5）适应范围宽：气相色谱法与高效液相色谱法的比较：气相色谱法虽具有分离能力好，灵敏度高，分析速度快，操作方便等优点，但是受技术条件的限制，沸点太高的物质或热稳定性差的物质都难以应用气相色谱法进行分析。而高效液相色谱法，只要求试样能制成溶液，而不需要气化，因此不受试样挥发性的限制。对于高沸点、热稳定性差、相对分子质量大（大于400以上）的有机物（这些物质几乎占有机物总数的75%～80%）原则上都可应用高效液相色谱法来进行分离、分析。据统计，在已知化合物中，能用气相色谱分析的约占20%，而能用液相色谱分析的约占70～80%。

高效液相色谱按其固定相的性质可分为高效凝胶色谱、疏水性高效液相色谱、反相高效液相色谱、高效离子交换液相色谱、高效亲和液相色谱以及高效聚焦液相色谱等类型。用不同类型的高效液相色谱分离或分析各种化合物的原理基本上与相对应的普通液相层析的原理相似。其不同之处是高效液相色谱灵敏、快速、分辨率高、重复性好，且须在色谱仪中进行。

2.高效液相色谱法的主要类型及其分离原理

根据分离机制的不同，高效液相色谱法可分为下述几种主要类型。

（1）液－液分配色谱法（Liquid－Liquid Partition Chromatography）及化学键合相色谱（Chemically Bonded Phase Chromatography）

流动相和固定相都是液体。流动相与固定相之间应互不相溶（极性不同，避免固定液流失），有一个明显的分界面。当试样进入色谱柱，溶质在两相间进行分配。

①正相液－液分配色谱法（Normal Phase Liquid Chromatography）：流动相的极性小于固定液的极性。

②反相液－液分配色谱法（Reverse Phase Liquid Chromatography）：流动相的极性大于固

定液的极性。

③液－液分配色谱法的缺点：尽管流动相与固定相的极性要求完全不同，但固定液在流动相中仍有微量溶解；流动相通过色谱柱时的机械冲击力，会造成固定液流失。20世纪70年代末发展的化学键合固定相，可克服上述缺点。现在应用很广泛（70%～80%）。

（2）液－固色谱法

流动相为液体，固定相为吸附剂（如硅胶、氧化铝等）。这是根据物质吸附作用的不同来进行分离的。其作用机制是：当试样进入色谱柱时，溶质分子（X）和溶剂分子（S）对吸附剂表面活性中心发生竞争吸附（未进样时，所有的吸附剂活性中心吸附的是S），可表示如下：

$$\mathrm{Xm} + n\mathrm{Sa} \rightleftharpoons \mathrm{Xa} + n\mathrm{Sm}$$

式中 Xm——流动相中的溶质分子；

Sa——固定相中的溶剂分子；

Xa——固定相中的溶质分子；

Sm——流动相中的溶剂分子。

当吸附竞争反应达平衡时：

$$K = [\mathrm{Xa}][\mathrm{Sm}]/[\mathrm{Xm}][\mathrm{Sa}]$$

式中，K 为吸附平衡常数。

（3）离子交换色谱法（Ion－Exchange Chromatography，IEC）

IEC是以离子交换剂作为固定相。IEC是基于离子交换树脂上可电离的离子与流动相中具有相同电荷的溶质离子进行可逆交换，依据这些离子以交换剂具有不同的亲和力而将它们分离。

以阴离子交换剂为例，其交换过程可表示如下：

$$\mathrm{X^-}(\text{溶剂中}) + (\text{树脂}-\mathrm{R_4N^+Cl^-}) \rightleftharpoons (\text{树脂}-\mathrm{R_4N^+X^-}) + \mathrm{Cl^-}(\text{溶剂中})$$

当交换达平衡时：

$$K_{\mathrm{X}} = [-\mathrm{R_4N^+X^-}][\mathrm{Cl^-}]/[-\mathrm{R_4N^+Cl^-}][\mathrm{X^-}]$$

分配系数为：

$$D_{\mathrm{X}} = [-\mathrm{R_4N^+X^-}]/[\mathrm{X^-}] = K_{\mathrm{X}}[-\mathrm{R_4N^+Cl^-}]/[\mathrm{Cl^-}]$$

凡是在溶剂中能够电离的物质通常都可以用离子交换色谱法来进行分离。

（4）离子对色谱法（Ion Pair Chromatography）

离子对色谱法是将一种（或多种）与溶质分子电荷相反的离子（称为对离子或反离子）加到流动相或固定相中，使其与溶质离子结合形成疏水型离子对化合物，从而控制溶质离子的保留行为。其原理可用下式表示：

$$\mathrm{X^+}\text{水相} + \mathrm{Y^-}\text{水相} \rightleftharpoons \mathrm{X^+Y^-}\text{有机相}$$

式中 $\mathrm{X^+}$水相——流动相中待分离的有机离子（也可是阳离子）；

$\mathrm{Y^-}$水相——流动相中带相反电荷的离子对（如氢氧化四丁基铵、氢氧化十六烷基三甲铵等）；

$\mathrm{X^+Y^-}$——形成的离子对化合物。

当达平衡时：

$$K_{\mathrm{XY}} = [\mathrm{X^+Y^-}]\text{有机相}/[\mathrm{X^+}]\text{水相}[\mathrm{Y^-}]\text{水相}$$

根据定义，分配系数为：

$$D_{\mathrm{X}} = [\mathrm{X^+Y^-}]\text{有机相}/[\mathrm{X^+}]\text{水相} = K_{\mathrm{XY}}[\mathrm{Y^-}]\text{水相}$$

离子对色谱法(特别是反相)发解决了以往难以分离的混合物的分离问题,诸如酸、碱和离子、非离子混合物,特别是一些生化试样如核酸、核苷、生物碱以及药物等分离。

(5)离子色谱法(Ion Chromatography)

用离子交换树脂为固定相,电解质溶液为流动相。以电导检测器为通用检测器,为消除流动相中强电解质背景离子对电导检测器的干扰,设置了抑制柱。试样组分在分离柱和抑制柱上的反应原理与离子交换色谱法相同。

以阴离子交换树脂(R－OH)作固定相,分离阴离子(如 Br^-)为例。当待测阴离子 Br^- 随流动相(NaOH)进入色谱柱时,发生如下交换反应(洗脱反应为交换反应的逆过程):

抑制柱上发生的反应:

$$R^-H^+ + NaOH \longrightarrow R^-Na^+ + H_2O$$

$$R^-H^+ + NaBr \Longleftrightarrow R^-Na^+ + HBr$$

可见,通过抑制柱将洗脱液转变成了电导值很小的水,消除了本底电导的影响;试样阴离子 Br^- 则被转化成了相应的酸 HBr,可用电导法灵敏的检测。

离子色谱法是溶液中阴离子分析的最佳方法。也可用于阳离子分析。

(6)空间排阻色谱法(Steric Exclusion Chromatography)

空间排阻色谱法以凝胶(gel)为固定相。它类似于分子筛的作用,但凝胶的孔径比分子筛要大得多,一般为数纳米到数百纳米。溶质在两相之间不是靠其相互作用力的不同来进行分离,而是按分子大小进行分离。分离只与凝胶的孔径分布和溶质的流动力学体积或分子大小有关。试样进入色谱柱后,随流动相在凝胶外部间隙以及孔穴旁流过。在试样中一些太大的分子不能进入胶孔而受到排阻,因此就直接通过柱子,首先在色谱图上出现,一些很小的分子可以进入所有胶孔并渗透到颗粒中,这些组分在柱上的保留值最大,在色谱图上最后出现。

3. 高效液相色谱仪的组成与各自的特点

高效液相色谱仪主要有进样系统、输液系统、分离系统、检测系统和数据处理系统。

(1)进样系统

一般采用隔膜注射进样器或高压进样间完成进样操作,进样量是恒定的。这对提高分析样品的重复性是有益的。

(2)输液系统

该系统包括高压泵、流动相贮存器和梯度仪三部分。高压泵的一般压强为$(1.47 \sim 4.4) \times 10^7$Pa,流速可调且稳定,当高压流动相通过层析柱时,可降低样品在柱中的扩散效应,可加快其在柱中的移动速度,这对提高分辨率、回收样品、保持样品的生物活性等都是有利的。流动相贮存器和梯度仪,可使流动相随固定相和样品的性质而改变,包括改变洗脱液的极性、离子强度、pH 值,或改用竞争性抑制剂或变性剂等。这就可使各种物质(即使仅有一个基团的差别或是同分异构体)都能获得有效分离。

(3)分离系统

该系统包括色谱柱、连接管和恒温器等。色谱柱一般长度为 10～50cm(需要两根连用时,可在二者之间加一连接管),内径为 2～5mm,由优质不锈钢或厚壁玻璃管或钛合金等材料制成,柱内装有直径为 5～10μm 粒度的固定相(由基质和固定液构成)。固定相中的基质是由机械强度高的树脂或硅胶构成，它们都有惰性（如硅胶表面的硅酸基因基本已除去）、多孔性和比表面积大的特点，加之其表面经过机械涂渍（与气相色谱中固定相的制备一样），或者用化学法偶联各种基因（如磷酸基、季胺基、羟甲基、苯基、氨基或各种长度碳链的烷基等）或配体的有机化合物。因此，这类固定相对结构不同的物质有良好的选择性。例如，在多孔性硅胶表面偶联豌豆凝集素（PSA）后，就可以把成纤维细胞中的一种糖蛋白分离出来。

另外，固定相基质粒小，柱床极易达到均匀、致密状态，极易降低涡流扩散效应。基质粒度小，微孔浅，样品在微孔区内传质短。这些对缩小谱带宽度、提高分辨率是有益的。根据柱效理论分析，基质粒度小，塔板理论数 N 就越大。这也进一步证明基质粒度小，会提高分辨率的道理。

再者，高效液相色谱的恒温器可使温度从室温调到60℃，通过改善传质速度，缩短分析时间，就可增加层析柱的效率。

(4)检测系统

高效液相色谱常用的检测器有紫外检测器、示差折光检测器和荧光检测器三种。

①紫外检测器

该检测器适用于对紫外光（或可见光）有吸收性能样品的检测。其特点：使用面广（如蛋白质、核酸、氨基酸、核苷酸、多肽、激素等均可使用）；灵敏度高（检测下限为 10^{-10}g/mL）；线性范围宽；对温度和流速变化不敏感；可检测梯度溶液洗脱的样品。

②示差折光检测器

凡具有与流动相折光率不同的样品组分，均可使用示差折光检测器检测。目前，糖类化合物的检测大多使用此检测系统。这一系统通用性强、操作简单，但灵敏度低（检测下限为 10^{-7}g/mL），流动相的变化会引起折光率的变化，因此，它既不适用于痕量分析，也不适用于梯度洗脱样品的检测。

③荧光检测器

凡具有荧光的物质，在一定条件下，其发射光的荧光强度与物质的浓度成正比。因此，这一检测器只适用于具有荧光的有机化合物（如多环芳烃、氨基酸、胺类、维生素和某些蛋白质等）的测定，其灵敏度很高（检测下限为 10^{-12} ~ 10^{-14}g/mL），痕量分析和梯度洗脱作品的检测均可采用。

(5)数据处理系统

该系统可对测试数据进行采集、储存、显示、打印和处理等操作，使样品的分离、制备或鉴定工作能正确开展。

附录7　多因素试验常用正交表

1. $L_4(2^3)$

试验号 \ 列号	1	2	3
1	1	1	1
2	1	2	2
3	2	1	2
4	2	2	1

2. $L_8(2^7)$

试验号 \ 列号	1	2	3	4	5	6	7
1	1	1	1	1	1	1	1
2	1	1	1	2	2	2	2
3	1	2	2	1	1	2	2
4	1	2	2	2	2	1	1
5	2	1	2	1	2	1	2
6	2	1	2	2	1	2	1
7	2	2	1	1	2	2	1
8	2	2	1	2	1	1	2

3. $L_{12}(2^{11})$

试验号 \ 列号	1	2	3	4	5	6	7	8	9	10	11
1	1	1	1	1	1	1	1	1	1	1	1
2	1	1	1	1	1	2	2	2	2	2	2
3	1	1	2	2	2	1	1	1	2	2	2
4	1	2	1	2	2	1	2	2	1	1	2
5	1	2	2	1	2	2	1	2	1	2	1
6	1	2	2	2	1	2	2	1	2	1	1
7	2	1	2	2	1	1	2	2	1	2	1
8	2	1	2	1	2	2	2	1	1	1	2
9	2	1	1	2	2	2	1	2	2	1	1
10	2	2	2	1	1	1	1	2	2	1	2
11	2	2	1	2	1	2	1	1	1	2	2
12	2	2	1	1	2	1	2	1	2	2	1

4. L9(34)

列号 试验号	1	2	3	4
1	1	1	1	1
2	1	2	2	2
3	1	3	3	3
4	2	1	2	3
5	2	2	3	1
6	2	3	1	2
7	3	1	3	2
8	3	2	1	3
9	3	3	2	1

5. L16(45)

列号 试验号	1	2	3	4	5
1	1	1	1	1	1
2	1	2	2	2	2
3	1	3	3	3	3
4	1	4	4	4	4
5	2	1	2	3	4
6	2	2	1	4	3
7	2	3	4	1	2
8	2	4	3	2	1
9	3	1	3	4	2
10	3	2	4	3	1
11	3	3	1	2	4
12	3	4	2	1	3
13	4	1	4	2	3
14	4	2	3	1	4
15	4	3	2	4	1
16	4	4	1	3	2

6. L25(56)

列号 试验号	1	2	3	4	5	6
1	1	1	1	1	1	1
2	1	2	2	2	2	2
3	1	3	3	3	3	3
4	1	4	4	4	4	4

续表

列号 / 试验号	1	2	3	4	5	6
5	1	5	5	5	5	5
6	2	1	2	3	4	5
7	2	2	3	4	5	1
8	2	3	4	5	1	2
9	2	4	5	1	2	3
10	2	5	1	2	3	4
11	3	1	3	5	2	4
12	3	2	4	1	3	5
13	3	3	5	2	4	1
14	3	4	1	3	5	2
15	3	5	2	4	1	3
16	4	1	4	2	5	3
17	4	2	5	3	1	4
18	4	3	1	4	2	5
19	4	4	2	5	3	1
20	4	5	3	1	4	2
21	5	1	5	4	3	2
22	5	2	1	5	4	3
23	5	3	2	1	5	4
24	5	4	3	2	1	5
25	5	5	4	3	2	1

7. L8(4×24)

列号 / 试验号	1	2	3	4	5
1	1	1	1	1	1
2	1	2	2	2	2
3	2	1	1	2	2
4	2	2	2	1	1
5	3	1	2	1	2
6	3	2	1	2	1
7	4	1	2	2	1
8	4	2	1	1	2

8. L12(3×2^4)

列号 试验号	1	2	3	4	5
1	1	1	1	1	1
2	1	1	1	2	2
3	1	2	2	1	2
4	1	2	2	2	1
5	2	1	2	1	1
6	2	1	2	2	2
7	2	2	1	1	2
8	2	2	1	2	2
9	3	1	2	1	2
10	3	1	2	2	1
11	3	2	1	1	2
12	3	2	2	2	1

9. L16$(4^4\times 2^3)$

列号 试验号	1	2	3	4	5	6	7
1	1	1	1	1	1	1	1
2	1	2	2	2	1	2	2
3	1	3	3	3	2	1	2
4	1	4	4	4	2	2	1
5	2	1	2	3	2	2	1
6	2	2	1	4	2	1	2
7	2	3	4	1	1	2	2
8	2	4	3	2	1	1	1
9	3	1	3	4	1	2	2
10	3	2	4	3	1	1	1
11	3	3	1	2	2	2	1
12	3	4	2	1	2	1	2
13	4	1	4	2	2	1	2
14	4	2	3	1	2	2	1
15	4	3	2	4	1	1	1
16	4	4	1	3	1	2	2

参考文献

1. 王清廉,沈风嘉．有机化学实验．第二版．北京:高等教育出版社,1994
2. 张铸勇．精细有机合成单元反应．上海:华东理工大学出版社,1996
3. 唐培堃．精细有机合成化学及工艺学．天津:天津大学出版社,1993
4. 沈发治．化工产品合成．北京:化学工业出版社,2010
5. 强亮生．精细化工实验．哈尔滨:哈尔滨工业大学出版社,1997
6. 索陇宁．化学实验技术．北京:高等教育出版社,2006
7. 曾昭琼．有机化学实验．第二版．北京:高等教育出版社,1987
8. 方珍发．有机化学实验．南京:南京大学出版社,1992
9. 李云雁．试验设计与数据处理．北京:化学工业出版社,2008
10. 沈发治．化工产品合成．北京:化学工业出版社,2010
11. 初玉霞．化学实验技术基础．北京:化学工业出版社,2005
12. 田铁牛．有机合成单元过程．北京:化学工业出版社,2009
13. 程忠玲．精细有机单元反应．北京:高等教育出版社,2007
14. 大连工学院有机化学教研室．有机化学实验．北京:人民教育出版社,1979
15. 马虹．化学实验技术．北京:化学工业出版社,2006
16. 高崑玉．精细化学品分析．北京:高等教育出版社,2002
17. 焦家俊．有机化学实验．上海:复旦大学出版社,1991
18. 高占先主编．有机化学实验．第四版．北京:高等教育出版社,2004
19. 曹同玉,刘庆普,胡金生编．聚合物乳液合成原理性能及应用．第二版. 北京:化学工业出版社,2007
20. 潘祖仁．高分子化学．第五版．北京:化学工业出版社,2011
21. 薛叙明．精细有机合成技术．第二版．北京:化学工业出版社,2011
22. 丁长江等．有机化学实验．北京:科学出版社,2006
23. 赵斌．有机化学实验．修订版．青岛:中国海洋大学出版社,2013
24. 樊能廷．有机合成事典．北京:北京理工大学出版社,1992